AF385202

Pour connaître les produits en argent,
introduire les intérêts composés, et alors le
vont bien changer, comme on le voit par le
n° 5, qui établit :

1° Que l'aménagement en futaie pleine
est le plus mauvais sous le rapport du revenu.

2° Que l'aménagement en futaie sur tail
meilleur.

En comparant l'aménagement le plus pro
bois (celui de la futaie pleine) au plus pro
argent (celui de la futaie sur taillis), l'e
suivant qu'un propriétaire français a la fa
placer ses fonds à 3, 4 ou 5 pour o/o l'an,
aménagés d'après les principes de de Perthu
présentent un revenu, à

	3 p. o/o.	4 p. o/o.	5 p. o/o.
En futaie sur taillis.	21,70	14,54	9,82 pa
En futaie pleine éclaircie.	4,26	2,27	1,18
Ou			
En futaie sur taillis.	43,40	29,8	19,64 pa
En futaie pleine éclaircie.	8,52	4,54	2,36

Hartig et de Perthuis ont opéré isoléme
même époque, et sont néanmoins d'accord.
le premier n'ait pas donné de tableau pour
sur taillis, il en dit assez pour prouver que
nion est qu'elle rendrait plus de bois que le
moins que la futaie pleine ; ainsi, leurs
sont :

1° Qu'il faut considérer les forêts sous d
ports, le produit en bois et le produit en arg

BIBLIOTHÈQUE INDUSTRIELLE.

Arts et Métiers.

BRUXELLES,

CHEZ BERTHOD, LIBRAIRE,

MARCHÉ AU BOIS, N° 1407.

MARSEILLE,

CHEZ MOSSY, IMPRIMEUR-LIBRAIRE.

NANTES,

CHEZ MELLINET-MALASSIS,

IMPRIMEUR-LIBRAIRE.

PARIS, IMPRIMERIE DE DECOURCHANT
Rue d'Erfurth, n° 1, près l'Abbaye.

L'ART DU JARDINIER

DANS

LA CULTURE DES ARBRES FRUITIERS ET DES PLANTES POTAGÈRES.

SUIVI

D'une Table Alphabétique des noms botaniques de toutes les plantes, et d'un état nominatif des Jardiniers, fleuristes et Pépiniéristes de Paris.

PAR A. J. MÉRAULT.

Paris,

LIBRAIRIE SCIENTIFIQUE ET INDUSTRIELLE,

MALHER ET COMPAGNIE,

PASSAGE DAUPHINE.

1827

faut
ever
able

25 a

est

ctif
tif
t q
té
bc
ui r

pen

cla
a
iq
ala
op
,
ip

a

L'ART DU JARDINIER.

PREMIÈRE SECTION.

NOTIONS PRÉLIMINAIRES.

Objets nécessaires ou utiles à la culture des jardins fruitiers et potagers.

Outils et ustensiles du Jardinage.

ARROSOIRS. — Ces instrumens, pour durer long-temps, doivent être en cuivre; cependant plusieurs personnes se contentent de les avoir en fer-blanc; alors l'extérieur de l'arrosoir est garanti de la rouille par deux couches de peinture à l'huile. Lorsqu'on cesse de s'en servir, on doit les tenir renversés et à couvert. Plus les gerbes sont percées fin, moins l'arrosement bat la terre et couche les plantes.

BÊCHE. — On se sert de bêches de différentes formes et de différentes grandeurs, selon l'usage du pays, la légèreté plus ou moins grande du terrain, ou la force de celui qui le laboure. Une bêche, pour être de bonne qualité, doit être corroyée avec de l'acier.

BÊCHE EN FOURCHE. — Cette bêche, qui n'est qu'une espèce de fourche à dents plates, sert pour labourer un terrain rempli de racines que l'on veut ménager et éviter de couper, comme des terres couvertes de pommiers, d'asperges, etc.

Binette. — C'est une sorte de houe mince et légère dont le manche est alongé. Le côté opposé à celui de la lame large a souvent une lame ovale aiguë, ou deux dents aussi longues que cette lame, et qui sont employées au même usage, c'est-à-dire à serfouir la terre autour des petites plantes.

Brouette. — Tout le monde connaît cet instrument, d'un usage si fréquent pour le transport des terres, des immondices, etc.

Il y a une autre sorte de brouette nommée *brouette à civière*, qui sert à porter des fumiers, des branchages, etc.

Charrette. — Lorsque les cultures sont fort étendues, on a besoin de plusieurs espèces de charrettes pour le transport des fumiers, terreaux, terres, sables, légumes, etc.

Ciseaux ou cisailles de jardin. — Ce sont de longs et larges ciseaux dont les bras sont emmanchés dans des cylindres de bois. On les emploie pour tondre les bordures, etc.

Claie. — C'est un cadre en bois de 5 pieds de hauteur sur 3 à 4 pieds de large, avec une traverse en croix au milieu; on la garnit de tringles arrondies, en bois ou en fer, à 6, 8 ou 10 lignes de distance. Les montans dépassent la traverse inférieure de 3 ou 4 pouces, afin qu'elle ne pose pas à terre. La traverse supérieure est entaillée de deux coches qui servent à maintenir deux montans qui soutiennent la claie quand on l'incline pour s'en servir.

Lorsqu'elle est placée convenablement, on jette avec une pelle la terre contre la claie; la terre la plus fine passe à travers, les mottes et les pierres roulent au pied de la claie : on brise les mottes et on passe la terre qu'elles ont fournie.

CORDEAU. — C'est une ficelle ou petite corde longue de 10 à 16 toises, attachée par ses deux extrémités à des piquets en bois ou en fer, d'environ un pied. Le cordeau sert pour les alignemens. Si l'on s'en est servi lorsque le temps était pluvieux ou la terre humide, il faut faire sécher la ficelle avant de la tourner sur un des piquets.

COUTEAU POUR LES ASPERGES. — C'est une tige de fer aplatie, de 13 à 14 pouces de long sur 5 ligues de large et 2 d'épaisseur. Elle est munie d'un manche en bois à l'une de ses extrémités ; l'autre, qui est bien acérée, forme le demi-cercle, et représente une scie tranchante du côté intérieur. On s'en sert pour couper, dans la terre, les asperges qui sont visibles, sans nuire aux racines ni aux nouvelles pousses qui se développent et qui ne paraissent pas encore.

CUEILLOIR. — Il y en a de plusieurs formes différentes ; ils servent à cueillir des fruits et des raisins sans être obligé de monter à l'échelle.

ECHELLES. — Il y en a de simples et de doubles. Les simples, employées pour la taille ou le palissage des espaliers, doivent porter à leur extrémité supérieure 2 chevilles longues de 6 à 8 pouces, qui fassent un angle droit avec les traverses, et empêchent l'échelle de porter sur des arbres. Les échelles doubles sont composées de 2 échelles simples, plus larges dans le bas que dans le haut, et réunies dans leur partie supérieure par un boulon de fer. Elles servent pour tailler les arbres en plein vent et élevés.

ÉCHÉNILLOIR. — Il y en a de 5 ou 6 formes différentes. C'est en général un instrument composé de 2 lames réunies comme celles d'une paire de ciseaux et placées au bout d'un long manche. On s'en sert pour couper les branches couvertes de chenilles; il est ordinairement muni d'un crochet propre à rompre les branches mortes, et à faire descendre celles qui se seraient arrêtées dans quelque fourchure en tombant.

FÉCHOU. — Intrument dont on se sert communément dans certains départemens des bords de la Loire. Son fer, qui est dans la proportion d'un fer de houe, mais plus recourbé, est aussi muni d'un manche plus long; il est très-commode pour enlever la terre du fond des fossés, curer les boues qui ont de la consistance, etc.

FOURCHE. — Instrument de fer très-connu et indispensable pour manier les fumiers, faire les couches, etc.

GREFFOIR. — Son usage est bien connu. La lame, d'un bon acier bien trempé, doit être arrondie sur le bout du côté du tranchant; le manche, qui le plus souvent est en corne de cerf, se termine dans sa partie inférieure par une lame d'ivoire propre à détacher l'écorce des sujets que l'on greffe. Depuis quelque temps on en fait dont la lame rentre dans le manche comme celle des canifs à coulisse.

HACHETTE. — Petite hache qui remplace avantageusement la serpe dans plusieurs occasions.

Hotte. — On se sert de la hotte pour porter des fumiers, des terres et terreaux, dans les parties où la brouette ne peut être employée; on fait des hottes à claires voies, propres au transport des fruits, des légumes, etc.

Houe. — Cet instrument, dont on fait souvent usage pour remuer les terres légères, est plus expéditif que la bêche, mais ne peut la remplacer dans plusieurs circonstances. Son fer est une lame carrée ou arrondie, quelquefois triangulaire ou même fourchue, et qui fait un angle de 45 degrés avec la douille, destinée à un manche court.

Houlette. — On s'en sert habituellement pour lever, sans endommager les racines, les plantes que l'on veut transplanter. C'est un instrument formé d'une lame de fer ovale arrondie en gouttière, tranchante dans la partie inférieure et sur les bords, afin de pénétrer plus facilement dans la terre. La partie supérieure se termine par une douille qui sert de poignée.

Marques. — Celui qui cultive un grand nombre de variétés de légumes est souvent obligé, pour éviter les erreurs, d'attacher des marques aux graines, pour en connaître l'âge, aux semis pour se rappeler à quelle époque ils ont été faits et de quelle espèce ils sont, etc. Ces marques sont ordinairement de petites plaques de plomb laminé sur lesquelles on imprime un ou plusieurs numéros, à l'aide de poinçons d'acier destinés à cet usage, ou simplement de petits piquets de bois peints à l'huile, sur lesquels on trace également des numéros que l'on inscrit sur un livre, avec une explication indicative.

Paniers. — Il est nécessaire d'en avoir de différentes formes et proportions. Les uns servent à placer les fruits et les légumes que l'on récolte, les autres, pour mettre ce qu'on tire de terre lorsqu'on sarcle ou qu'on épierre à la main, etc.

Pelle. — C'est un instrument de bois, fait le plus souvent d'une seule pièce, dont la palette carrée, plus ou moins large, est surmontée d'un manche de trois pieds environ : dans quelques pays la palette est entièrement de fer ; dans d'autres, elle est seulement bordée de fer : elle est utile pour remuer des terres préparées, pour charger celles qu'on veut transporter, etc.

Pioche. — Instrument composé d'une forte lame de fer tranchant d'un côté et terminé de l'autre par un pic. Au milieu est une douille où l'on met à angle droit un manche de 2 pieds et demi. Il y a des pioches qui n'ont point de pic à leur extrémité ; d'autres, en place de lame, n'ont que deux dents ou crochets. Les premières sont employées pour creuser des fossés, déraciner de forts arbres, etc. Les dernières, pour décharger les voitures de fumier, etc.

Plane. — Lame de fer corroyée d'acier, coupante d'un côté dans presque toute sa longueur, un peu courbe, et dont les extrémités sont terminées par deux poignées en bois. Cet instrument sert à unir la plaie des sujets que l'on greffe en fente ou en couronne, après que l'on a scié la tête du sujet. On s'en sert aussi dans la fabrication des treillages, comme nous l'expliquerons en son lieu.

Pompe-a-main. — C'est une machine en cuivre ou en fer-blanc dont on se sert pour élever à plusieurs toises l'eau destinée à laver la tête des arbres à fruits, surtout de ceux en espalier.

Rateau. — Il y en a de diverses dimensions, selon l'usage auquel on les destine ; les uns ont des dents en bois, d'autres les ont en fer. Le râteau est employé pour unir la terre des plates-bandes, recouvrir les semis, enlever les petites pierres, et unir les allées qu'on vient de ratisser.

Ratissoire. — C'est ordinairement la portion la plus large d'une faux, d'un pied de long, qu'on attache à une douille droite et longue dans la ratissoire à pousser. Le manche doit alors avoir 4 à 5 pieds. Cette ratissoire est très-expéditive dans les allées tendres ou sablonneuses : l'ouvrier se tient droit, va en avant ou en arrière. La ratissoire à tirer n'a que six pouces de longueur, sa douille est recourbée en demi-cercle. On s'en sert dans les allées dures, et lorsque les mauvaises herbes ont pris de la force : l'ouvrier est courbé et ne va qu'en avant. On emploie aussi cette ratissoire à biner des légumes. Dans les grands jardins, on se sert avec avantage de la charrue à ratisser : elle débite beaucoup d'ouvrage en peu de temps.

Scie. — On emploie deux sortes de scie dans les jardins, l'une en forme de couteau, de 6 à 8 pouces de long, qui sert à couper les branches trop grosses pour la serpette; l'autre est la scie à main, ou égoïne, qui a un manche placé à l'extrémité d'une lame large à sa base de 3 ou 4 pouces sur un pied de longueur. Elle sert à couper les branches placées de manière que la hache ou la serpe ne peuvent y atteindre.

Sécateur. — C'est un instrument à deux branches, propre à saisir un jeune scion et à le couper net lorsqu'il n'est pas plus gros que le petit doigt. Il y en a dont les dimensions sont assez fortes pour couper des branches d'une certaine grosseur. On les monte sur des manches dont la longueur n'excède pas 6 pieds. On peut les employer commodément en guise de serpette, pour la taille d'été et pour la vigne.

Serfouette. — C'est une binette très-étroite dont le côté opposé à celui de la lame est composé de 2 dents assez longues. On s'en sert pour serfouir la terre autour des petites plantes très-rapprochées.

Serpe. — Instrument de fer corroyé en acier, courbé en croissant, muni d'un manche en bois. On s'en sert pour couper des branches un peu grosses dans les arbres en plein vent, pour préparer des pieux, des échalas, etc.

Serpette. — Petite serpe destinée à la taille des arbres et de la vigne : on en a de différentes grandeurs. La lame recourbée à l'extrémité doit être d'un bon acier bien trempé. Le manche se fait ordinairement d'une substance qui, comme la corne de cerf, ne glisse pas dans la main; il est en outre terminé par une partie saillante et recourbée vers le dos de l'instrument, et qui sert de point d'arrêt lorsqu'on fait un effort.

Toise. — C'est une règle de bois de 6 pieds de long sur 2 pouces de large et 6 lignes d'épaisseur. Elle est divisée en pieds, et le pied d'une des extrémités est divisé en pouces. Elle sert pour toutes les mesures nécessaires au jardinier.

Van. — Nécessaire à un jardinier pour approprier ses graines, les purger de la poussière et de tous les corps étrangers.

Treillages.

Dans certains pays, comme Montreuil, où les murs sont faits de moellon ou autres matériaux tendres et enduits d'un bon pouce de plâtre, on palisse les arbres avec des loques : ce sont de petites lanières de peau ou de toile, mieux d'étoffe de laine, larges de 4 ou 5 lignes, et de diverses longueurs. On embrasse la branche avec une loque repliée sur elle-même, on la place contre le mur, et avec un clou on attache le bout double de la loque, de manière que la branche ne soit pas trop serrée. Le clou se place tantôt au-dessus, tantôt au-dessous de la branche, suivant que sa direction l'exige. On enfonce le clou légèrement pour qu'on puisse l'arracher sans effort avec la main ou après un faible ébranlement avec le marteau. Une seule loque suffit à une petite branche, lorsqu'elle est un peu forte, on emploie souvent deux, quelquefois trois, et rarement quatre clous. Quand on veut forcer une grosse branche et en changer la direction, 2 ou 3 loques ne suffiraient pas pour l'assujétir et résister à son effort; il est alors nécessaire d'enfoncer de gros clous dans le mur, au-dessous de la branche, si l'on veut l'élever, au-dessus, si l'on veut l'abaisser. On prend la précaution de placer entre la branche et le clou une loque pliée, pour que le clou n'excorie pas la branche.

Les clous que l'on emploie à cet usage sont de fer cassant, de la longueur de 22 lignes ou 2 pouces, et de 7 à 8 lignes de circonférence; ils sont sans pointe, mais légèrement effilés au bout. On en fabrique beaucoup à Charleville, et c'est de là que les habitans de Montreuil les font venir.

A défaut d'un meilleur treillage, on se sert quelquefois de gros fil de fer tendu verticalement, attaché avec des clous scellés ou enfoncés dans le mur.

Quelques propriétaires économes se contentent de lattes, de gaules, attachées solidement au mur avec des clous ou des chevilles, et maillées avec du fil de fer ou de l'osier.

Des clous, des chevilles, des os, etc., enfoncés dans le mur peu distans les uns des autres, sont un expédient peu agréable, mais le moins dispendieux.

Enfin, le plus généralement usité, le plus commode et le plus agréable des treillages, se fait d'échalas de cœur de chêne, de châtaignier ou de faux-acacia, planés et dressés, larges de 14 à 15 lignes, épais d'un pouce, et de diverses longueurs, depuis 3 jusqu'à 15 pieds. Plus ils sont longs, plus l'ouvrage est propre et solide, parce qu'il y a moins d'assemblages.

Pour faire ce treillage, il faut, 1° sceller ou enfoncer solidement dans le mur, à 3 pieds de distance les uns des autres, plusieurs rangs parallèles de crochets (on en fait pour cet usage), ou de clous à crochet ou à grosse tête. Le premier se pose à une distance convenable au-dessous du chaperon, pour soutenir le second cours de lattes horizontales ou traverses. L'intervalle entre les rangs est de 3 à 4 pieds, suivant la grandeur des mailles, qui est ordinairement de 6 sur 7 pouces, et au plus de 8 sur 9. Le nombre des rangs est déterminé par la hauteur du mur; les crochets doivent être disposés en tiers-point, et avoir environ 1 pouce et demi de saillie hors du mur, pour y placer les échalas.

Sur chaque rang de crochets on place et on lie avec du fil de fer recuit (1) un cours d'échalas entés les uns aux autres par l'extrémité, que l'on a pour cet effet taillée en chanfrein avec la plane ou la serpe, et qu'on lie d'un ou plusieurs maillons.

Ensuite on attache sur ces traverses tous les montans ou échalas verticaux, aux distances entre eux convenables à la grandeur des mailles.

Enfin, on passe entre le mur et les montans les autres traverses nécessaires pour la solidité et la propreté de l'ouvrage; on les dispose en distances égales entre elles.

On lie les mailles avec du fil de fer recuit. Il faut

(1) Pour recuire le fil de fer, on le couvre de braise, ou on le jette dans un feu clair, et on l'y laisse le temps nécessaire suivant sa grosseur. Dix-huit minutes pour du fil de fer de demi-ligne de diamètre.

embrasser les échalas, au point de leur intersection, avec le fil de fer, en saisir avec une pince plate le bout et le brin, tourner deux ou trois tours en tirant un peu, jusqu'à ce que le maillon paraisse assez serré ; retirer la pince de dessus le bout du fil de fer, n'en serrer que le brin, et en même temps faire quatre ou cinq quarts de tour et de détour à droite et à gauche ; le brin se rompt au bout de la pince.

Deux ou trois couches de peinture à l'huile sont nécessaires pour la conservation de ce treillage. La couleur verte est la plus agréable et celle qui dure le plus long-temps, mais elle est plus chère que les autres.

Le treillage pour les contre-espaliers se fait de la même façon. Les traverses s'attachent avec des clous à des pieds de chêne, ou avec du fil de fer à des barres de fer scellées en terre à 6 pieds de distance l'une de l'autre.

Paillassons.

On emploie deux sortes de paillassons dans les jardins ; les uns, qui ne se ploient pas, s'attachent par le moyen de liens d'osier à des pieux fixés en terre. Leur usage est de servir d'abri contre certains vents, de préserver certaines plantes des rayons d'un soleil meurtrier, de remplir les fonctions d'un mur derrière les contre-espaliers, etc. Ils ont besoin d'être remplacés tous les trois ou quatre ans. Les autres se ploient à volonté, et servent à couvrir les plantes que l'on veut préserver du froid, les cloches, les châssis vitrés, les bâches, etc.

» Pour faire les premiers, on couche à terre deux traverses de cercles (1) placées parallèlement, et à une distance fixée par la longueur de la paille. (On se sert ordinairement de paille de seigle.) On pose la paille, et on la répand également sur les traverses ; ensuite on met sur la paille deux autres traverses au-dessus des deux premières ; alors on lie avec de l'osier ou de forte ficelle la traverse qui est sur la paille avec celle qui est dessous, et l'on consolide son ouvrage par un plus ou moins grand nombre d'attaches, suivant la longueur des traverses.

» Les seconds se font promptement, au moyen d'une espèce de métier qui consiste en un carré long formé de quatre tringles. On donne à ce carré 4 pieds de largeur, et une longueur déterminée par la longueur des paillassons, ou plutôt de la pièce, où on le fixe solidement sur le plancher. On divise les tringles du haut et du bas, en quatre ou six parties, avec de forts clous d'épingle qu'on enfonce à moitié ; on attache trois ou cinq ficelles à ces clous ; suivant la largeur qu'on veut donner aux paillassons, et on répand bien uniformément de la paille sur les ficelles, en plaçant une couche à droite et une à gauche, de manière que le gros bout de la paille soit en dehors, et les épis en dedans des paillassons, se croisant au moins d'un pied. On prend à une des extrémités plus ou moins de brins de cette paille, suivant l'épaisseur qu'on veut donner au

______

(1) On doit se les procurer avant qu'elles aient été pliées ; elles doivent avoir environ 9 pieds de long.

paillasson ; on noue sur la ficelle tendue au milieu, et contre le clou qui l'attache, une autre ficelle qu'on a roulée sur un petit bâton ; on fait passer la ficelle autour de la poignée de paille, en saisissant la ficelle tendue. Avant de serrer, on passe la ficelle entre la paille et le tour de ficelle qui l'environne ; on serre alors ; on reprend une seconde quantité de paille égale à la première, et l'on suit la même marche jusqu'à la fin. On revient ensuite aux au- tres ficelles tendues, opérant de même sur chacune d'elles, et sur les mêmes poignées de paille qui sont déjà attachées au milieu. On peut aussi attacher de suite chaque poignée de paille dans toute sa longueur.

Cloches.

Les cloches sont des instrumens en verre d'une seule pièce, dont les plus communes ont 10 pouces de haut, sur 14 de large à la base. On s'en sert, tant pour préserver du froid et de la pluie des me- lons ou autres plantes que l'on sème sur couche, que pour concentrer la chaleur des rayons du soleil sur des plantes qui ont besoin d'une plus grande chaleur que celle qu'elles recevraient dans une at- mosphère libre. Si la chaleur devient trop forte, on les couvre d'un peu de paille courte, et si les nuits sont froides, on les couvre d'un paillasson. On donne encore le nom de *cloches obscures* à des pots que l'on place sur des plantes nouvellement repiquées, pour les garantir des rayons du soleil, ou qui servent à préserver du froid de la nuit certaines plantes déli- cates qui craignent la fraîcheur et l'humidité.

Verrines.

Ce sont des espèces de cloches composées de carreaux de verre à vitre, assemblés avec du plomb laminé. Elles sont moins solides que les cloches, et ne servent ordinairement que lorsque le temps, devenu doux, ne nécessite plus les couvertures pesantes dont on est quelquefois obligé de charger les cloches pour préserver du froid les plantes qu'elles protégent. Quand on veut donner de l'air aux plantes, on soulève du côté du midi, ou l'on ôte entièrement, suivant le besoin, les cloches et les verrines. On se sert pour les supporter de fourchettes en bois lorsqu'elles sont petites, et de crémaillères lorsqu'elles sont grandes. Pour ne pas s'exposer à éprouver des pertes considérables, on doit toujours être préparé à jeter de la paille fraîche ou des paillassons sur tout ce qui est vitrage, quand on est menacé de grêle.

Châssis.

C'est une caisse de bois de chêne sans fond, large de 4 pieds, longue à volonté (ordinairement 8 pieds), haute de 6 à 12 pouces par-derrière et de 4 à 8 par-devant, faite de fortes planches assemblées dans les angles à queue d'aronde avec des équerres de fer. Sur ses bords supérieurs la caisse est divisée dans sa longueur par une ou plusieurs barres distantes de 4 pieds l'une de l'autre ou des côtés du châssis. Ces traverses sont larges de 3 à 4 pouces, creusées sur le milieu de leur face, suivant leur longueur, d'une cannelure

pour l'écoulement des pluies; elles sont placées à
queue d'aronde et bien clouées sur les planches de
devant et de derrière de la caisse. On pose en recouvrement sur ces traverses des panneaux formés
d'un cadre solide et bien assemblé, large de 3 pouces et demi sur 2 d'épaisseur, et de deux petits bois
de 2 pouces sur chaque face. Les bords du cadre et
les petits bois sont creusés d'une feuillure dans laquelle on pose les carreaux de verre imbriqués, ou
en recouvrement d'un pouce par leur côté inférieur,
et garnis de bon mastic. Ce recouvrement n'inter-
cepte pas toujours tout le passage à l'air extérieur;
mais, loin de nuire, cette communication est souvent utile; d'ailleurs elle sert à l'écoulement des vapeurs qui se condensent contre le verre. Au milieu
des traverses d'en haut et d'en bas des panneaux,
on met un bouton ou une main de fer pour les sou-
lever et les baisser au besoin. Ils sont arrêtés par de
petites pattes de fer clouées sur le côté de devant
de la caisse, ou par une tringle de bois attachée
sous leur traverse inférieure, qui les empêche de
glisser. On donne deux couches de peinture (1) et

(1) Mettez sur le feu de l'huile de lin dans un vaisseau de
cuivre; lorsqu'elle commence à bouillir et à monter, reti-
rez-la, et répandez dessus, pincée à pincée, en saupoudrant,
de la couperose blanche pulvérisée, jusqu'à ce qu'elle cesse
de pétiller; laissez-la refroidir; séparez l'huile limpide et
siccative du dépôt de parties grossières qui s'est précipité
au fond; prenez quatre livres de l'huile claire, et deux
livres de poix-résine; faites bouillir à petit feu, remuant
toujours avec une spatule; ajoutez peu à peu deux livres
d'ocre, ou mieux de brique pulvérisée; et passez au tamis

une nouvelle tous les ans. Ces châssis se posent sur
les couches ou en terre-plein ; on leur donne de l'air
en les soulevant et les appuyant sur des crémaillères : deux suffisent pour chaque châssis vitré. Par le
talus de la couche et l'inégalité de hauteur, des côtés de la caisse, le vitrage se trouve suffisamment
incliné au midi. Si on y sème, on élève la terre dans
les châssis pour rapprocher les semis du verre.
Lorsque les plantes, prenant de l'accroissement,
s'approchent du vitrage, il faut l'élever en mettant
sous la caisse des *hausses* de paille ou d'autres matières ; lorsque son élévation doit être assez considérable, on ajuste sous la caisse du châssis une autre
caisse qu'on appelle aussi *hausse*. On doit avoir soin
de donner de l'air tous les jours, comme nous le dirons en parlant des couches ; nous observerons seulement ici que, lorsque l'air extérieur est très-froid,
il faut jeter sur l'ouverture un paillasson ou une
toile pour défendre les plantes de son impression
directe et immédiate.

Si l'on se proposait de se procurer des primeurs
de plantes plus élevées que les melons, salades, radis, etc. que l'on cultive ordinairement dans le

de soie ; continuez à faire bouillir et à remuer, pour bien
mêler et incorporer le tout ; donnez, au grand soleil, une
couche de cette mixtion à toutes les faces exposées à l'air
des bois, des bâches et des châssis ; lorsqu'elle sera sèche,
donnez deux couches de peinture de blanc de céruse broyé
à l'huile ; si ce vernis s'étendait difficilement, même étant
chaud, on y ajouterait un peu d'essence de térébenthine
pour le rendre coulant.

châssis que nous venons de décrire, on donnerait au moins 2 pieds de hauteur au derrière de la caisse et 18 pouces au devant; on pourrait alors y cultiver des pois, des asperges, des haricots, etc.

Les châssis destinés à obtenir des fruits précoces doivent avoir de plus grandes dimensions. On place à 4 ou 5 pieds loin de l'espalier des poteaux élevés de 5 ou 6 pouces au-dessus du sol; on pose sur ces poteaux une plate-forme en bois, et l'on remplit les vides entre les poteaux avec de la paille bien foulée. Une autre plate-forme est appliquée contre le mur au-dessous du larmier, qui doit être saillant de 5 à 6 pouces. Cette plate-forme est soutenue par de forts crochets. On entehonne dans ces deux plates-formes, en mortaises à mi-bois, des montans inclinés, creusés sur leurs bords de feuillures, suivant leur longueur, dans lesquelles se placent les châssis en recouvrement. Ces châssis, ayant au moins dix pieds de longueur, sont divisés en deux parties inégales dont la supérieure, qui est la moindre, peut s'ouvrir pour donner de l'air au besoin. Les deux bouts de l'espalier sont fermés par de pareils châssis ou par une cloison en fortes planches de chêne, que l'on garnit intérieurement de paillassons pour éloigner plus sûrement la gelée. Une porte est pratiquée à chaque cloison, tant pour donner de l'air que pour la commodité du service. Nous observerons que la plate-forme inférieure doit être un peu inclinée en dehors pour faciliter l'écoulement des eaux de pluie, et que l'on doit avoir pris une semblable précaution à l'égard de l'allée qui règne le long de cette serre mobile. Du reste, chacun, suivant son industrie, arrange les châssis de façon qu'ils ne donnent entrée ni à l'air, ni à la neige, ni à la pluie.

Pour chauffer cette espèce de serre, on place dans l'intérieur un ou deux poêles de faïence, selon la longueur de l'espalier, dont le tuyau, en partie en tôle, en partie en terre cuite, parcourt la plus grande étendue de la serre ; sa longueur ne devant pas cependant excéder 50 pieds, car au-delà de cette mesure la fumée a perdu presque toute sa chaleur. Le tuyau doit se terminer à une espèce de conduit pratiqué dans le mur du fond entre deux espaliers, et qui sert à porter la fumée au dehors. Il est soutenu dans son trajet par des tringles de fer terminées à leur partie inférieure par un anneau d'un diamètre, suffisant pour laisser passer le tuyau. Leur partie supérieure est fixée, par le moyen de deux vis, sur les barres qui soutiennent les châssis.

Bâche pour les ananas.

Pour cultiver l'ananas on construit des serres qui ont peu de hauteur. Elles sont moins dispendieuses à construire que les serres élevées ; et le petit volume d'air qu'elles contiennent s'échauffe promptement et facilement ; de sorte que, si la couche est bien faite et remaniée à temps, elle leur donne presque une chaleur suffisante. Comme l'air ainsi resserré perdrait bientôt son ressort, et que d'ailleurs il se charge trop des vapeurs humides de la couche, il est nécessaire d'ouvrir fréquemment les châssis vitrés, pour le renouveler et l'essorer ; ce qui est très-avantageux aux plantes.

A 2 pieds du mur qui doit servir d'appui aux châssis, faites pratiquer une tranchée de 8 pieds de large sur une longueur égale à celle que doit avoir votre bâche, y compris l'épaisseur des murs latéraux. Sa profondeur sera de 2 pieds et demi environ. Faites construire parallèlement au mur du fond, sur le derrière de la tranchée, un petit mur épais de 9 à 12 pouces, dont la hauteur n'excédera pas 5 pieds à 5 pieds et demi, et sur le devant de la même tranchée un autre mur de 3 pieds et demi de hauteur, sur une épaisseur de 15 à 18 pouces. Ce mur doit être recouvert en dalles posées à plat, mais inclinées et faisant saillie en dehors. Les deux extrémités se ferment par des murs de 15 à 18 pouces d'épaisseur, dans l'un desquels on pratique une porte placée vis-à-vis du sentier qui règne le long du mur du fond. Leur hauteur le long de ce mur détermine la hauteur de la bâche; ils doivent être taillés en demi-toît, à partir de 2 pieds du mur du fond, avec au moins 45 degrés d'inclinaison, et se terminer à la hauteur du petit mur de face. Dans l'épaisseur du mur de l'autre extrémité se pratique un fourneau dont la bouche est en dehors, et qui communique de la chaleur à l'air de la bâche, au moyen d'un tuyau composé de cylindres en terre cuite, et entrant les uns dans les autres : ce conduit de la fumée parcourt la bâche dans toute sa longueur, pour sortir par l'autre extrémité. On établit un cabinet appuyé sur le mur latéral dans lequel se trouve la bouche du fourneau, afin que l'air extérieur ne fasse pas consommer trop promptement les matières, ou que le vent ne rende pas l'action du feu trop inégale.

Au moyen de corbeaux scellés dans le grand mur, à hauteur convenable, on établit en madriers, que l'on recouvre en plomb, une plate-forme large de 2 pieds au plus, et bordée d'une pièce de bois épaisse, régnant dans toute la longueur de la bâche, et appuyée des deux bouts sur les murs latéraux. Une gorge profonde doit être tracée dans toute sa longueur au-dessus des barres à queues, pour y loger la tête des châssis vitrés. Les pièces de bois appelées *barres à queues* s'assemblent (*à queue perdue ou fermée*) d'un bout dans la partie inférieure de la traverse qui borde la plate-forme, et de l'autre dans une traverse maintenue avec des pattes en fer sur la dalle du mur de face. Ces barres à queues doivent être convenablement éloignées et ajustées pour recevoir des châssis mobiles vitrés et noyés en *attrape-mouche*, se joignant si bien que l'eau, la neige ou l'air ne trouvent point d'issue pour pénétrer dans l'intérieur. Les panneaux vitrés, ayant au moins 10 pieds de longueur, seraient trop pesans et sujets à se courber et à se déjeter, s'ils n'étaient partagés en deux, dont l'inférieur ou le supérieur s'élève ou s'abaisse à volonté par le moyen d'une charnière attachée sur l'un et sur l'autre, ou sur la traverse du haut. Dans ce cas les deux traverses des panneaux doivent être taillées en talus opposés qui se recouvrent exactement. On empêche

les panneaux inférieurs de glisser, par le moyen
d'une petite tringle de bois que l'on cloue sous la
traverse d'en bas. Sur l'un des murs latéraux s'éta-
blissent des degrés pour monter à la plate-forme,
d'où il sera facile de dérouler des paillassons, lorsque l'on aura à défendre les ananas contre le froid.
Pour empêcher les barres à queue de se déjeter, on
les assujétit dans l'intérieur par des traverses en
fer, qui servent en même temps de support aux crémaillères dont on se sert pour donner aux panneaux
supérieurs l'ouverture que l'on juge convenable.
Quant à l'intérieur de la bâche, les murs doivent en
être crépis et enduits avec du plâtre blanc et passé
au sac; et tous les bois, recouverts de deux bonnes
couches de peinture à l'huile. Les parties exposées
à l'air extérieur auront été préalablement enduites
du vernis dont nous avons donné la composition à
l'article des châssis.

Couches.

Les couches sont des carrés de fumier plus longs
que larges, disposés par lits avec art et destinés à
acquérir, par la fermentation des matières qui les
composent, un certain degré de chaleur qu'ils communiquent aux plantes dont on désire hâter la végétation, afin de jouir de leur produit dans une
saison différente de celle que la nature leur a as-
signée.

On choisit pour placer ses couches un terrain sec
dont le fond est sablonneux. S'il est argileux, on
en enlève un pied environ, qu'on remplace par du

gros sable ou du cailloutage. S'il est humide, il faut faire une conduite en pierres sèches pour l'écoulement des eaux.

Le sol doit être à l'exposition du midi, un peu incliné du nord au midi, et défendu des vents par des murs ou des abris, depuis l'est par le nord jusqu'au nord-ouest. Les couches ne doivent pas être éloignées de quelque bâtiment nécessaire pour mettre à couvert les cloches, les châssis, les paillassons, etc. Il doit y avoir aussi à leur proximité un réservoir d'eau de bonne qualité, à l'abri du froid, pour les arrosemens. Si l'on opérait en grand, il faudrait pratiquer une route charretière jusqu'au terrain des couches.

On peut établir les diverses espèces de couches dans l'ordre suivant.

On place en première ligne, et contre le mur du fond qui est à l'exposition du midi, dirigé de l'est à l'ouest, les châssis ou bâches destinées à la culture des ananas et des petits arbres fruitiers. On établit à 8 pieds de distance, et en seconde ligne, les châssis à hauts bords, employés à la culture des pois, des haricots, des asperges, et autres légumes d'une certaine hauteur. A 5 pieds de cette ligne on en fait une autre sur laquelle on place les châssis plats propres à la culture des melons, concombres, pastèques, fraisiers; et on répète ces lignes autant qu'on le juge nécessaire. Cette ligne et les suivantes ne doivent être séparées qu'autant qu'on veut renouveler les réchauds; alors on laisse la distance de 18 à 20 pouces. Après cette ligne ou ces lignes à châssis, viennent celles destinées aux cloches et verrines, et employées à la culture des salades de primeur, des melons et concombres, et au semis des légumes printaniers.

La ligne suivante est une couche nue pour les radis, les raves, les repiquages des plantes élevées sous cloche ou sous châssis. On y sème aussi quelques rangs de légumes d'automne, comme du céleri, etc.

Les dernières lignes sont composées de couches sourdes, c'est-à-dire enterrées aux deux tiers de leur hauteur au-dessous du niveau du terrain. Elles sont employées à la culture des melons destinés à succéder à ceux qui sont cultivés sous les châssis et sous les cloches. S'il reste de l'emplacement, on peut former des planches de quatre à cinq pieds de bonne terre légère. On y cultive des giraumonts, des courges, des potirons ou bien des melons de Coulommiers, de Honfleur. On ne doit jamais placer dans le voisinage les uns des autres les melons et les concombres, courges, etc., parce qu'une de ces espèces pourrait féconder l'autre et nuire à la qualité de son fruit.

On fait usage de trois différentes espèces de couches que l'on distingue en chaudes, tièdes et sourdes ou encaissées. Nous parlerons des couches et meules à champignons à l'article de ce végétal.

Les couches chaudes et les couches tièdes ne sont que deux manières d'être des mêmes couches à différentes époques de leur fermentation.

Les couches *chaudes* et *tièdes* sont bordées ou encaissées.

Les couches bordées sont ainsi nommées parce qu'on élève et que l'on reploie la paille sur les bords pour les rendre plus solides et plus propres. Elles sont élevées au-dessus du sol, et susceptibles par conséquent d'être entourées d'un réchaud qui leur communique une nouvelle chaleur, lorsque celle qu'elles avaient acquise est dissipée.

Pour élever une couche bordée, on marque d'abord son emplacement en traçant ses dimensions en longueur et largeur. On forme ensuite un premier lit de fumier que l'on étend avec la fourche, que l'on marche de bout en bout, et que l'on bat et affaisse avec le dos de la fourche, afin de s'assurer qu'il est partout également garni. En arrangeant le fumier on a soin de placer sur les bords les plus longues pailles, que l'on retrousse en dedans, de manière que le dehors de la couche soit bien propre. On a aussi l'attention de donner plus d'épaisseur au côté du nord, afin que la surface de la couche soit un peu inclinée vers le midi. On fait ensuite de la même façon un second, un troisième et autant de lits qu'il est nécessaire pour donner à la couche la hauteur convenable. Il ne faut laisser aucun endroit creux et mal garni, parce que l'eau des arrosemens s'y rassemblant, morfondrait cette partie de la couche. Si le fumier est sec, on donne à la couche une mouillure avec l'arrosoir à pomme; mais s'il a assez d'humidité pour exciter la fermentation et la chaleur, il ne faut pas la mouiller, car, étant arrosée, elle s'échaufferait plus promptement, mais elle se consommerait bientôt, et par conséquent sa chaleur durerait moins long-temps.

Lorsque la couche est finie, on la couvre de deux ou trois pouces de terreau fin, ou de terre meuble, et on la laisse dans cet état jusqu'à ce qu'elle s'é-chauffe; ce qui arrive dans l'espace de 6 à 12 jours, suivant la qualité du fumier, celle du terrain sur lequel la couche est assise, et la température de l'air. En disant de ne la couvrir que de 2 ou 3 pouces de terreau ou de terre, je suppose qu'elle sera par la suite garnie de terre, qui pourrait être brûlée par le grand feu des fumiers; car si elle doit être garnie de terreau, on peut dès ce moment en jeter sur la couche la quantité nécessaire pour la garnir; le terreau ne craint point la chaleur.

L'affaissement de la couche (d'environ un tiers) indiquant que la grande chaleur diminue, on la sonde avec la main, qu'on enfonce dedans; et lorsque la chaleur est tombée à un degré qu'on peut sup-porter, on se hâte de dresser la terre ou le terreau. Plaçant sur les côtés de la couche, à 2 ou 3 pouces du bord, une planche large de 8 à 10 pouces, qu'on soutient ferme, on approche de la terre ou du ter-reau contre cette planche, et on le presse fortement pour le rendre solide. Il faut que le terreau soit un peu humide pour contracter une espèce d'adhé-rence. Cette opération faite tout au tour de la cou-che, on garnit le milieu qu'on presse et unit, puis on place son plant.

Si le plant doit être défendu avec un châssis vitré,

il faut en placer la caisse sur la couche, ou sur une médiocre épaisseur de terre ou de terreau , et mettre le surplus en dedans de la caisse , à une hauteur convenable à celle du plant, pressant la terre ou le terreau contre la caisse, de façon que l'air ne puisse pénétrer.

Tous les fumiers susceptibles d'une grande fermentation peuvent servir à la confection des couches, parce qu'ils développent beaucoup de chaleur; mais cependant les plus généralement employés sont ceux de cheval, d'âne, de mulet, de vache et de mouton, sortant de l'écurie. La chaleur dure plus ou moins long-temps en raison des matières dont les couches sont faites ; celles de fumier la conservent 6 mois ; celles de feuilles sèches, de tontures et même de poudrette, pendant une année environ, et les couches de marcs de raisin, d'olives et de pommes, pendant 18 à 20 mois. Les couches pour primeurs, et qui doivent conserver long-temps leur chaleur, se font ordinairement avec du fumier de cheval et du fumier de vache, placés par lits alternatifs, en commençant par un lit de fumier de cheval : le tout se confectionne comme nous avons dit plus haut.

Les dimensions des couches en hauteur et en largeur ne sont pas constamment les mêmes. Pendant les deux mois les plus rigoureux, depuis la mi-décembre jusqu'à la mi-février, les couches doivent avoir 3 pieds de hauteur de fumier, et leur largeur ne doit pas excéder 5 pieds, afin que la chaleur des réchauds puisse les pénétrer et les ranimer plus promptement. À mesure que la saison s'adoucit, on les fait moins hautes et on leur donne, si l'on veut, plus de largeur; de sorte qu'un pied d'épaisseur de fumier suffit à celles de la fin d'avril, parce que le soleil ayant alors beaucoup de force, elles sont moins nécessaires pour donner de la chaleur que pour conserver durant la nuit celle qu'elles ont reçue du soleil pendant le jour, ce qui augmente beaucoup le progrès des plantes. Quant à l'épaisseur de terre (1) dont il faut charger les couches destinées à élever des légumes, elle se règle sur la longueur des racines, la grandeur des plantes et de leurs productions, et le temps qu'elles doivent y passer. Une laitue n'a pas besoin de tant de terre qu'une rave qui pousse une longue racine, ou un melon qui pendant trois, quatre, cinq mois, doit trouver la nourriture nécessaire à ses longues branches, ses grandes feuilles et ses gros fruits.

Aussitôt que la chaleur d'une couche décline, et qu'elle fait craindre pour les plantes, dont la ruine serait une suite nécessaire de son impuissance pour leur végétation, il faut faire tout autour un réchaud de 2 pieds de largeur avec du fumier neuf, manié, arrangé, battu ou foulé comme la couche, et d'une hauteur qui excède un peu celle de la couche. Ce réchaud, qui ne doit point faire corps avec elle, afin que l'on puisse le renouveler, entretient sa cha-

(1) Toute plante élevée dans le terreau est insipide; c'est pourquoi il vaut mieux charger les couches de bonne terre bien ameublie avec du terreau et engraissée avec du crotin de cheval ou de mouton.

leur pendant huit ou dix jours, après quoi il faudra
le remanier, c'est-à-dire le défaire, remuer le fumier avec la fourche, et le rétablir aussitôt. Si le
fumier paraît trop pourri pour reprendre de la chaleur, il faut lui substituer du fumier neuf, ou au
moins en mêler une partie avec le vieux. Lorsqu'on
fait plusieurs couches parallèles, on ne laisse qu'un
pied de passage entre elles. Les réchauds, quoiqu'ils
n'aient que cette épaisseur, feront plus d'effet sur
deux couches que les deux pieds de fumier appliqués contre le pourtour extérieur.

Les couches sourdes ou couches encaissées se
font à peu près de la même manière. On creuse en
terre une fosse d'un pied environ, dont on garnit le
fond de plâtras si le terrain est humide ; si l'on en a
la faculté, il est utile de couvrir les parois des encaissemens avec des planches isolées d'un pouce,
de la maçonnerie ou de la terre de tous les côtés ;
par ce moyen on concentre mieux la chaleur. Pour
remplir ces encaissemens, on met d'abord un premier lit de fumier frais de cheval; on lui donne
6 pouces d'élévation, et on le tasse bien en le mar-
chant. Ensuite on établit un second lit de feuilles
sèches ou de marc de raisin, et faisant ainsi alternativement un lit de feuilles, etc., et un lit de fumier,
on les couvre de terreau ou de terre comme les couches bordées dont nous avons parlé. Ces couches
s'échauffent un peu plus tard que celles qui ne sont
composées que de fumier seul, mais elles jettent un
feu beaucoup plus grand, et soutiennent leur chaleur plus long-temps.

La bruyère, la fougère hachées, le tan, la sciure
de bois, le son de blé ou de sarrasin, les vannures du
blé, les cendres de bois, de tourbe ou de charbon
de terre, mêlés en quantité égale au quart du fumier
destiné à faire des couches, et bien incorporés en
les remuant et fanant avec le fumier pendant huit
à dix jours, dans un lieu sec, à l'abri de la pluie,
sont propres à faire des couches qui gardent long-
temps leur chaleur, mais qui sont plus ou moins
longues à en acquérir.

La culture des plantes sur couches exige beaucoup d'activité, de vigilance et d'expérience. Les
principaux soins nécessaires à ces plantes sont, 1º de
leur procurer une chaleur tempérée, mais égale et
soutenue : l'excès comme le défaut de chaleur les
fait fondre et périr ; 2º de les préserver du froid, en
tenant les châssis fermés, et même couverts de
paillassons pendant les nuits et les temps rudes, et
les cloches bornées, c'est-à-dire garnies de paille
tout autour, et couvertes de litière et de paillassons ;
3º de leur donner de l'air toutes les fois qu'il n'est pas
trop froid, afin qu'elles se fortifient par la transpiration, et qu'un séjour trop continu dans une atmos-
phère humide et étroite ne les fasse pas tomber dans
la langueur, l'étiolement et la pourriture ; 4º d'essuyer
une ou deux fois par jour les vapeurs humides qui
s'attachent au verre, et qui, tombant sur les plantes, leur sont nuisibles ; et pendant cette opération,
qui doit être fort prompte, couvrir les plantes avec
des paillassons, si le temps est froid ou humide ;
mais s'il est doux, on peut retourner les châssis pour

les faire sécher ; 5° de jeter à propos sur les cloches,
et sur les vitrages un peu de paille ou un canevas
pour rompre les rayons du soleil et parer ses coups,
qui quelquefois sont à craindre dès le mois de février, lorsque l'air est doux et le ciel pur.

Hangar.

On ne peut se passer de ce local dans une maison
où l'on possède des cloches, des châssis, etc. Pour être
placé commodément, il doit être appuyé au mur du
nord de clôture, en face des bâches, châssis et couches, ou dans une cour qui serait à leur proximité.
Sa grandeur est relative au nombre des objets qu'il
doit contenir. Il sert à mettre à l'abri les échelles,
les grands instrumens et outils de culture, tels que
charpente des châssis d'espaliers précoces, paillassons, brouettes, etc. C'est sous le hangar que le
jardinier fait ses paillassons, ses rempotages, em-
manche ses outils, etc.

Fruitier.

Le fruitier ou la fruiterie, pour être bien exposé,
doit avoir ses deux faces entre le midi et le nord ;
les fenêtres étant à cette dernière exposition. Un
souterrain peu profond, voûté et bien sec, serait le
lieu le plus convenable pour établir une fruiterie ;
il doit en outre être peu susceptible de s'échauffer
par la présence du soleil, et être impénétrable à la
gelée. Une température toujours égale, plutôt froide
que chaude ; un air plus sec qu'humide, sans cou-

rant, ne se renouvelant que quand on le juge à propos pour chasser l'humidité, l'absence de la lumière,
sont des conditions nécessaires à la conservation des
fruits. Il serait avantageux que les murs fussent
lambrissés, et le plancher parqueté. Le pourtour
sera garni de trois ou quatre rangs de tablettes larges de 20 à 24 pouces, bordées sur le devant d'une
petite tringle de bois haute de 15 lignes, pour empêcher les fruits de tomber, et éloignées les unes des
autres d'environ 2 pieds. Ces tablettes se couvrent
d'un lit de mousse bien sèche, ou de paille fine sans
odeur, fort menue, et privée de toute humidité. Si
le fruitier avait beaucoup d'étendue, on placerait
au milieu une table longue avec des étagères, également bordées de tringles, et recouvertes de mousse
ou de paille fine.

Lorsqu'on récolte les fruits d'automne et d'hiver, on cueille à part chaque sorte de fruit, ayant
le soin de ne pas mêler ceux d'espalier avec ceux
de plein-vent, quoique de même espèce, parce
que ceux d'espalier mûrissent toujours les premiers.
On porte aussi la plus grande attention à ne meur-
trir les fruits ni en les cueillant, ni en les portant
au fruitier. La main doit même éviter de toucher
les poires, qui se cueillent toujours par la queue, et
se placent ensuite dans un panier dont le fond est
garni d'un morceau d'étoffe de laine. Lorsque le
premier rang est formé, on place dessus un autre
morceau d'étoffe sur lequel on pose un nouveau
rang de poires, et ainsi de suite, pour former 3 ou
4 rangs. De toutes les poires, le bon-chrétien et le

doyenné sont les plus susceptibles. Tout fruit de cette espèce auquel la main a touché est maculé tôt ou tard. Quelques personnes portent l'attention jusqu'à commencer par cueillir les plus belles poires, qui sont toujours les plus avancées dans leur maturité et ne cueillent les autres que plusieurs semaines après cette première récolte. Les pommes sont moins délicates, elles se récoltent à la main ; la seule précaution est de ne les exposer à aucune meurtrissure.

Si on cueille les fruits trop tôt, ils n'ont pas de saveur et ils se flétrissent ; si on les cueille trop tard, leur maturité est trop avancée, et ils se gardent moins bien. Nous indiquerons à chaque fruit l'époque à laquelle il faudra le cueillir.

A mesure que l'on récolte les fruits, on les porte dans le fruitier, espèce par espèce, comme nous l'avons dit, et on les range sur les tablettes les uns à côté des autres sans qu'ils se touchent, les posant sur l'œil autant que possible, ou au moins sur le côté qui a été exposé au soleil, et qui par conséquent est plus mûr. De cette manière, l'air influe davantage sur l'autre côté et achève sa maturité.

Les raisins doivent être suspendus par l'extrémité de la grappe opposée à la queue, afin que les grains s'éloignent un peu les uns des autres et soient moins exposés à la pourriture. On les attache aux solives ou à des cerceaux qui y sont suspendus, et le long des tablettes qui portent les fruits ; mais il serait préférable de les enfermer dans un local à part, parce que ces fruits répandent beaucoup

d'humidité dans l'air, et nuisent à la durée des autres. Quelques personnes les couchent sur les tablettes comme les poires et les pommes, mais dans
cette position ils sont très-exposés à la pourriture.
Un autre moyen de conservation est de les placer
dans des tiroirs ou dans des caisses, entremêlés, lit
par lit, avec de la sciure de bois, fine, sans odeur
et bien sèche. On doit souvent visiter le raisin, et
couper, avec des ciseaux, les grains qui se pourrissent, pour sauver les autres.

Le raisin que l'on veut conserver doit se cueillir
huit jours avant sa maturité, c'est-à-dire au moment où il a commencé à avoir de la souplesse
et à être transparent. Dans son état de maturité
parfaite il se pourrit trop facilement.

En général, on ne doit cueillir les fruits que par
un beau temps. Cette récolte se fait depuis 10
heures du matin jusqu'à 2, 3 ou 4 heures du soir.

A l'époque ou les fruits sont déposés dans le
fruitier, il faut laisser les fenêtres ouvertes, si le
temps est beau, depuis 10 heures du matin jusqu'au
coucher du soleil, et les tenir fermées s'il fait du
brouillard ou un temps humide. Il faut 5 ou 6
jours pour dissiper la grande humidité des fruits;
pendant ce temps on les visite, et lorsqu'ils sont
couverts de l'humidité de leur transpiration, on
les essuie avec de la serge; après quoi on ferme
le fruitier hermétiquement. Pendant les fortes gelées, non-seulement toutes les ouvertures doivent
être exactement fermées, mais il est même prudent d'y placer un thermomètre ou un vase rem-

pli d'eau : dès que le thermomètre marque zéro, ou que la gelée se laisse apercevoir sur la surface de cette eau, il faut allumer un poêle que l'on chauffe légèrement, ou placer dans le fruitier des réchauds de braise qui y répandent une chaleur douce, mais qui noircit les fruits. Dès que les gelées sont passées, ainsi que la grande humidité qui les suit, on donne de l'air aux fruits. Au printemps, on tient les fenêtres entr'ouvertes pendant le jour, lorsque l'air n'est pas humide.

Il est nécessaire, lorsqu'on entre dans le fruitier pour choisir des fruits, de jeter un coup d'œil sur toutes les tablettes, et, outre cela, de visiter avec exactitude tout le fruitier en entier deux fois par semaine pour mettre de côté les fruits tachés, afin de les empêcher de gâter les autres. Ce sont eux que l'on mange les premiers.

On ne doit placer dans le fruitier que les fruits les plus beaux et les plus sains : ceux qui sont petits, pierreux, mal faits, blessés ou tachés, et susceptibles de pourrir bientôt, se mettent avec moins de précaution dans un autre lieu sur un lit de mousse ou de paille, et se recouvrent d'un autre lit semblable. On se hâte de les employer en les faisant cuire de différentes manières, soit pour être mangés de suite, soit pour être conservés.

Serre à légumes.

C'est ordinairement un cellier ou une espèce de cave dont les soupiraux et la voûte sont élevés au-dessus du sol du jardin, afin qu'elle ne soit pas trop

humide ; il serait convenable qu'il y eût deux portes ou deux fenêtres opposées, afin de pouvoir renouveler facilement l'air de la serre, qui se corrompt
promptement quand les légumes y sont rassemblés
en quantité. La face principale doit être exposée au
sud ou au sud-est, et l'intérieur de la serre à l'abri
de toute gelée. Des banquettes de sable ou de terre
sablonneuse sont dressées pour y recevoir les légumes
et les racines qu'on veut avoir sous la main ou préserver de la gelée, et pour ceux qu'on veut faire
blanchir.

Lorsque la saison permet de craindre la gelée,
on arrache dans le jardin, avec soin, on nettoie et
fait sécher sur le terrain les pommes-de-terre, topinambours, carottes, navets, betteraves, salsifis, etc.
On coupe les feuilles de très-près aux plantes qui
en ont, puis on les porte dans la serre. Pour les y
conserver on forme un lit carré de chaque espèce
de légumes, que l'on recouvre d'un lit de sable, continuant ainsi de faire alternativement un lit de légumes et un lit de sable.

La chicorée sauvage que l'on destine à être employée en *barbe de capucin* se plante sur un talus
de terre adossé contre le mur du fond, ou sur un
cône isolé que l'on forme ainsi : on place un lit de
racines sur le terrain de la serre, la tête en dehors
et dans une forme circulaire, puis on met un pouce
de terre sur ces racines, un autre rang de racines
sur cette terre, et ainsi de suite, ayant attention de
faire chaque rangée de racines un peu plus petite
que celle qui lui est inférieure. On continue ainsi

jusqu'à ce que le cône soit terminé ou que toutes
les racines soient employées; il faut, avant cette opération, couper toutes les feuilles vertes ou gâtées,
les racines ne tarderont pas à en repousser de nouvelles plus longues, plus étroites, entièrement blanches, fort tendres, et que l'on coupera à mesure
qu'elles repousseront pendant tout l'hiver. Celles
que l'on place en talus se disposent par lits successifs
de la même manière. Quelques personnes ont des
futailles criblées d'un très-grand nombre de trous
tout autour; ils les emplissent de sable et de racines de chicorée placées lit par lit, de manière que
chaque tête de chicorée sorte par un trou.

On choisit un temps sec pour lever avec leurs racines les chicorées frisées, les scaroles, et on les
plante près à près dans une des banquettes de la
serre. Les cardons liés, pour qu'ils tiennent moins
de place, se plantent aussi dans la terre sablonneuse
sur les rangs de derrière. Les choux-fleurs, dépouillés
des trois quarts de leurs feuilles, s'enfoncent jusqu'au collet dans la terre des banquettes, et fournissent des têtes pendant une grande partie de l'hiver.

On visitera souvent tous ces légumes, afin de
choisir de préférence, pour la consommation, ceux
qui annonceraient, par leur état de dépérissement,
ne pas devoir durer encore long-temps.

Quant aux soins à donner à cette serre, ils se
bornent à empêcher la terre de se dessécher autour
des plantes qui végètent, quoiqu'il faille bien prendre garde de trop mouiller ni de répandre jamais
de l'eau sur les feuilles; à tenir les plantes dans une

grande propreté en les nettoyant de toutes feuilles pourries ou de toutes parties gâtées; à laisser les soupiraux ouverts tant que le froid n'est pas assez intense pour pénétrer dans l'intérieur; si le temps devenait trop rude on les fermerait ainsi que la porte, donnant de l'air toutes les fois qu'on pourrait le faire sans danger.

CALENDRIER DU JARDINIER,

CONTENANT

L'ÉTAT DES TRAVAUX ET DES RÉCOLTES DE CHAQUE MOIS DE L'ANNÉE.

JANVIER.

Travaux.

PENDANT ce mois, si les fortes gelées ou les grandes pluies ne rendent pas la terre impraticable, il faut finir les labours qui n'ont pu l'être dans les derniers mois de l'année précédente.

Donner le premier labour aux terrains destinés à être semés en ognon.

Dans les temps rudes faire des treillages, des paillassons, etc.

Faire stratifier, au plus tard dans les premiers jours du mois, les amandes et autres noyaux, pour être semés en mars ou avril.

Achever les plantations d'arbres, ou préparer les fosses pour planter avant la mi-mars.

Tailler les poiriers et les pommiers, labourer au pied des arbres, fumer et engraisser ceux qui en ont besoin, les nettoyer de mousse.

Semer des pois michaux et suisses et des fèves de marais sur les costières, ou les plates-bandes à l'exposition du levant et du midi, abrités par les murs; et, vers la fin du mois, de l'ognon dans les terres légères.

Continuer les cultures de primeurs à l'aide des couches et des châssis vitrés.

Faire diverses couches pour semer des melons, des concombres, des petites laitues à couper, des laitues de Versailles, gottes et crèpes, pour repiquer et faire pommer sous cloche; de la chicorée sauvage, de la chicorée frisée, du céleri, du cerfeuil, du cresson alénois, du pourpier, des radis et des raves, de la carotte, du cardon de Tours, du chou-fleur tendre, des brocolis, et quelques autres espèces de choux-pommes, tels que celui de Bonneuil, d'Alsace, le hâtif, etc.

Réchauffer des asperges, de l'oseille, des fraisiers.

Transplanter les semis du mois précédent.

Faire des couches à champignons.

Semer sur couche, dans des terrines, des graines de fraisier des Alpes.

Porter les fumiers aux endroits où il en sera besoin; et préparer ce qui sera nécessaire pour les ouvrages du commencement du printemps.

Récolte.

La terre n'offre que des choux à grosses côtes, des choux de Milan, des choux pancaliers, des poireaux, des mâches, des épinards, des cardes de poirée.

La serre peut fournir des racines et bulbes de toute espèce, de la chicorée frisée, de la chicorée sauvage, des cardons, des choux-fleurs, du céleri, etc.

Le fruitier doit fournir des poires, des pommes, des raisins, des concombres de Barbarie, des giraumonts, des pâtissons, des potirons, de l'ognon, des pois, des fèves, des lentilles, etc.

Les petits haricots verts et autres légumes confits sont un grand secours.

Enfin on peut recueillir sur les couches, des asperges, de l'oseille, de petites raves, de petites laitues à couper, toutes sortes de petites fournitures, des champignons, etc.

FÉVRIER.

Travaux.

Les travaux du jardinage prennent de l'extension dans ce mois. On continue de faire et de réchauffer des couches, pour transplanter les jeunes plants et pour semer les mêmes graines, et de la scarole, de la chicorée, du chou frisé nain, des melons des carmes, des melons maraîchers, des cantaloups, des pois et des fèves à châssis, des pois et des haricots en pots ou en mannequins, pour être mis en terre, des laitues de Hollande, brune, mousseronne, crèpe, de Versailles, romaine, pour être dans la suite repiquées en pleine terre, et sur les couches qui n'ont presque plus de chaleur; du chou-pomme, du chou de Milan, du chou hâtif d'Angleterre, pour être plantés en mars.

Vers le 15, on sème encore de l'ognon, parmi lequel on peut mêler un peu de graines de laitue hâtive, des poireaux dans les terrains secs et légers.

On fait les seconds labours pour semer des haricots; on achève tous les premiers labours, et la taille des poiriers et des pommiers.

Les groseillers, les framboisiers, les abricotiers et les pruniers se taillent du 1er au 15, si les gelées ne l'empêchent. Au 15, on commence la taille du pêcher et de la vigne, et les greffes en fente.

On plante la vigne ; on marcotte ou l'on fait des boutures des arbres qui se multiplient par ce moyen.

On repique des ognons, des carottes, des betteraves, etc., pour porter graines.

On sème la graine d'asperge et celle de toutes sortes d'arbres qui n'ont point été stratifiées.

Vers la fin du mois on sème de la carotte courte hâtive et de l'ordinaire, du panais, des petits radis sur les costières avec paillis, de l'ognon, du poireau, de la ciboule, des fèves de marais, des pois, du persil, de l'épinard, des choux-pommes, des laitues, etc., en pleine terre.

On plante en terrain léger l'ail et l'échalotte; on met en place une partie des plants des choux et choux-fleurs élevés à l'automne et l'hiver; on commence à replanter les bordures en plantes vivaces, telles que ciboulettes, estragon, lavande, etc.

La taille des arbres, et surtout du pêcher, pouvant être retardée par d'autres travaux, et différée jusqu'à la fin de mars, on aura soin, à mesure que l'on aura achevé de tailler et de palisser un espalier, d'en labourer la plate-bande, et de placer devant les arbres les abris nécessaires pour les défendre des intempéries de mars ou d'avril.

Récolte.

La récolte du potager n'est ni plus abondante ni plus diversifiée qu'en janvier. Les provisions de la serre et du fruitier ne peuvent que diminuer : mais les couches commencent à donner un peu plus de secours.

MARS.

Travaux.

Dans ce mois on doit semer en pleine terre diverses sortes de laitues, de la romaine, des choux-pommes, des choux-fleurs, des raves, de l'oseille, du cerfeuil, du persil, de la ciboule, des épinards, de l'arroche, des carottes, du panais, du navet, de la poirée, de l'ognon, du poireau, de la pimprenelle, de la scorsonère, de la betterave, des cardons de Tours, des pois goulus, des pois carrés blancs, de l'asperge, de la chicorée, du cresson, de la capucine, des féves de marais, etc.

On peut, dans les terres légères, semer de la betterave, et essayer une première saison de navets hâtifs, en employant de la graine vieille.

Planter de l'ail, de l'échalotte, de l'estragon, de l'oseille, des pommes-de-terre, de la ciboule, de la lavande et autres plantes aromatiques, des fraisiers, des choux-pommes, des choux de Milan, des asperges, toutes sortes d'ognons, de bulbes et de plantes pour graine, toutes sortes d'arbres et d'arbustes, des crossettes de vigne, etc.

Semer sur couches des raves, des radis, des potirons, melons, concombres, du pourpier, du piment, du basilic, de l'aubergine; on y met les racines de patates plantées dans des pots que l'on enterre dans la couche, sous un châssis.

Repiquer sur couches des laitues, des cardons, de la chicorée, de la romaine, etc. Y mettre en place les melons et concombres des semis de janvier.

Greffer en fente; mettre en terre les amandes germées, après avoir pincé l'extrémité du pivot, et aussi les différentes graines d'arbres stratifiées.

Commencer à découvrir un peu les artichauts; ramer et arrêter les pois hâtifs; éclaircir les carottes semées en septembre; découvrir, tailler et marcotter le figuier.

Récolte.

Les provisions de la serre sont épuisées ou deviennent mauvaises; mais les couches fournissent des laitues pommées, de l'oseille, des raves, de petites salades et des fournitures, des asperges et autres légumes réchauffés.

AVRIL.

Travaux.

On fait dans le commencement de ce mois les travaux qui n'ont pu l'être dans le mois de mars.

Les amandes et autres semences stratifiées dans le sable doivent se mettre en terre si le défaut de leur progrès ou les rigueurs du temps n'ont pas permis de le faire dès la fin de mars.

On greffe encore en fente, surtout le pommier.

On peut confier à la terre toutes sortes de semences de plantes potagères ; telles que la scorsonère, le salsifi, les betteraves, les cardons, les potirons, giraumonts, pâtissons, cornichons, le chou-fleur dur, le pourpier, les laitues d'été, etc.

Il faut ressemer, dès le commencement de ce mois, l'ognon, le poireau et toutes les graines des légumes qu'on a oublié de semer dans les mois précédens, ou qui ont manqué.

On taille les melons et les concombres ; on fait de nouveaux semis pour l'arrière-saison. Il faut aussi réchauffer les couches, en faire de nouvelles ; découvrir les artichauts, les œilletonner et en faire de nouvelles plantations.

On doit repiquer en terre les plants élevés sur couches ; semer, en place de la chicorée, des cardons ; marquer ou transplanter pour graine les raves et radis élevés sur couches, les plus belles laitues pommées sous cloches ou sous châssis, et autres plantes d'hiver.

Repiquer toutes sortes de laitues printanières, et commencer à semer de la laitue de Gênes et autres variétés propres pour l'été.

Faire les nouveaux plants de fraisiers.

Veiller sur le premier travail des arbres fruitiers, détruire la punaise des espaliers et tous les insectes qui dévorent les plantes naissantes et dévastent les potagers.

Greffer en couronne.

Récolte.

Tout le terrain du potager doit être couvert de légumes, mais le temps de la récolte n'est pas encore venu. On a cependant des épinards, quelques asperges, des salades, de petites fournitures; les couches produisent alors des raves, des laitues pommées, des fraises, etc.

MAI.

Travaux.

La végétation, très-active dans ce mois, fait croître les plantes et les arbres avec tant de rapidité que son luxe et sa prodigalité ont besoin d'être réprimés par les soins du jardinier, à sarcler, arracher les mauvaises herbes qui bientôt étoufferaient les bonnes, ébourgeonner les arbres, éclaircir le plant trop serré, nettoyer, labourer, ratisser, etc.

On doit greffer en flûte et en écusson à la pousse.

Faire les dernières couches pour les melons.

Les semis en pleine terre sont de raves, de betteraves, de pourpier, de scorsonère, de diverses sortes de pois et de haricots, de choux-fleurs, de céleri-rave, de concombres, de cornichons, de carottes, de navets hâtifs, de cardons de Tours et d'Espagne, de chicorée, de laitues pour pommer, et de romaines, de la scarole, etc.

On plante en pleine terre des choux-fleurs, des choux de Milan, de la poirée, de la capucine, des fraisiers, des citrouilles, melons, concombres, du céleri, des laitues, etc.

On finit d'œilletonner et de planter les artichauts.

On étête les fèves en fleur, et on rabat celles qui ont déjà produit; on coupe le vieux persil, et l'on marque des pieds d'asperges et de pourpier pour graine.

Il faut lier la vigne et l'ébourgeonner; éclaircir les abricots s'ils sont trop serrés; arroser amplement et fréquemment.

Récolte.

On commence à recueillir abondamment en pleine terre des asperges, des raves et toutes sortes de légumes. Les concombres, les fraises, les cerises précoces, les petits pois paraissent dans ce mois.

JUIN.

Travaux.

Ce mois offre les mêmes travaux que le précédent, et l'on doit de plus éclaircir l'ognon et regarnir les places vides; repiquer les poireaux, le per-

sil, la ciboule pour l'hiver ; décharger de leurs nouveaux œilletons les artichauts qui ont donné leur
fruit ; planter des cardes de poirée.

Greffer en écusson à la pousse.

Pincer les gros bourgeons du figuier.

Arroser abondamment, mais seulement le soir.

Recueillir les premières graines.

Donner des soins vigilans aux melons et aux concombres.

Pour soutenir l'abondance et la variété des récoltes des mois suivans, on sème encore des fines herbes, telles que cerfeuil, cresson, chicorée sauvage,
épinards, petits radis ronds, raves, etc. On en sème
peu à la fois, à demi-ombre ; on les arrose journel-
lement et on les renouvelle tout l'été, et tous les
huit à quinze jours, jusqu'à la fin de septembre ;
on sème aussi des navets, des laitues, des chicorées,
des haricots suisses, des pois michaux et à cul
noir. Les pois semés à la fin de ce mois produisent en
septembre.

L'ébourgeonnement et le palissage de la vigne et
des arbres fruitiers se continuent avec activité, et
sont même la principale occupation de ce mois.

Récolte.

Ce mois fournit toutes sortes d'herbes potagères,
des pois, des féves, des haricots, des artichauts,
des cardes, des concombres, des melons, des fraises,
des guignes, des cerises, des bigarreaux, des groseilles, des framboises, des poires d'amiré-joannet,
et de petit muscat.

JUILLET.

Travaux.

Dans ce mois le cultivateur est tenu plutôt à des soins assidus qu'à des travaux pénibles : les arrosemens, le palissage, la récolte de diverses graines, les melons, etc., exigent de la vigilance.

On doit semer pour l'automne, des chicorées, de la laitue royale, de la ciboule, de la poirée; des pois carrés pour octobre; des choux frisés pour le printemps suivant; des panais, des carottes, et, vers la fin du mois, des choux-fleurs pour passer l'hiver.

Planter du chou blond, du chou rouge, pour l'automne et l'hiver.

Écussonner à œil dormant tous les arbres à qui cette greffe convient, excepté les jeunes amandiers et le cerisier.

Récolte.

Aux fruits du mois précédent, qui ne sont abondans que dans celui-ci, se joignent les figues, les avant-pêches, les prunes de Catalogne, les abricots, les poires de cuisse-madame, de rousselet hâtif, de madeleine, de muscat Robert, de blanquet, de sans peau.

AOUT.

Travaux.

Les travaux de ce mois sont d'arroser, sarcler, biner, serfouir; recueillir beaucoup de graines; palisser les arbres, écussonner les cerisiers, et les

vieux amandiers qui avaient trop de sève en juillet;
récolter les ognons, l'ail, l'échalotte; lier des chicorées; empoter des fraisiers pour les couches pendant l'hiver; planter des touffes de fraisier des Alpes sur les ados ou de vieilles couches, etc.

Semer des épinards, des raves, diverses laitues, de
la chicorée, du cerfeuil, du persil, de la raiponce, des
brocolis, des choux de Milan, des choux de Bonneuil,
des choux-pommes hâtifs, du chou-frisé hâtif, du
chou d'Yorck, du chou cœur-de-bœuf, du chou-fleur
dur en pots ou en baquets, ou en bonne exposition;
des navets, de l'ognon blanc hâtif pour repiquer en
octobre; des mâches, des navets, diverses variétés de
laitue à planter sur couches pour l'hiver, ou en terre
bien exposée et abritée pour le printemps, des pois
michaux pour l'automne, des carottes hâtives et
ordinaires, ainsi que des panais pour passer l'hiver
et donner de bonne heure au printemps.

Planter des chicorées, des laitues d'automne,
des choux d'hiver, etc.

Récolte.

Plusieurs fruits du mois précédent ont disparu;
mais on cueille les cerises, les bigarreaux, les groseilles, les figues et les abricots, dans le commencement de ce mois; quelques poires, telles que
la robine, le bon-chrétien d'été musqué, l'épargne,
la cassolette, le rousselet, la fondante de Brest;
les prunes de perdrigon, de royale, de drap-d'or,
de reine-claude, de sainte-catherine, de diaprée
violette, de damas, de mirabelle, d'impériale; les

pêches de double de Troyes, d'alberge, de madeleine, de bourdine, de mignonne, etc.

SEPTEMBRE.

Travaux.

Outre les travaux du mois précédent, dont on
continue les uns, et dont les autres se peuvent
différer jusqu'à celui-ci, il faut faire des couches
à champignons.

Arroser abondamment les artichauts qui mar-
quent.

Semer des radis noirs pour l'hiver, des épinards
pour mars et avril; semer ou planter de l'oseille.

Regarnir les plants de fraisiers.

Écussonner les jeunes sujets d'amandiers et de
pêchers.

Planter encore des choux pour l'hiver; en repiquer de jeunes plants en pépinière pour être mis
en place après l'hiver.

Lier quelques cardons de Tours et d'artichauts.

Repiquer en bonne exposition des laitues pour
avril et mai.

Semer des mâches, des carottes blanches, des
panais.

Planter pendant tout ce mois, en différens temps,
de la chicorée pour l'hiver : elle a dû être semée
depuis la mi-août jusqu'à la mi-septembre.

A la fin de septembre il ne doit exister aucune
place dans le potager qui ne soit couverte de légumes, tant pour l'usage actuel que pour le besoin à
venir.

Récolte.

On fait des récoltes abondantes de légumes, melons, etc.

Aux fruits de la fin d'août se joignent ou succèdent les poires de rousselet de Reims, de Gracioli, de beurré, de doyenné, de bergamotte ; les secondes figues, plusieurs variétés de prunes tardives, les chasselas, les muscats, les pêches de Chevreuse, de violette, d'admirable, de téton de Vénus, de Bellegarde, de pourprée, de royale ; le brugnon violet musqué, etc.

OCTOBRE.

Travaux.

On aura soin de semer dans le commencement de ce mois les derniers épinards, cerfeuil, mâches pour le printemps suivant ; de faire la seconde semence de divers plants qui portent le nom de la *Saint-Remi*, comme laitue crêpe, de la passion, coquille, gotte et romaine hâtives pour replanter ; et les premiers pois michaux au pied des murs ; de recueillir les fruits d'hiver, de lier les cardons, de planter des laitues sur de vieilles couches, que l'on réchauffe, au besoin, pour en avoir de pommées vers la Saint-Martin ; de détruire les couches, de repiquer les laitues d'hiver sur des plates-bandes abritées, de couper le cerfeuil, l'estragon, etc., pour leur faire pousser des feuilles nouvelles ; de faire des meules à champignons.

Couvrir, abriter, défendre les fraisiers en fleur, et les plantes délicates dont il importe de prolonger la jouissance ou d'assurer le succès.

Ramasser et entasser des fumiers et de grandes pailles pour les couches et pour les couvertures, qui vont devenir nécessaires.

Donner un labour aux terres à mesure qu'elles sont vides de légumes.

A la fin du mois semer sur couche, pour repiquer sur couche, de la laitue crêpe, de la romaine hâtive, et du chou-fleur dur.

Planter les arbres fruitiers dans les terres sèches et légères.

Récolte.

On recueille encore toutes sortes de plantes potagères, du céleri, des cardons, de la chicorée, des pois, des concombres, quelques melons, etc.

Les fruits qui mûrissent dans ce mois sont les pêches persique, nivette, madeleine tardive, violette tardive, jaune-lisse, admirable-jaune, pavie rouge; les figues d'automne, les raisins, les poires de sucré-vert, de verte-longue, de crassane, de marquise, d'Angleterre, de Bezi-de-Caissoy, de doyenné gris, etc.

NOVEMBRE.

Travaux.

On sème encore des pois michaux sur des ados ou des plates-bandes abritées, à l'exposition du midi ou du levant.

Sur les couches on sème des raves, des radis, de la laitue, des pois à châssis, du persil, de la pimprenelle, du cresson, etc. L'asperge se sème en automne avec plus de succès qu'au printemps.

Si le temps n'est pas trop rude, on peut encore planter des laitues à de bonnes expositions bien abritées.

On transporte dans la serre les carottes, navets, cardons, betteraves, pommes-de-terre, choux-fleurs, têtes d'artichauts, etc.

On plante dans la serre à légumes les racines de chicorée sauvage pour blanchir.

Il faut approcher des feuilles d'arbres et de grands fumiers secs, couvrir si le temps l'exige, les chicorées, le céleri, les poireaux, les laitues d'hiver, les artichauts, les figuiers, etc.

Transplanter, près à près, dans des tranchées, les choux-pommes, les poireaux, le céleri, etc., pour les couvrir plus promptement au besoin.

On peut commencer à planter toutes sortes d'arbres, couper les tiges des asperges, faire quelques couches à champignons.

Réchauffer sur couche, ou autrement, des asperges, de l'oseille, du baume, de l'estragon, du persil, de la chicorée sauvage, etc.

Planter sur couche des laitues pour pommer sous cloches ou châssis.

Commencer à tailler les poiriers et pommiers; continuer les labours.

Récolte.

Le jardin et la serre fournissent pendant ce mois des épinards, des chicorées, des laitues, du céleri, et autres herbes potagères, des choux, toutes sortes de racines, quelques artichauts.

Le fruitier est rempli de légumes secs, de divers raisins, de plusieurs variétés de poires des mois précédens, telles que la bergamotte, la crassane, la marquise, la lansac, etc., et de toutes celles qui seront la ressource des mois suivans, épine d'hiver, échasserie, saint-germain, virgouleuse, colmars, ambrette, bon-chrétien d'Espagne, bon-chrétien d'hiver, martin-sec, bergamotte de Hollande, bergamotte de pâques; de pommes de calville, de plusieurs variétés de reinette, de courpendu, de fenouillet, d'api, de pigeon, de pigeonnet, de postophe d'hiver, etc.

DÉCEMBRE.

Travaux.

On sème sur couche, pendant ce mois, des radis, des raves, des salades, du cresson et d'autres fournitures; on élève même des concombres sous châssis, on force de vieux plants d'asperges sur couche chaude et sous châssis, ainsi que diverses autres primeurs.

On risque les premières féves de marais à de bons abris.

On butte et l'on enterre les brocolis.

On continue à tailler les poiriers et les pommiers, le labour des terres et les plantations d'arbres.

A la fin de ce mois, ou au commencement de

janvier, ou met stratifier, pour être semés au printemps, les noyaux de pêches, de prunes, d'abricots,
de cerises, de merises, les amandes, noix, etc.

Récolte.

La serre et le fruitier continuent à fournir les
mêmes secours que dans le mois précédent. On
peut recueillir de belle oseille et quelques asperges
réchauffées, des épinards, des choux, des poireaux, etc.

CHOIX ET QUALITÉ DES TERRES.

Il existe plusieurs espèces de terres dont les propriétés différentes ne conviennent pas également à
tous les végétaux.

L'argile ou *terre forte* est plus ou moins blanche,
jaune ou rougeâtre ; elle devient gluante par l'humidité, et la sécheresse lui donne une dureté qui la
rend peu propre à entretenir la végétation. L'eau
des arrosemens la pénètre difficilement, sa surface
forme de la boue, et les végétaux dont les racines
sont à une certaine profondeur sont privés de
toute humidité. La couche qui a été humectée,
venant à se dessécher par la chaleur, forme une
croûte épaisse et dure qui se fendille, donne passage
au hâle, et empêche la germination ou fait périr
les racines du jeune plant ; d'ailleurs, dans une terre
de cette nature, on ne peut recueillir que des pro—

ductions tardives et insipides. Cependant elle devient très-productive si on la mélange avec des matières propres à la diviser, telles que du sable, du terreau de feuille, du fumier de paille, de la chaux, et si l'on a soin d'entretenir son humidité.

La *terre franche*, que les jardiniers confondent souvent avec la terre argileuse sous la dénomination commune de *terre forte*, diffère cependant beaucoup de l'argile par ses qualités. Le plus souvent jaunâtre, elle est un peu collante, mais sans ténacité, douce et onctueuse au toucher, plus ou moins légère : c'est la plus fertile de toutes les terres. Elle paraît être un composé de terre argileuse et d'humus, produit de la décomposition des végétaux. Elle doit sans doute sa fertilité au mélange exact des substances qui la composent, et qui lui donne une consistance moyenne entre la viscosité de l'argile et la légèreté de l'humus ; de sorte qu'elle reste plus long-temps dans un heureux équilibre entre la sécheresse et l'humidité.

La *terre légère* se divise en deux espèces : l'une est légère parce qu'elle contient beaucoup de débris de végétaux et de substances animales réduites en terreau ; l'autre, parce qu'elle contient trop de sable. La première est extrêmement fertile et très-convenable à la culture des légumes ; elle est noirâtre, se réduit en poussière par la sécheresse, et se gonfle à l'humidité sans devenir onctueuse. Elle fait la base ordinaire des potagers où l'on cultive depuis long-temps des légumes. Sa légèreté, son peu de consistance, ne conviennent pas aux arbres, qui

dans une telle terre ne peuvent trouver la nourriture substantielle dont ils ont besoin. Il lui faut beaucoup d'eau en été. La seconde est peu fertile lorsqu'on ne la fume pas souvent avec des fumiers convenables à sa nature, tels que ceux de vache, de
cochon, etc., et qu'on n'entretient pas son humidité
par de fréquens arrosemens. Quand on lui fournit
les engrais et les amendemens qu'elle exige, elle
devient très-propre à la culture des légumes, qui y
acquièrent un goût excellent.

On peut encore diviser les terres en *chaudes* ou
froides. Toutes peuvent avoir l'une ou l'autre de
ces qualités, parce qu'elles appartiennent à des causes souvent indépendantes de leur nature. Les terres
abritées des vents du nord, inclinées doucement
du côté du midi ou du levant, seront toujours chaudes, pourvu qu'elles ne soient pas dominées dans ces
mêmes expositions par des lieux élevés qui puissent réfléchir sur elles les vents froids du nord ou du
nord-est, et qu'elles ne reposent pas sur une couche
humide. Si elles sont légères, elles seront alors d'autant plus chaudes qu'elles se laisseront plus aisément pénétrer par les rayons du soleil. Les terres au
contraire qui seront inclinées vers le nord ou exposées à la réflexion des vents froids par quelques
grands bâtimens ou quelques hauteurs placées au
midi, et qui reposeront sur une couche près de celle
des eaux, seront froides et le deviendront d'autant
plus qu'elles seront plus compactes et conserveront
davantage l'humidité.

On voit donc, par ce que nous venons de dire, que

3.

le terrain le plus convenable à la culture des arbres à fruits et des plantes potagères est un sol gras, meuble sans être aride, frais sans être froid, fertile, bien exposé aux regards du père de la végétation, défendu des vents froids et de ceux qui règnent habituellement dans le pays avec quelque violence, et doucement incliné du nord au midi, ou au moins au levant, mieux au sud est.

Outre la nature des terres il faut considérer aussi leur profondeur; une couche mince de terre, quelque bonne que soit sa qualité, qui couvre la pierre, le tuf, la glaise, ou d'autres matières inertes ou contraires à la végétation, ne peut nourrir des arbres, dont la plupart exigent trois pieds de profondeur de bonne terre, ni plusieurs espèces de plantes qui en exigent au moins deux pieds. Un tel terrain pourrait tout au plus convenir à la culture des choux, salades et fines herbes.

On doit aussi considérer dans le choix de son terrain la proximité des eaux et la facilité de s'en procurer de bonne qualité, car sans eau il ne peut exister de potager.

Amendemens.

La terre, quelque fertile qu'elle soit par la nature de sa composition, a toujours besoin, pour être propre à l'accroissement et à la perfection des végétaux que nous voulons lui confier, des soins et des travaux de l'homme. Les amendemens font partie de ces travaux, et ont pour but de fertiliser la terre sans ajouter au sol de nouveaux moyens nutritifs pour les végétaux, à l'exception de l'air et de l'eau.

Labours. — Les labours ont pour objet, 1º de rendre les terres meubles, déliées, légères, et faciles à être pénétrées par la chaleur et l'humidité les deux grands agens de la végétation ; et d'augmenter et d'entretenir leur fertilité, en mettant dessous les parties du dessus qui ont été comme cuites et bénéficiées par le soleil, et ramenant en dessus les parties de dessous chargées de sels qui s'y sont précipités à une profondeur à laquelle les racines des plantes pénètrent rarement, afin qu'ils soient atténués, affinés, perfectionnés. Nous observerons cependant que si la couche végétale n'était pas épaisse, il faudrait régler la profondeur du labour sur son épaisseur, pour ne pas s'exposer à amener à la superficie une trop forte couche de terre infertile, dans laquelle les semences ne pourraient profiter. 2º De boucher tous les passages que les insectes ont formés, et qui servaient de conduite à l'eau, laquelle pénètre ensuite plus uniformément la terre labourée ; 3º de détruire les mauvaises herbes, en les enterrant avec les graines qu'elles ont répandues sur la surface du terrain, afin qu'en se pourrissant elles fournissent de nouveaux sels, au lieu de dévorer des sucs nécessaires à de meilleures productions. Or, les labours, pour remplir le premier objet, doivent être faits dans des temps différens et d'une façon différente, suivant les diverses qualités des terrains, et les espèces de plantes que l'on se propose de cultiver.

1º Les terres légères et sèches, contenant beaucoup

de silice, doivent être labourées très-profondément avant l'hiver, afin que les eaux des pluies et des neiges les pénètrent fort avant et corrigent leur défaut d'humidité. Pendant l'été, il ne faut les labourer que dans les temps de pluie, ou, si l'on est obligé de le faire dans les temps secs, il faut leur donner aussitôt une mouillure abondante, afin d'en rapprocher les parties, et de rendre moins prompte et moins facile l'évaporation de leur peu d'humidité. Dans ces terres, qui s'échauffent aisément, les labours sont moins nécessaires pour y introduire la chaleur que pour donner passage à l'eau des pluies et des arrosemens, qui serait bientôt évaporée si elle ne pénétrait pas avant.

2°. Il ne faut au contraire donner aux terres où domine l'alumine, et qui sont fortes, compactes, froides, humides, qu'un léger labour vers la fin d'octobre, pour les dresser et faire périr les mauvaises herbes. Mais au printemps, lorsque la saison des pluies est passée, et dans l'été, lorsque le temps est le plus sec, on ne peut les labourer trop profondément ni trop fréquemment, afin de les rompre, les diviser, y faire pénétrer la chaleur, et en faire évaporer l'humidité trop abondante. Outre les grands labours, il faut souvent leur en donner de petits, des binages, des serfouissages, pour entretenir au moins leur surface meuble, prévenir ou remplir les fentes et les gerçures auxquelles elles sont sujettes, et qui laissent passer le hâle jusqu'aux racines des plantes et des arbres.

3°. Les labours doivent encore être faits relativement à la nature des plantes qui occupent le terrain, ou de celles que l'on veut y semer. Ainsi les végétaux à grosses racines, tels que l'artichaut, l'oseille, etc., demandent beaucoup plus d'humidité que les asperges, les pois, les haricots. Quant aux graines, on doit labourer plus profondément quand on veut semer des carottes, des panais, que lorsqu'il ne s'agit de répandre sur le terrain que de la graine d'ognon, de laitue, de cerfeuil, de cresson alénois. Il faut de plus avoir égard à la nature des semences, afin de diviser plus ou moins la terre en labourant; car il en est dont les germes très-vigoureux surmontent la plupart des obstacles qu'ils rencontrent, et d'autres dont la plumule est étouffée par la plus petite motte ou la pierre la plus légère. Un hersage ordinaire suffit aux premières; mais les secondes exigent qu'on divise la surface de la terre avec des râteaux à dents serrées, et qu'on enlève avec cet instrument les petites mottes et les pierres.

4° La profondeur des labours au pied des arbres, tant en espalier qu'en autre place, se règle par la profondeur à laquelle leurs racines s'étendent, afin de ne les pas offenser, de ne les pas mettre à l'air, de n'en pas ruiner le chevelu; mais, quelque précaution que l'on prenne, il est presque impossible de ne pas blesser les racines en se servant de la bêche ordinaire; on doit employer dans ce cas la *bêche en fourche*, avec laquelle il est facile d'éviter de mutiler les racines.

On donne deux labours par an aux plates-bandes

des espaliers; l'un avant l'hiver, l'autre à la fin de février, et pendant l'été quelques binages.

Il est très-important de différer les labours du printemps jusqu'à ce que les arbres soient défleuris et que leurs fruits soient noués, si l'on n'a pas eu le temps de les faire avant la fleuraison; car les terres ouvertes par les labours exhalent beaucoup de vapeurs qui humectent et attendrissent les fleurs, de sorte que la moindre des gelées blanches, si fréquentes dans cette saison, suffit pour les détruire entièrement.

On ne doit aussi labourer au pied des cerisiers et des pruniers, dont les racines courent jusqu'à fleur de terre, que lorsque le temps promet de la pluie; car si la terre nouvellement remuée vient à se dessécher, elle ne peut fournir la nourriture abondante qui est nécessaire à des fruits nombreux et à une végétation toujours très-active au printemps.

Pour exécuter régulièrement un labour, on fait au commencement de la pièce de terre une jauge d'un pied de largeur au moins, sur la profondeur du labour à donner. Cette jauge a pour longueur la largeur du terrain qu'on veut labourer. La terre qu'on en retire se répand sur le carré, ou se reporte à l'endroit où le labour doit finir, pour combler la jauge, quand on prévoit ne pas pouvoir la remplir autrement. La jauge faite, on enlève avec la bêche une lame de terre plus ou moins épaisse, qu'on retourne et place à la hauteur de la jauge qu'on aura toujours à combler devant soi. On l'ameublit avec le tranchant et le plat de la bêche; on enlève les pierres, les cailloux, les racines, surtout celles de chiendent, que l'on rencontre en avançaut son travail ; et lorsqu'on est au bout, on remplit la jauge avec la terre qu'on a transportée en commençant. Lorsque l'ouvrage a été bien fait, la terre doit être meuble, propre, et parfaitement unie.

Binages. — Le binage est une espèce de labour léger plus ou moins profond, suivant les circonstances; il sert à augmenter la fertilité de la terre, et fait périr les plantes parasites.

Il est nécessaire d'employer cette sorte de labour lorsque des graines ayant été confiées à la terre, ou de jeunes plants repiqués, de fortes pluies ou de fréquens arrosemens ont tassé la terre. Alors ses parties resserrées forment à sa superficie une couche souvent assez dure pour mettre obstacle au développement de la plumule et la faire périr, ou pour gêner les radicules dans leur alongement. Outre cela, cette croûte endurcie arrête la libre circulation des fluides aériens dans la terre. Dans cette circonstance, un simple coup de râteau peut suffire pour rompre la couche endurcie, et diviser la superficie de la terre.

Mais un binage plus profond devient indispensable lorsque beaucoup de plantes parasites lèvent dans un semis, car elles priveraient les plantes utiles des influences essentielles de l'air, de la rosée, etc., et s'empareraient de l'humus de la terre. Si le semis avait été fait à la volée, au lieu d'être en rayon, il faudrait arracher les plantes parasites à la main, et ne pas attendre qu'elles eussent pris un grand développement, parce qu'indépendamment de la consommation de l'humus, leurs racines se seraient alongées et mêlées avec celles des semis, et en les arrachant on détruirait beaucoup de jeune plants.

MÉLANGE DES TERRES. — On amende encore les terres, comme je l'ai dit plus haut, en mêlant du sable dans les terres trop compactes, afin de diminuer l'adhérence de leurs parties, ou en augmentant la quantité d'argile dans les terres sablonneuses, pour leur donner plus de consistance. Ces mélanges, sans rien ajouter aux sucs nourriciers de la terre, mettent les végétaux dans le cas de les absorber, et d'y étendre facilement leurs racines. Ces opérations ne sont pas aussi dispendieuses qu'on pourrait le croire, parce qu'elles ne se font que sur les plates-bandes, c'est-à-dire sur des lignes d'une longueur indéterminée, d'environ quatre pieds de largeur, et d'une profondeur calculée sur l'espèce de végétaux que l'on veut y cultiver.

ASSOLEMENS. — La même plante, toujours semée dans le même sol, finit par l'épuiser des sucs qui lui sont convenables, et elle y végète mal. Un bon assolement remédie à cet inconvénient; il consiste en général à faire succéder dans le même terrain des végétaux dont les racines pivotent, à des végétaux à racines traçantes, et de faire suivre, dans la même pièce de terre, la culture d'une plante de tel genre à celle d'une plante d'un autre genre.

ARROSEMENS. — La terre desséchée devient infertile;

le cultivateur est donc obligé de lui procurer l'eau nécessaire à l'entretien de la vie des végétaux qui lui ont été confiés. On fournit l'eau à la terre par deux procédés différens : le premier, nommé *irrigation*, consiste à profiter d'une eau plus élevée que le terrain, ou que l'on tire d'un puits par le moyen d'une machine à chapelet mue par un cheval, et à l'y faire couler uniformément dans des rigoles convenablement disposées. Cet arrosement, très-fréquemment employé dans les jardins des pays chauds, convient aux grandes cultures et aux fortes plantes potagères, telles que l'artichaut, le chou, etc. Le deuxième, plus particulièrement nommée *arrosement*, a lieu au moyen d'arrosoirs de trois espèces différentes.

Les uns fournissent l'eau par une pomme fermée, percée d'un grand nombre de trous. Il est avantageux que la partie inférieure de la pomme ne soit pas percée, pour empêcher qu'en commençant et finissant de vider l'arrosoir, l'eau ne tombe comme d'une gouttière ; au reste, l'adresse du jardinier peut parer en partie à cet inconvénient. Leur usage est de produire, en arrosant, une pluie fine qui humecte un grand espace de terre sans la battre, et rafraîchit à la fois les tiges et le feuillage, qu'elle nettoie de la poussière et des ordures qui s'y seraient attachées. Les seconds, dont les goulots sont plus ou moins longs, plus ou moins ouverts à l'embouchure, servent à porter l'eau directement au pied des plantes et arbustes. Le goulot des troisièmes est recouvert d'une plaque percée comme la pomme ; ils servent à arroser les plantes semées en pot pour primeur. Ils ne donnent l'eau que par petits filets, ne dérangent ni les graines, ni le jeune plant, et ne tassent pas la terre. Lorsqu'on arrose avec la pomme, on doit tenir son arrosoir élevé, et marcher à reculons pour diminuer la force de l'eau et moins tasser la terre ; il est bon aussi de commencer à verser l'eau un peu en avant des semences ou des jeunes plants. On a soin de repasser deux fois le même terrain, au lieu de donner toute l'eau à la fois, parce que la terre s'imbibe mieux, et que l'eau ne coule pas à droite et à gauche. Dans les temps chauds il faut choisir le soir pour l'arrosement ; mais quand le soleil n'a pas encore de force, on arrose le matin. On doit toujours éviter de mouiller le feuillage des végétaux lorsqu'ils sont exposés aux rayons d'un soleil un peu vif, parce que chaque goutte d'eau forme une espèce de globule qui, en rassemblant les rayons solaires, produit une tache ou brûlure qui, souvent répétée, ferait souffrir ou même périr la plante. Pendant l'hiver on ne doit donner de l'eau aux primeurs enfermées dans des bâches ou des châssis, que de dix heures du matin à midi. On se sert alors d'eau qui a pris une température convenable en passant au moins une nuit dans la bâche. Toutes les eaux ne sont pas également bonnes pour la végétation, et l'on doit toujours préférer celles qui ont été exposées quelque temps à l'impression de l'air et de la chaleur. C'est pourquoi les eaux de pluie et de rivière sont les meilleures. Si l'on était obligé de se servir d'eau de puits, il faudrait, avant d'en faire usage, l'exposer au moins vingt-quatre heures à l'air libre, et même l'agiter en tous sens, afin de la mieux pénétrer des gaz atmosphériques.

Fossés. — Si le terrain mis en culture était trop humide, il faudrait en retirer les eaux surabondantes, et par conséquent nuisibles à la végétation, en pratiquant, dans des positions convenables, des fossés ou des canaux plus ou moins profonds, dans lesquels ces eaux se réuniraient, pour être ensuite dirigées suivant les besoins de la culture.

Engrais.

Lorsqu'un terrain est effrité par une suite de productions, les amendemens sont insuffisans pour soutenir et perpétuer sa fertilité; il faut que des engrais lui rendent les sels dont il est épuisé. Les engrais sont animaux, végétaux, minéraux, ou mixtes. Les cultivateurs distinguent encore les engrais en fumiers chauds et fumiers froids.

Les engrais animaux sont fournis par la décomposition des animaux, ou seulement de quelques-unes de leurs parties. Ceux que l'on emploie le plus souvent sont : les os calcinés, les poils, la corne, les vieux cuirs, l'urine, les excrémens, les cadavres d'animaux, les écailles, etc. Pour les rendre propres à fertiliser les terres, on les entasse dans des fosses en les plaçant couche par couche avec de la terre, et au bout de cinq ou six mois on mélange le tout. Pour s'en servir, après les avoir répandus sur le terrain, on les enfouit par un labour plus ou moins profond, selon l'espèce de végétal que l'on se propose de cultiver; car la nourriture doit toujours être à la portée des racines qui doivent en profiter. Ces engrais conviennent parfaitement aux terres épuisées; ils sont très-actifs et fertilisent pour plusieurs années.

Les engrais végétaux proviennent de la décomposition de toutes les parties des végétaux, telles que feuilles mortes, tontures d'arbres lorsqu'on en a ôté les gros rameaux, les plantes inutiles des jardins, les bruyères, fougères, genêt, plantes marines ou fluviatiles, la drèche, les marcs de raisins, des pommes, des plantes oléagineuses, les gazons, les cendres, la suie, etc. Quelques-uns, comme la suie, les cendres, les marcs, etc., peuvent être employés dans leur état naturel; mais les autres ont besoin d'être consommés. A cet effet, on les accumule en tas dans un trou à l'abri des rayons du soleil, qui les dessècherait et en enlèverait les sucs et les sels; on les arrose de temps en temps pour hâter leur dissolution, et on s'en sert très-utilement; car, quoique beaucoup moins actifs que les engrais animaux, ils ont sur ceux-ci le précieux avantage de ne communiquer aucun mauvais goût aux légumes.

Les engrais minéraux sont plus longs à se décomposer, et ils agissent autant comme amendemens que comme engrais. La plupart fournissent à la terre peu de principes nutritifs; mais, en augmentant sa fermentation, ils la forcent à développer ceux qu'elle contient. Les engrais minéraux le plus souvent employés sont les marnes, la chaux, le plâtre, les sels, etc.

La marne argileuse est propre à donner plus d'adhérence aux terres légères ou siliceuses.

La marne calcaire peut servir dans les terres fortes ou alumineuses ; elle diminue l'adhérence de leurs parties, et leur fournit de l'acide carbonique : on sait que le carbone entre dans la composition des végétaux.

La chaux échauffe les terres humides et précipite la décomposition des engrais animaux et végétaux.

Le plâtre se sème sur les terrains froids ; il est très-propre à diviser leurs parties ; et, se combinant avec les gaz aériens, il forme des sels utiles à la végétation, et qui entrent dans la composition des végétaux ; dans les terres froides et humides ils donnent plus de force aux racines, et les préservent de la pourriture.

Les engrais mixtes sont les plus généralement employés par les jardiniers ; nous les diviserons, comme la plupart des cultivateurs, en fumiers chauds et fumiers froids. Non que ces derniers ne soient point chauds, mais parce que, fermentant plus lentement que les autres, ils donnent moins de chaleur à la fois. Les fumiers chauds doivent être employés dans les terrains froids, et les autres dans les terres légères et chaudes. Ces fumiers chauds sont : la *poudrette*, ou sécrétions humaines séchées et pulvérisées ; les fumiers de pigeons et autres volailles, le fumier de chèvres, de moutons, de cheval, et au-

tres animaux du même genre. Les fumiers froids
sont ceux de bœufs, de vaches et de cochons. On ne
saurait être trop circonspect dans l'emploi des fumiers très-chauds, comme ceux de poudrette,
de pigeons, et même de moutons, et l'on s'en sert
le plus souvent pour corriger ceux qui ont des vertus opposées, lorsqu'à défaut d'autres on est obligé
de s'en servir dans des terres auxquelles ils ne sont
pas très-convenables. Au reste, comme on n'a pas
toujours à sa disposition, pour les placer dans les
terres où ils conviendraient, toutes ces sortes de fumiers, on peut augmenter ou diminuer leur chaleur en les laissant plus ou moins fermenter; car un
fumier chaud perd de son activité en raison de sa
plus grande consommation; c'est le contraire pour
un fumier froid.

En parlant des engrais mixtes, nous ne devons
pas oublier l'*urate*, qui est un mélange d'urine et de
plâtre, très-convenable aux terres fortes et froides.
On se sert encore avec avantage, comme engrais
propres à tous les terrains, des balayures des mai-
sons, des ordures des rues, et consommées dans
une fosse. La vase que l'on tire des bassins, des fossés, des mares, des étangs, fertilise merveilleuse-
ment la terre, lorsqu'avant de l'employer on la laisse
exposée en tas aux influences de l'air pendant douze
ou quinze mois. Si l'on était obligé de s'en servir de
suite, il faudrait la mélanger avec du plâtre ou de
la chaux pour corriger son inertie. On peut même
employer comme engrais dans les terres argileuses,
humides et froides, les plâtras et mortiers des dé-

molitions, après les avoir écrasés et passés au crible.

La manière de préparer les fumiers n'est pas indifférente. Si l'on veut leur conserver toutes les vertus qu'ils possèdent, il faut les mettre consommer dans des fosses pavées et murées, ou au moins dont les parois et le fond soient battus de manière à empêcher le plus possible l'infiltration des liqueurs. On peut aussi mettre sur le fond une couche de terre que l'on enlèvera avec le fumier, lorsqu'il aura acquis le degré de consommation suffisant. Cette terre, imprégnée d'une partie des sucs nutritifs, sera un aussi bon engrais que le fumier lui-même.

Les engrais nouveaux et employés avant qu'ils aient été soumis assez long-temps à l'effet de la fermentation, ne conviennent point aux terres légères et meubles, parce que ces sortes de terre s'échauffant facilement avec l'engrais, se soulèvent, et exposent trop à l'air le chevelu des racines, qui alors se dessèche et périt. Leur emploi n'est convenable que dans les terres fortes, et pour des végétaux qui mettent plusieurs mois à faire leur évolution, tels que les artichauts, les asperges ou les arbres. On les met en terre peu après la récolte, parce que, pendant leur décomposition, exhalant des gaz très-odorans, ils communiqueraient leur odeur aux fruits ou aux racines des légumes, ce qui nuirait à leurs qualités, au point de les rendre quelquefois incapables de servir de nourriture aux hommes, et même aux animaux.

Les engrais qui ont subi une première fermenta

tion n'ont point les inconvéniens des engrais frais, et peuvent être employés de suite, et dans toute sortes de terres; c'est ce qui leur a fait donner en général la préférence sur les autres. Cependant l'hiver est le vrai temps de fumer les terres. On donne un labour profond, on étend le fumier sur le terrain, et on lui laisse passer l'hiver dans cet état. Après les froids on fait un labour moins profond et on enterre le fumier. Étant ainsi étendu pendant les frimas, il achève de se consommer; et les pluies, en détachant les sels, les mêlent, les répandent dans toutes les molécules de la terre. D'ailleurs beaucoup d'insectes déposent leurs œufs dans le fumier; le laissant exposé sur la terre pendant l'hiver, les gelées et les pluies en font périr la plupart, au lieu qu'ils se conserveraient en terre, et, éclosant au printemps, les larves qui en naîtraient feraient de grands dégâts. Si l'on fume en d'autres saisons, il faut enterrer le fumier sur-le-champ, et ne le pas laisser exposé au soleil, qui le dessècherait et le priverait d'une partie de ses sucs. Il faut aussi qu'il soit très-consommé si l'on veut éviter les inconvéniens des fumiers neufs. Les fumures se renouvellent plus ou moins souvent, suivant que les terres sont plus ou moins bonnes et substantielles, qu'elles donnent plus ou moins de récoltes, et que ces récoltes sont le produit de végétaux qui effritent plus ou moins la terre. Un terrain qui ne produit qu'une fois par an n'a pas besoin d'être autant ni aussi souvent fumé, que si chaque année plusieurs espèces de plantes s'y succédaient et qu'il n'eût jamais de repos.

Il y a des légumes qui aiment le fumier, d'autres qui le craignent et ne réussissent point dans les terres récemment fumées : nous l'observerons en traitant de la culture de chaque plante. Les arbres préfèrent au fumier les terres neuves, les gazons bien pourris, la boue des rues vieille et consommée, dont l'effet est beaucoup plus durable.

Cependant si un arbre paraissait souffrir, languir, s'affaiblir ; sans qu'on pût apercevoir aucune cause de son dépérissement, ni découvrir en lui aucune maladie, on aurait lieu de croire qu'il manque de nourriture. Si le besoin se déclare dans une saison où les engrais produisent peu d'effet, on fait sur la plate-bande une levée de terre, sans découvrir les racines ; on délaie en beaucoup d'eau du crottin de cheval, ou de la bouze de vache, suivant la qualité du terrain ; on en jette deux ou trois seaux au pied de l'arbre et on remet la terre. Ce secours peut suffire jusqu'à la fin de l'automne : alors on garnit la plate-bande de fumiers ou autres engrais qu'on n'enterre qu'en donnant un labour après la taille et avant la fleuraison.

Le terreau ou humus est le résidu entièrement décomposé des végétaux et des animaux ; dans cet état les engrais ont perdu une grande partie de leurs qualités propres, et ne servent plus qu'à rendre la terre plus légère, et par conséquent plus convenable à la germination des semences ; aussi les cultivateurs emploient-ils fréquemment le mélange des terreaux des différens fumiers pour élever leurs légumes dans le premier âge, couvrir leurs couches, ainsi que

4

la terre à laquelle ils ont confié de jeunes plants, afin de la préserver de l'effet de la pluie, qui la bat, l'endurcit, et forme une couche nuisible au développement des racines. Il rend le terrain plus noir et par conséquent plus propre à absorber la chaleur que lui communiquent les rayons solaires. Mais on ne doit jamais l'employer à la culture des végétaux sans mélange de terre, parce que les plantes y perdent en qualité ce qu'elles gagnent en volume. Plus un terreau sera consommé, ce qui se reconnaît à sa couleur noirâtre, à sa ténuité, à l'absence de toute mauvaise odeur, plus il sera approprié à tous les genres de culture. Cependant, lorsqu'il entre du fumier de feuilles dans la composition du terreau, il faut avoir soin que les feuilles du chêne, du marronnier, du châtaignier, etc., en aient été bannies, parce qu'elles contiennent du tannin, substance contraire à la végétation de plusieurs plantes.

Organes extérieurs des végétaux.

Les végétaux sont des corps organisés insensibles, qui sont adhérens à d'autres corps, et qui ont vie, mouvement local, et faculté de se reproduire et de se multiplier.

Nous laisserons aux naturalistes le soin d'expliquer la structure interne des végétaux, les phénomènes de leur nutrition et de leur accroissement, et nous ne nous occuperons que des parties extérieures des arbres et des plantes qui intéressent le cultivateur, et qui sont immédiatement soumises à son action.

1º RACINES. — La racine, au moment où elle commence à se développer est extrêmement délicate, ne tire pas encore sa nourriture immédiatement de la terre, mais la reçoit des deux premières feuilles séminales ou cotylédons de la petite plante; ainsi l'on doit non-seulement éviter de blesser ces cotylédons, mais même les garantir avec soin de la voracité de certains insectes qui en sont fort avides. La racine principale s'alonge seule ou donne naissance à plusieurs autres racines qui se sous-divisent tellement que leurs dernières ramifications sont assez déliées pour porter le nom de *racines chevelues*. Les racines sont composées et organisées comme les branches. Leur usage est de soutenir l'arbre contre l'effort des vents et le poids de sa tête, et de pourvoir à son développement en insinuant leur chevelu dans les molécules de la terre, pour y recueillir et en sucer les sucs convenables à sa nature. Elles servent aussi d'excrétoires pour une partie des matières qui, avant et après l'élaboration, deviennent inutiles à la plante. Aussi, lors de la transplantation, doit-on beaucoup les ménager, ne coupant que celles qui sont altérées.

Le nombre, la forme et la direction des racines varient suivant les espèces de végétaux. Les uns n'ont qu'un *pivot* ou qu'une grosse racine qui descend perpendiculairement; on l'appelle *pivotante*. D'autres ont un empatement de quatre ou cinq grosses racines qui s'étendent horizontalement, et courent près de la superficie de la terre; on les nomme *traçantes*. Quelques-uns ont une partie de leurs racines pivotante et une partie traçante. On distingue

encore les racines en *ligneuses*, *fibreuses* ou *bulbeuses*, et alors, selon leur forme, elles peuvent porter les noms *d'ognon*, *bulbe*, *griffe*, *gemme*, *turion*.
Les racines sont *annuelles* quand elles vivent un
an, *bisannuelles* quand elles en vivent deux, et
vivaces lorsqu'elles durent plusieurs années.

Toute racine qui est coupée ne s'alonge plus :
elle se divise ou ramifie en racines latérales. Toute
racine qui rencontre le tuf ou un corps qu'elle ne
peut pénétrer, s'arrête, et produit pareillement des
racines obliques. Le contact immédiat de l'air est
très-nuisible aux racines, et, lors de la transplantation, il faut les en préserver ou du moins les y
laisser exposées le moins long-temps possible.

2o TIGES. — La tige est le produit de la végétation destiné à servir de support aux branches,
aux feuilles et aux résultats de la fructification.
Elle est plus ou moins longue, suivant l'espèce du
végétal ou la forme qu'on l'a contraint de prendre.
Sa partie inférieure, et qui donne naissance aux racines, s'appelle *tronc* dans les arbres ; elle doit être à
fleur de terre ; lorsque cette partie est trop enterrée,
l'arbre languit et meurt. Les tiges sont recouvertes
d'une écorce qui, outre ses fonctions particulières,
exerce aussi en partie celle des feuilles, ce qui nécessite de la tenir toujours bien nette ; sa couche extérieure porte le nom *d'épiderme* et est plus ou moins
écailleuse ou fendillée ; ses couches les plus intérieures prennent la dénomination de *liber*. C'est entre le
liber et l'aubier que se rassemble la matière de la
végétation ; lorsqu'elle a la consistance d'un muci-

lage elle porte le nom de *cambium*; elle est généralement connue sous le nom de *sève* lorsqu'elle est limpide ou fluide comme de l'eau. C'est en mettant en contact, avec de certaines conditions, le cambium de deux végétaux, que l'on opère leur greffe. Cette substance sert particulièrement à produire de l'aubier et du liber, et par conséquent à faire grossir la tige et les branches des végétaux.

Les tiges sont dites *herbacées* quand elles ont peu de consistance et ne subsistent pas long-temps ; *ligneuses*, lorsqu'elles ont la consistance du bois et durent plusieurs années.

3° BRANCHES. — Les branches sont des parties rameuses qui se divisent et se sous-divisent en un grand nombre de moindres. Leur disposition et leur direction varient suivant l'espèce du végétal ; c'est sur elles que naissent toutes les productions agréables et utiles, feuilles, boutons, fleurs et fruits : il faut donc les multiplier et les entretenir en bon état, et en faire naître de nouvelles sur les arbres qui ne sont féconds que sur le jeune bois, tels que le figuier, le pêcher, etc. Les branches ont un rapport direct avec les racines, tellement qu'à une forte branche correspond une racine vigoureuse, et que l'étendue de la tête d'un arbre est toujours en raison directe de celle de ses racines.

4° FEUILLES. — Les feuilles sont des productions minces, dont les dispositions sur les bourgeons, la grandeur, la forme, la consistance, la durée, etc., sont différentes, suivant les diverses espèces.

Les feuilles ne sont pas seulement un ornement

pour les végétaux, elles leur sont encore d'une extrême utilité. Leur surface étant plus criblée de pores que les autres parties des plantes, absorbent aussi une plus grande partie des fluides indispensables à leur nourriture. Leur usage est de fournir une partie des sucs nécessaires à la formation du cambium, d'élaborer ceux qui contribuent à l'accroissement et à la perfection des fruits, de nourrir le bouton qu'elles renferment sous l'aisselle de leur queue, et de servir de parties excrétoires pour certaines combinaisons qui seraient nuisibles à la vie du végétal. On voit aisément, par ce court exposé, combien il est pernicieux aux végétaux de retrancher leurs feuilles sans précaution et sans discernement.

5° BOUTONS OU BOURGEONS. — Les boutons, toujours placés à l'aisselle des feuilles, sont enveloppés d'écailles nues, velues, enduites de gomme, de résine : leur fonction paraît être d'empêcher le froid et l'humidité de pénétrer dans l'intérieur. En se développant ils produisent du bois, des feuilles ou des fleurs. Avec un peu d'habitude on distingue facilement sur les arbres fruitiers les diverses espèces de boutons avant leur épanouissement. Les *boutons à bois*, c'est-à-dire qui doivent servir à la prolongation des branches, sont ovales et pleins ; les *boutons à feuilles* sont alongés et très-minces ; les *boutons à fleurs* ou à *fruits* sont gros, gonflés et arrondis. Les deux dernières espèces peuvent, dans certaines circonstances, se changer en boutons à bois.

6° FLEURS. — Les fleurs sont l'ornement le plus

brillant de la plupart des arbres fruitiers ; nous n'entrerons point dans le détail de toutes les parties qui les composent, nous ne nous arrêterons qu'aux parties de la fructification, le *calice*, la *corolle*, les *pistils* et les *étamines*.

L'enveloppe extérieure de la fleur s'appelle *calice*, et l'intérieur *corolle;* ils semblent composer à eux deux le lit nuptial dans lequel s'opère le grand acte de la fécondation. Les organes de la génération sont les *étamines* et les *pistils;* quelquefois le pistil n'est pas seul. L'étamine est l'organe mâle, et le pistil l'organe femelle. L'étamine se compose d'un filet surmonté d'une *anthère;* le pistil, d'un *ovaire* et d'un stigmate qui lui adhère le plus souvent au moyen d'un *style.* L'anthère renferme une poussière appelée *pollen*, dans laquelle réside la vertu prolifique. Le stigmate est la partie de l'ovaire sur laquelle agit immédiatement la vertu du pollen. Lorsque l'époque de la fécondation est arrivée, le stigmate devient humide ou visqueux, l'anthère laisse échapper le pollen, qui, en se reposant sur le stigmate, agit d'une manière que l'on ne peut expliquer sur les ovules renfermés dans l'ovaire, et la fécondation est consommée.

Il y a des végétaux dont toutes les fleurs sont hermaphrodites, renfermant des étamines et des pistils bien conditionnés. Il y en a dont le même individu porte des fleurs mâles qui ne contiennent que des étamines, et des fleurs femelles qui n'ont que des pistils sans étamines, ou avec des étamines avortées dont les sommets ne contiennent point de pollen. Il

y en a dont toutes les fleurs sont mâles sur un individu, et toutes femelles sur un autre individu.

Plusieurs fruits, tels que les figues d'automne,
quelques raisins, poires, pommes, nèfles, épine-
vinette, etc., acquièrent toute leur perfection quoiqu'ils n'aient aucune semence; ce qui pourrait in-
duire en erreur, et porter à croire que ces fruits ont
prospéré sans avoir été fécondés, si l'on ne savait
que l'abondance et la perfection de la pulpe des
fruits est toujours en raison inverse de la vigueur
des germes; et que cette pulpe peut acquérir une
perfection telle par la culture, que les embryons des
semences mêmes en soient anéantis après la fécondation; mais d'autres espèces, moins avancées dans
l'échelle de la dégradation, telles que les mûres, les
framboises, les fraises, se dessèchent entièrement
ou en partie, si plusieurs de leurs graines ne peuvent profiter du bienfait de la fécondation.

Lorsqu'une fleur reçoit sa fécondité d'une fleur de
même variété, ses semences reproduisent ordinairement la même variété sans altération. Si elle la
reçoit du pollen d'une autre variété, ses semences
produiront souvent des variétés qui participent de
l'une et de l'autre; c'est aux fécondations étrangères
que nous devons le grand nombre de variétés de
fruits, de légumes et de fleurs que nous possédons.
On doit donc isoler les bonnes variétés de melons,
de laitues et autres légumes qu'on veut conserver
francs; laisser des fleurs mâles sur les melons
pour féconder et faire nouer les fleurs femelles;
planter des pieds mâles à portée des pieds femelles

de quelques espèces de fraisiers et d'autres plantes dont les fleurs ne sont que de l'autré sexe.

7° GRAINES. — Les graines sont le résultat de la fécondation ; elles servent à propager les végétaux ; mais, pour jouir de cette propriété, il faut qu'elles soient parfaitement mûres. Toutes ne conservent pas leur vertu germinative pendant le même espace de temps : les unes cessent d'être fertiles après un an, tandis que d'autres germent après dix et quinze. Les semences des fruits charnus ou succulens ne sont entièrement mûres que lorsque ces fruits tombent en pourriture, et non lorsqu'ils ont acquis le degré de maturité nécessaire pour être comestibles. Les graines des arbres et des plantes ne sont mûres que quand elles commencent à se détacher et à tomber d'elles-mêmes, ou que leurs enveloppes se dessèchent. Les graines qui mûrissent les premières, pendant que les plantes végètent encore, sont préférables à celles qui ne mûrissent que lorsque les plantes sèchent sur pied ou arrachées et exposées au soleil, et qui semblent ne mûrir que parce que, faute de nourriture, elles ne peuvent plus profiter.

Les graines doivent demeurer dans leurs siliques, capsules, enveloppes, etc., jusqu'au temps où il est nécessaire de les en tirer pour les sécher. Si on les veut nettoyer plus tôt, il faut les tenir bien enveloppées et enfermées pour les préserver du contact de l'air, qui détruit leur principe de vie et de germination, ou qui en abrége beaucoup la durée. Du reste, on a remarqué qu'une vieille graine donne

des fruits meilleurs, et que la graine récente donne
des plants plus vigoureux.

Multiplication des Plantes par semis.

C'est généralement par le semis que l'on peut obtenir des individus sains et vigoureux, d'une croissance rapide. Mais, pour semer avec succès, il faut,
outre la préparation du terrain, que les graines soient
parfaitement mûres ; qu'elles soient semées clair,
pour que le plant ne s'éfile et ne s'étiole pas : s'il
était trop dru on l'éclaircirait lorsqu'il aurait trois
ou quatre feuilles ; qu'elles soient semées dans un
terrain meuble, afin que le plant, surtout celui qui
doit être transplanté, pousse un bon chevelu, au lieu
d'une seule racine ; et qu'elles soient enterrées à
une profondeur convenable calculée sur la grosseur
des graines et la qualité du terrain. Généralement
il faut peu couvrir les semences, elles en lèveront
mieux ; et le plant sera plus vigoureux. Les plus
grosses semences, comme fèves de marais, châtaignes, amandes, etc., ne doivent pas être couvertes
de plus de deux pouces de terre ; un pouce et demi
ou un pouce seraient même suffisans. On en serait
quitte pour les buter plus tard, si on en voyait la
nécessité. Il est vrai qu'en enterrant très-peu les
graines, elles sont exposées à manquer de l'humidité nécessaire à leur germination, mais on remédie à cet inconvénient en les couvrant de terreau
dans les terres meubles, et de sable fin dans les terres
fortes et criblées de vers. Cette couverture préserve
la terre du dessèchement, la plantule naissante se

trouve défendue des rayons meurtriers du soleil, elle jouit de l'air et s'ouvre aisément un passage au travers de ces matières meubles et légères.

Si l'on sème sur couche pour repiquer en pleine terre, il faut que les couches soient chargées de terre meuble (nous l'avons déjà dit); car dans le terreau pur le plant fait des racines trop faibles pour pouvoir se soutenir ensuite en pleine terre. A défaut de couches, il faut amender et ameublir quelque coin de terre douce bien abritée et bien exposée, pour semer les plantes délicates, et les lever le plus en motte, qu'il est possible lorsqu'on les met en place.

Pour les graines fort menues, et surtout celles qui sont dures et lentes à germer, comme de raiponce, de fraisiers, etc., il faut dresser, unir et ameublir la terre; lui donner une mouillure très-abondante, y répandre aussitôt les graines, tamiser par-dessus un peu de poussière ou de terreau fin, qui à peine couvre et cache les graines; jeter sur le tout un paillasson, de la paille, du fumier court, ou mieux de la mousse (une épaisseur de deux ou trois doigts); au travers de cette couverture, et sans la retirer, donner de petits arrosemens assez fréquens pour entretenir l'humidité. Lorsque le plant commence à paraître, on retire les couvertures, mais on l'abrite contre le soleil, et on le mouille souvent jusqu'à ce que toute la graine soit levée.

Quelques graines et tous les noyaux ont besoin d'être mis à stratifier avant d'être semés. Au mois de novembre on les place dans des vases par lits alternatifs de terre ou de sable et de semences.

Chaque lit de terre ou de sable doit avoir de 1 à
2 pouces d'épaisseur. On ferme les vases pour en
éloigner les animaux rongeurs, et on les porte à la
cave, ou bien on les enterre au pied d'un mur au
midi, assez profondément pour les garantir du froid.
Vers la fin de février, si ces graines ne commencent
pas à germer, on les arrose légèrement; au mois de
mars, on les retire pour les semer en place.

Depuis avril jusqu'en septembre, il faut semer à
l'ombre les graines de presque toutes les plantes
qui doivent être repiquées, comme choux, laitues,
chicorées, etc., et même plusieurs qui doivent demeurer en place, comme raves, radis, roquette,
cresson, etc. Dans les terrains sujets au tiquet, petit puceron qui coupe les germes naissans de ces
plantes, et qui en dévore les cotylédons, il faut
donner à ces semis des arrosemens legers, mais fréquens, et aussitôt tamiser de la cendre ou de la suie
de cheminée afin qu'elle s'attache à la terre et au
plant mouillé. On peut encore faire cet arrosement
avec une décoction de plantes âcres, telles que le
tabac, le noyer, le sureau, de l'eau chargée de
potasse ou de suie, de l'urine, et la composition de
M. Tatin (1). Si le semis devait avoir peu d'éten-

---

(1) Savon noir, 2 livres et demie; fleurs de soufre, 2 livres et demie; champignons des bois ou de couche, 2 livres;
6o pintes d'eau.

On partage l'eau en deux portions égales, dont une se
verse dans un tonneau. On écrase légèrement les champignons et on les jette dans l'eau du tonneau après y avoir
délayé le savon noir. On place l'autre partie de l'eau sur le

due, ou que le terrain fût infesté de courtillères ou de taupes, il faudrait semer en pots ou en terrines tous les *végétaux* qui peuvent se transplanter. Quant à ceux qui doivent rester en place, nous indiquerons à l'article des *animaux nuisibles* le moyen de les en préserver.

On sème en rayon les plantes qui auront besoin d'être sarclées ou binées, ou qu'il faudra buter; ces dernières se sèment plus volontiers en *touffe* de cinq à six dans des *potelots* ou *pochets*, qui sont des trous faits avec la houe, et dont la terre reste sur les bords pour, à certaines époques, être rapportée sur les plantes. Quelques semences se mettent une à une dans des trous espacés également et symétriquement, auxquels on donne une profondeur proportionnée au volume de la semence.

En quelque temps que l'on fasse des semis, et quel que soit le mode que l'on emploie, on doit toujours préférer un temps couvert.

Multiplication des Plantes par les racines.

Les racines bulbeuses produisent autour du col-

feu, et l'on y met avant l'ébullition le soufre enfermé dans une toile claire, et attaché à un poids pour le retenir au fond. Pendant que l'eau s'échauffe, on l'agite avec un bâton, et l'on presse de temps en temps le soufre avec l'extrémité du bâton, afin que l'eau prenne de la couleur; on laisse bouillir vingt minutes environ, puis on verse cette eau dans le tonneau, on l'agite un instant avec le bâton; ce que l'on répète chaque jour jusqu'à ce que l'eau soit fétide. Plus cette composition est ancienne et répand de mauvaise odeur, plus elle produit d'effet.

let de leurs bulbes de petits ognons nommés caïeux qui, enlevés et replantés, servent à multiplier la variété. Ce n'est que lorsque les feuilles de la bulbe principale sont entièrement desséchées qu'on doit détacher les caïeux.

Les plantes dont les racines sont tuberculeuses, comme les pommes-de-terre, les topinambours, se multiplient par la séparation de leurs tubercules, que l'on peut même couper par morceaux munis d'un ou deux yeux ; chacun produira une nouvelle plante. Pour faire la séparation des racines tuberculeuses, il faut, comme pour les racines tubéreuses que les feuilles et les tiges de la plante soient à leur degré de maturité.

Certains végétaux poussent du collet des racines, ou sur les racines-mères, des rejets ou œilletons enracinés : on les sépare et replante avec les précautions convenables et que nous indiquerons à l'occasion. Il y a quelques végétaux dont il suffit de séparer du tronc une grosse racine pour qu'elle pousse des rejetons de sa partie supérieure, qui, pour cette opération, doit être tenue hors de terre.

Les plantes à racines vivaces peuvent aussi se multiplier par la séparation des touffes épaisses de gemmes, boutons ou turions qu'elles poussent chaque année. On emploie pour faire cette séparation la bêche ou un autre instrument tranchant ; quelquefois on les sépare avec les mains seules et par déchirement.

Multiplication des Plantes par les tiges.

Quelques plantes, le fraisier par exemple, poussent du collet de leurs racines des filets qu'elles projettent plus ou moins loin de la *plante-mère*, et dont l'extrémité se développe en une plante semblable à celle qui l'a produite. Ces rejets, appelés *stolons*, *traces*, *coulans*, séparés et replantés, servent à la multiplication de l'espèce.

Les arbres et arbustes se multiplient souvent par marcottes et boutures de leurs branches ou même de leurs tiges. On marcotte de plusieurs manières; mais nous nous contenterons de parler dans ce traité de la *marcotte simple*, qui est la seule usitée pour obtenir des sujets à greffer dans les pépinières d'arbres fruitiers.

On ameublit et amende bien la terre autour du plant que l'on veut marcotter; on prend une branche, on l'éfeuille dans la partie qu'on veut mettre en terre; on la couche d'une main à la profondeur de 2 ou 3 pouces, et de l'autre main on l'y retient avec un crochet dont la force doit être proportionnée à celle de la branche. On recouvre avec de la terre, en laissant dehors l'extrémité supérieure, qu'on a soin de redresser autant que le permet la souplesse de la marcotte. Ce n'est qu'avec précaution qu'il faut courber la branche; car si on agissait trop brusquement, on courrait souvent risque de la rompre : quelques praticiens tordent un peu la marcotte à l'endroit de sa courbure le plus profondément enterrée; ensuite on arrose, et l'on entretient la fraîcheur de la terre en la couvrant de paille, de feuilles ou de mousse.

On peut aussi élever de boutures des sujets de poiriers, pommiers et coignassiers. On choisit à cet effet des branches droites, unies, vigoureuses. On les coupe par longueurs à volonté, depuis 1 pied jusqu'à 6; on unit bien l'extrémité qui doit être enterrée; on les plante à 8 ou 9 pouces de profondeur dans un bon terrain, bien labouré et frais, ou entretenu tel par quelques arrosemens, si le printemps est sec. Les boutures, et particulièrement celles du poirier, ont besoin d'ombrage. Il faut avoir soin de bien plomber et appliquer la terre au pied de ces boutures. Dans le choix des branches on ne doit se servir que de celles qui ont plusieurs années, et non de bourgeons d'un an. Ceux-ci forment bien à leur extrémité enterrée un bourrelet et des mamelons de racines, mais ce premier travail et une transpiration trop facile et trop abondante les épuisent et les rendent incapables de succès.

Plusieurs cultivateurs choisissent un an d'avance les branches qu'ils destinent à faire des boutures, et leur font au printemps, au-dessous d'un nœud, une ligature serrée avec du fil de fer ou du fil de lin bien ciré; il se forme pendant l'été un bourrelet qui, mis en terre au moment de la taille d'hiver, produit très-promptement des racines.

Il est avantageux, lorsqu'on plante les boutures, de placer un peu obliquement la partie qui est enterrée; elles émettent plus facilement des racines dans cette position.

Multiplication par la greffe.

La greffe a pour résultat immédiat le changement du tronc ou des branches d'un végétal en tronc ou branches d'un autre végétal. Le but de cette opération est de conserver et de multiplier des espèces et des variétés qui ne se propagent pas avec toutes leurs qualités par la voie des semences; d'accélérer de plusieurs années la fructification de la plupart des arbres et arbustes, et même d'améliorer les fruits à l'usage de l'homme. Ce changement ne peut s'opérer qu'entre plantes qui ont entre elles beaucoup d'analogie dans la structure interne et dans les sucs nourriciers; une apparence d'analogie extérieure n'indique pas toujours suffisamment le rapport qui existe entre les parties intérieures. C'est ainsi que le pommier et le poirier, qui sembleraient avoir ensemble un grand rapport d'organisation, ne peuvent cependant pas s'unir par le moyen de la greffe. Le pêcher réussit bien sur le prunier et sur l'amandier ; mais le prunier et l'amandier ne peuvent subsister long-temps l'un sur l'autre, parce que la sève de l'amandier se met beaucoup plus tôt en mouvement, s'arrête beaucoup plus tard , et par conséquent dure beaucoup plus long-temps que celle du prunier. Tous les abricotiers s'accommodent bien du prunier ; quelques variétés, qui tiennent du pêcher, réussissent sur l'amandier ; mais leur union est si peu adhérente que le moindre coup de vent les décolle. L'union du cerisier avec le merisier sauvage à fruit noir n'est pas plus solide. Des divers moyens employés pour mettre la sève de deux arbres en contact; nous ne parlerons que de ceux usités pour la propagation des arbres fruitiers qui sont l'objet de notre ouvrage.

1. GREFFE A EMPORTE-PIÈCE. — Avec un em-porte-pièce (1), de forme et de grandeur à vo-lonté (de 8 à 10 lignes de longueur sur 3 ou 4 lignes de largeur), coupez ou incisez, sur un bour-geon d'arbre franc bien en sève, une pièce d'é-corce garnie d'un œil bon, sain et bien conditionné, dont vous retrancherez la feuille; mais vous con-serverez toute, ou la plus grande partie de la queue, qui est nécessaire pour achever de nourrir et de perfectionner l'œil. Avec un cure-dent, la queue

(1) Cet outil, par sa partie tranchante, peut avoir la figure d'un parallélogramme, dont deux côtés opposés ont chacun 8 ou 10 lignes de longueur, et les deux autres en ont chacun 3 ou 4. Il sera propre à inciser les greffes à œil poussant, qui n'ont point de queue; mais la queue où la portion de queue des greffes à œil dormant serait difficile à insinuer dans cet outil fermé des quatre côtés, et dans l'opération elle pour-rait être arrachée ou endommagée. C'est pourquoi il vaut mieux qu'il ne soit fermé que de trois côtés; l'incision du quatrième côté sera faite après coup, soit avec le greffoir, soit avec l'outil en le retournant. Au reste, il n'est pas né-cessaire que cet outil coupe les écorces, il suffit qu'il mar-que, sur la superficie de l'écorce du sujet et de celle du bour-geon franc, deux figures semblables et parfaitement égales dans leurs dimensions, afin que l'emplâtre soit bien égal à la plaie; et on incisera les écorces avec le greffoir, suivant les traces de l'outil. Lorsqu'on a le coup d'œil juste et exercé, on peut même se passer d'emporte-pièce et faire les inci-sions avec le greffoir seulement.

d'un greffoir, ou autrement, décollez cette pièce d'écorce, de sorte que l'œil demeure plein, c'est-à-dire garni d'un petit filet ligneux, qui est le germe et le rudiment de la branche qui doit naître de l'œil. Tout œil qui en est dépourvu ne fait pas plus de production qu'une semence sans germe. Choisissez sur le sujet un endroit dont l'écorce soit vive et bien unie, coupez ou incisez avec le même emporte-pièce une pièce d'écorce ; décollez-la, et substituez-y la pièce prise sur l'arbre franc, dont les dimensions sont parfaitement égales et semblables. Liez-la de plusieurs révolutions de laine filée ou de chanvre, qui ne fassent pas une spirale, mais qui se croisent sur les deux côtés opposés comme un bandage, de sorte que toutes les jointures soient exactement couvertes, et qu'il ne reste d'apparent que l'œil. On doit savoir rendre cette ligature solide sans y faire de nœud ; pour cela on passe le second tour sur le premier, et le dernier sous l'avant-dernier.

Aucune greffe n'a un succès plus prompt et plus sûr, parce que la sève qui suinte des plaies de l'écorce du sujet forme de suite un bourrelet, et la sève, en peu de jours, peut circuler de l'écorce du sujet dans celui de la greffe. Cependant, c'est l'aubier et non l'écorce qui détermine la reprise, en fournissant de la nourriture à la greffe ; nourriture dont elle profite pour s'alonger et former de l'aubier commun aux deux parties.

La greffe à emporte-pièce convient à tous les arbres fruitiers, même au figuier et au châtaignier, et se fait tant à la *pousse* qu'à *œil dormant* sur les vieux arbres comme sur les jeunes. Pratiquée sur les branches nues et dégarnies du pêcher, pourvu qu'elles aient de la santé et de la vigueur, elle y rétablit de jeune bois qui remplit les vides. C'est au moyen de cette greffe que M. Féburier sauva plusieurs branches grêlées à plusieurs arbres, et notamment à des pêchers; branches qu'il eût fallu couper sans cette opération. Il enleva les parties d'écorce qui paraissaient gâtées à leur couleur, et les remplaça par d'autres qu'il fit bien coïncider, pour faciliter la reprise. Il eut l'attention de placer les yeux aux parties convenables; et, par ce moyen aussi simple qu'ingénieux, il prévint la dégradation de ses arbres.

2. GREFFE EN ÉCUSSON. — Cette greffe, ainsi que la précédente, se fait à *œil dormant* ou à *œil poussant.* Comme la manière d'opérer est la même dans les deux cas, nous allons d'abord la décrire : nous exposerons ensuite les particularités convenables à chacune de ces deux greffes.

Ayant choisi un endroit bien uni sur un rameau ou sur la tige d'un sujet, faites à l'écorce, avec le tranchant du greffoir, une incision horizontale dont la longueur soit un peu plus grande que la base de l'écusson que vous voulez lever. Du milieu de cette incision abaissez une verticale un peu plus longue que l'écusson, de manière que les deux incisions aient la forme d'un T. Incisez ensuite, sur un bourgeon bien en sève de l'arbre franc dont vous voulez propager l'espèce, une pièce d'écorce large de 3 ou 4 lignes, longue de 9 ou 10 lignes, se terminant en

pointe par son extrémité inférieure, garnie d'un
œil bien conditionné, avec la queue ou partie de la
queue de sa feuille ; décollez, détachez, enlevez
cette pièce d'écorce, soit avec le bout large d'un
cure-dent, soit avec tout autre outil très-mince (1),
que l'on insinue entre le bois et l'écorce de l'écusson,
et que l'on fait descendre jusqu'à l'œil, pour couper
le filet ligneux. Le point important est de lever l'é-
cusson avec son œil plein, et sans rompre ni endommager le liber de son écorce. La manière la plus sûre,
la plus facile, la plus expéditive, est de lever cet
écusson avec la lame du greffoir ; portez obliquement la lame du greffoir sur la partie du rameau,
et placez en même temps le pouce au bas de l'œil ;
appuyez un peu pour entamer l'écorce, et dirigez
aussitôt la lame parallèlement au rameau ; appuyez
légèrement sur le manche en tirant un peu à droite,
soutenant toujours l'écusson avec le pouce. La levée
se fait alors très-bien, la lame descendant ainsi
obliquement : un peu d'adresse et d'habitude suffisent pour que l'on puisse lever ainsi les écussons
avec très-peu de bois ; l'on retire ensuite les zestes
ligneux au-dessus et au-dessous de l'œil, afin que
les écorces intérieures de la majeure partie de l'é-
cusson soient appliquées immédiatement sur l'aubier du sujet. L'écusson ainsi préparé, on décolle
avec l'ongle ou la queue du greffoir l'écorce du sujet des deux côtés de l'incision verticale ; et, tenant
l'écusson par l'œil, où le fait descendre entre le bois

(1) Quelques praticiens emploient un crin de cheval.

et l'écorce du sujet, et on le place de façon que son écorce intérieure soit exactement appliquée sur la surface ligneuse du sujet, et que sa base joigne immédiatement la lèvre supérieure de l'incision horizontale. Ensuite on lie le tout de plusieurs révolutions de chanvre, ou de fil de laine ou de coton, de sorte que toutes les incisions soient couvertes, et qu'il ne reste de découvert que l'œil.

Cette greffe convient à tous les arbres fruitiers, excepté au figuier et au châtaignier.

Quelques greffeurs, après avoir levé leur écusson, auquel ils laissent ordinairement la forme d'un parallélogramme, font sur le sujet une incision horizontale, et deux incisions verticales à une distance l'une de l'autre égale ou un peu plus grande que la largeur de l'écusson, et de longueur un peu plus grande que celle de l'écusson, et décollent une lanière d'écorce, sans la détacher; ils appliquent l'écusson sur la surface ligneuse du sujet, de façon que la partie supérieure, et au moins un des côtés de l'écusson, joignent immédiatement, et coïncident avec les écorces non décollées du sujet. Ils recouvrent la partie inférieure de l'écusson avec la lanière d'écorce jusqu'à l'œil exclusivement, et couvrent le tout d'une ligature. Cette façon d'opérer est fort bonne et très-expéditive; c'est la greffe à emporte-pièce avec moins de précision.

Les bourgeons sur lesquels on lève les deux greffes précédentes doivent se prendre sur des arbres formés et en rapport, sains et d'espèce bien franche; être de force moyenne, ni chiffons ni gour-

mands; être bien garnis d'yeux et en pleine sève.
Aussitôt que l'on a cueilli ces bourgeons, il faut
en retrancher l'extrémité tendre, toutes les feuilles
jusque ou presque jusqu'à la queue exclusivemen t,
et toutes les productions qui transpirent facilement,
en mettre le gros bout dans l'eau, si l'on diffère
d'en faire usage. Lorsqu'on a intention de les transporter à de grandes distances, il faut, de plus, les
envelopper de mousse ou d'herbe humide, ou d'un
linge mouillé, et renfermer le tout dans une boîte
ou de la toile cirée, afin que les bourgeons ne puissent se faner. Les yeux du bas des bourgeons ne
sont pas propres à faire des écussons, parce qu'ils
sont trop petits, et destinés à ne produire que des
fleurs ou de petites branches à fruit; ceux de l'extrémité doivent aussi être rejetés, parce que, n'é-
tant pas assez formés et aoûtés, le germe ou filet de
l'œil n'est qu'herbacé et presque sans consistance.
Il faut donc choisir, entre les yeux qui sont vers
le milieu des bourgeons, ceux qui sont les mieux
conditionnés, et ceux qui sont doubles ou triples
lorsque les arbres en produisent de tels, comme
le pêcher, l'abricotier, quelques pruniers; parce
que les yeux simples de ces arbres peuvent n'être
que des yeux à fleur ou défectueux.

On doit visiter les greffes environ six semaines
après l'opération; si la ligature, trop serrée, y cause
un gonflement, la lâcher ou la défaire, et l'ôter.

Les deux greffes dont nous venons de parler,
lorsqu'elles sont à *œil dormant,* se font sur de jeunes
sujets ou sur les bourgeons des vieux arbres, au dé-

clin de la seconde sève. Ainsi le pêcher ne se greffe sur les jeunes amandiers qu'à la mi-septembre ; la plupart des autres arbres se greffent entre le 15 juillet et le 1er août ; le cerisier, lorsqu'il ne lui reste presque plus de sève, parce que s'il en a encore beaucoup, la gomme survient et fait périr la greffe. On peut placer deux greffes opposées sur les deux côtés d'un sujet ou d'un bourgeon, l'une un peu plus haut que l'autre, à peu près dans l'ordre où naissent les yeux. Il faut éviter d'élaguer les sujets quelques jours avant que de greffer, parce que le mouvement de la sève cesserait. Si cet élagage est nécessaire, il ne faut le faire qu'en greffant. Lorsque les greffes ont commencé à pousser, on doit retrancher tous les bourgeons qui repercent des sujets, afin qu'ils n'affament pas les greffes.

Dans la greffe à œil dormant, l'œil demeure sans action, et comme engourdi jusqu'au printemps suivant. A la mi-février, on rabat les sujets 5 ou 6 lignes au-dessus de la greffe ; peu de temps après l'œil commence à s'ouvrir.

La greffe à *œil poussant* diffère de celle-ci par la saison où elle se fait. Entre la mi-février et le commencement de mars, il faut recueillir des bourgeons d'arbres francs, les planter par le gros bout à 2 ou 3 pouces de profondeur, à l'exposition du nord, et bien plomber la terre. Lorsque les sujets sont en pleine sève, on lève les greffes sur ces bourgeons, qui ont alors assez de sève pour que leur écorce se décolle. Comme les yeux sont nus, et quelquefois ne sont pas assez saillans pour qu'on tienne aisément l'écusson en le plaçant, on peut les tailler de manière que la pointe soit au dessus de l'œil, et la partie large au-dessous. On fait alors les incisions à l'écorce du sujet dans la forme d'un T renversé. On fait monter l'écusson entre le bois et l'écorce du sujet, en appuyant l'ongle ou la queue du greffoir contre le support de l'œil. L'écusson à œil dormant peut se faire de la même manière.

Cette greffe se faisant dans le commencement de la première sève, il faut rabattre le sujet aussitôt ou peu de jours après, afin que toute la sève se porte sur la greffe, dont l'œil ne tarde pas à s'ouvrir. Elle convient surtout au cerisier. On peut aussi jusqu'à la mi-juin faire des écussons à la *pousse* avec des yeux bien formés des jeunes bourgeons de l'année. De 10 à 15 jours après l'opération, il faut visiter ces écussons; tous ceux dont la queue s'est détachée, ou dont elle est jaune et prête à se détacher, sont bons. Si cette queue se fane, se dessèche et demeure adhérente, l'écusson est mauvais. Il en est de même pour la greffe à œil dormant. On rabat les sujets à 5 ou 6 lignes au-dessus des écussons; et quelque temps après, lorsque les yeux commencent à se développer, on lâche un peu la ligature. Les écussons font leur jet, qui ordinairement a le temps de se fortifier avant l'hiver; s'il ne devient pas assez ligneux pour résister aux gelées, on l'enveloppe de mousse. Cet écusson trop tardif, et qui ne peut se faire que dans le plein de la sève, réussit rarement sur le cerisier, qui alors est très-sujet à la gomme.

Greffe en flute ou chalumeau. — Cette greffe se fait au commencement de la première sève, sur des sujets et avec des bourgeons dont l'écorce peut facilement se décoller, mais dont les yeux ne sont pas encore ouverts. Elle est propre au figuier et au châtaignier. Elle peut cependant aussi se faire sur tous les autres arbres, tant à la *pousse* qu'à *œil dormant*; mais, sur les deux que nous avons désignés, elle ne peut être faite qu'à la *pousse*.

Sur un bourgeon d'arbre franc, bien rond et bien uni, j'incise, en le faisant tourner entre mon pouce et le tranchant de la serpette, un tuyau d'écorce garni d'un ou deux bons yeux, et, le serrant dans une main, et de l'autre faisant tourner le bourgeon comme en tordant, je décolle et fais sortir ce tuyau, dont je m'assure que l'œil est plein.

Je rabats le sujet ou la branche sur laquelle je veux placer la greffe, dans un endroit uni et de grosseur égale à celle du bourgeon. J'en tire un pareil tuyau d'écorce que je rejette; je lui substitue celui du bourgeon franc, et je couvre l'extrémité et les jointures d'onguent de Saint-Fiacre (1). Au lieu d'enlever un tuyau du sauvageon, on peut en fendre l'écorce par baudes, et recouvrir le tuyau franc avec ces lanières, laissant seulement l'œil découvert. On les lie avec du fil ou du chanvre, et on les enveloppe du mélange déjà

(1) C'est un mélange de moitié terre glaise et moitié bouse de vache; on y ajoute quelquefois du foin haché.

(99)

cité. Si le tube a un plus petit diamètre que le
sujet, on le fend à l'opposé de l'œil, et on conserve,
sans la détacher, la partie de l'écorce du sujet nécessaire pour couvrir le bois. Si le tube est au contraire plus large, on lui enlève une lanière, pour
le réduire au diamètre du sujet.

On préfère quelquefois ne lever qu'un anneau
d'écorce muni d'un œil; on en enveloppe le sujet
dans son pourtour sur une place où l'on a ôté un
semblable anneau. Pour placer cette greffe, on con-
çoit qu'il faut la fendre d'un côté afin de pouvoir
ouvrir l'anneau et lui faire embrasser le sujet. Lorsqu'elle est adaptée de manière à ce que les écorces
coïncident parfaitement en haut et en bas, on recouvre d'onguent de Saint-Fiacre ou de cire à greffer (1), et l'on ne fait aucune ligature. Cette opération se fait au moment de la plus grande sève,
lorsque les yeux sont près de s'ouvrir.

GREFFE EN FENTE. — Cette greffe se fait peu de
temps avant le premier mouvement de la sève, et
réussit fort bien sur tous les arbres fruitiers, excepté
le pêcher, l'abricotier, le figuier et le châtaignier.

Au moment de la taille d'hiver, on cueille sur
des arbres francs des bourgeons moyens et bien
conditionnés de l'année précédente, avec ou sans

(1) C'est une fusion de cire jaune et de colophane en
égale quantité; ou de deux tiers de cire jaune avec un tiers
de suif. On peut y ajouter une certaine quantité de brique
bien pulvérisée, pour lui donner de la force. On fait chauffer cette cire pour la rendre malléable, et on ne l'emploie
que lorsque la main en peut aisément supporter la chaleur.

une portion du bois de deux ans, et on les pique en terre à l'exposition du nord. On pourrait ne les cueillir que dans le moment où l'on veut les employer, mais il est à craindre qu'étant trop en sève, l'écorce ne se sépare du bois lorsqu'on taille les biseaux dont nous allons parler.

Il faut scier horizontalement le sujet, unir la coupe, surtout aux endroits où l'on doit placer les greffes. Avec une serpette ou un autre instrument faire une fente verticale, longue d'un pouce et demi ou deux; tenir la fente entr'ouverte par le moyen d'un coin ou d'un instrument que les greffeurs appellent *zède*, qui porte un coin à chaque extrémité, et unir les parois intérieures de la fente, s'il y a quelques filamens ou inégalités.

On taille ensuite le gros bout des bourgeons francs en biseau, sur les deux faces opposées, prenant garde de décoller l'écorce des côtés des biseaux. Le côté qui regardera le centre du sujet doit être un peu plus mince que l'autre. On rabat les bourgeons à deux, trois ou quatre yeux au-dessus de l'origine des biseaux, suivant la force du sujet.

Lorsque tout est ainsi préparé, on insère le coin de la greffe dans la fente verticale du sujet, de façon que le liber de l'un coïncide avec le liber de l'autre, sans s'occuper de faire coïncider l'extérieur des écorces de la greffe et du sujet. Comme il n'est pas nécessaire qu'il y ait, dans toute la longueur des biseaux de la greffe et de la fente du sujet, une coïncidence ou un rapport exact entre les surfaces intérieures du liber du sujet et de la greffe, on opère plus promptement et aussi sûrement en faisant un peu entrer dans la fente la pointe, et un peu sortir la tête du coin de la greffe; car alors les libers se croisant, ils coïncident nécessairement à leur point d'intersection, ce qui suffit pour le succès de l'opération. On retire le coin qui tenait la fente ouverte, afin que les deux côtés serrent la greffe en se rapprochant. Si leur ressort est trop fort, on le diminue en mettant et laissant dans la fente un petit coin de bois. S'il est trop faible on y supplée par une ligature. On couvre toute la partie sur laquelle on a opéré avec de l'onguent de Saint-Fiacre, enveloppé d'une toile, ou avec de la cire à greffer lorsque le sujet est mince.

Si le sujet est fort menu, on peut le greffer *par enfourchement*, c'est-à-dire fendre la greffe, tailler l'extrémité du sujet en coin, et y insérer la greffe.

Si le sujet a plus d'un pouce de diamètre, il faut mettre deux greffes. S'il a deux pouces ou plus, il faut y placer quatre greffes, en faisant une seconde fente qui croise la première.

On peut encore fendre un sujet par le côté, et y insérer obliquement une greffe dont le coin est taillé en losange, ayant toujours soin de faire coïncider les libers des écorces extérieures.

Greffe en couronne. — Cette greffe se pratique sur des sujets trop gros pour être fendus. Lorsque les sujets sont assez en sève pour que leur écorce se décolle, on les scie horizontalement, et, après avoir uni la coupe avec une plane ou un autre instrument, on fait entrer à coups de maillet, à la profondeur d'environ un pouce et demi, entre le bois et l'écorce, un coin de bois dur, plat sur une face, arrondi sur l'autre, et terminé en pointe. On taille le gros bout d'un bourgeon franc (1) en biseau, d'un seul côté, sur une longueur d'un pouce et demi, de manière qu'il ne reste que très-peu ou point de bois à la partie inférieure du biseau; on le rabat à 3 ou 4 yeux au-dessus de la partie taillée. On retire le coin, et l'on met la greffe à la place, de sorte que sa face taillée soit appliquée sur l'aubier du sujet. On l'enfonce jusqu'à ce que tout le biseau soit caché. On place ainsi des greffes à trois pouces de distance l'une de l'autre tout autour de la coupe du sujet. Si l'effort du coin fait fendre l'écorce du sujet on la rapproche au moyen d'une ligature lorsque la greffe est placée. Le reste se pratique comme pour la greffe en fente.

GREFFE PAR APPROCHE. — Cette greffe, qui n'est pas d'un usage fréquent dans les jardins fruitiers, se fait de plusieurs façons, avant le premier mouvement de la sève, sur des arbres qui sont près les uns des autres, ou que l'on a approchés dans ce dessein; c'est de là que lui est venu son nom.

1° On étête le sujet, et l'on enlève à son extrémité une pièce d'écorce longue de 8 ou 10 lignes, avec un peu de bois. On en enlève une pareille sur la branche que l'on veut enter. Appliquant l'une contre l'autre ces deux surfaces ligneuses, on fait rapporter exactement quelques endroits des libers.

(1) Les bourgeons doivent avoir été conservés comme ceux destinés à servir pour la greffe en fente.

2° On fend l'extrémité du sujet, on amincit sur les deux faces opposées l'endroit convenable du bourgeon franc, on l'insère dans la fente, de façon que les écorces se croisent sur les bords de la fente et sur les côtés amincis du bourgeon franc. C'est une vraie greffe *en fente.*

3° On taille en coin l'extrémité du sujet, on fend le bourgeon franc sur un côté, on insère le coin dans la fente, faisant coïncider les libers ; c'est la greffe *par enfourchement.*

4° A l'extrémité d'un sujet on fait une entaille triangulaire verticale longue d'un pouce ou un pouce et demi ; on taille un endroit convenable du bourgeon franc, de façon qu'il remplisse l'entaille ; on insère l'un à l'autre, faisant coïncider les libers.

De quelque façon que l'on opère, il faut assujétir la greffe et le sujet avec une ligature de chanvre ou de laine ou d'osier, et couvrir le tout avec de l'onguent de Saint-Fiacre enveloppé d'un morceau de toile grossière. On sèvre le bourgeon, c'est-à-dire on le coupe au-dessous de la ligature, qu'on retire ensuite, lorsqu'on est assuré qu'il est bien uni avec le sujet. Dans tous les cas, il est prudent de lui donner un tuteur les deux ou trois premières années.

Du Jardin Potager.

Quand on a fait le choix d'un terrain, d'après ce que nous en avons dit précédemment, et qu'on l'a entouré d'une haie, et mieux d'un mur, surtout lorsque l'on a intention de cultiver des primeurs,

on s'occupe de le diviser en parties faciles à cultiver. À cet effet on laisse premièrement 5 ou 6 pieds
de terre en avant des murs. Cette partie du terrain
doit être défoncée, épierrée et ameublie avec soin,
pour en former une plate-bande. On pratique ensuite une allée plus ou mois large suivant la grandeur du potager. S'il est très-étendu, la largeur de
l'allée doit être suffisante pour laisser un libre passage à la voiture aux arrosemens. Le surplus du terrain est divisé en quatre, six, huit ou dix parties,
qu'on nomme *carrés*, par des allées assez larges
pour que la voiture à arrosement ou à fumier puisse
y circuler. Chaque carré est coupé en planches de
4 à 5 pieds, et séparées par un sentier d'un pied
au plus, qui se laboure comme les planches. Quant
aux grandes allées, on les sable, ou mieux on en
enlève la bonne terre, que l'on remplace par les
pierres tirées du terrain et par du sable, afin de rendre les allées plus sèches en facilitant aux eaux les
moyens d'y pénétrer. La bonne terre que l'on en
a retirée se répartit dans tous les carrés et plates-
bandes.

Le carré le mieux exposé, le plus abrité, le plus
voisin du hangar, est consacré en tout ou en partie
aux couches et châssis. La bâche à ananas doit être
établie contre le mur qui fait face au midi, ainsi
que nous l'avons dit plus haut en parlant de la disposition des couches.

Les autres carrés sont plantés en légumes dont le
jardinier doit prendre note chaque année, pour
établir un assolement régulier. (Voyez *Assolement*

à l'article des *Amendemens.*) On borde ordinairement les carrés et la plate-bande du tour de quelques plantes basses, vivaces, qui ont un degré d'utilité, telles que thym, pimprenelle, fraisier, oseille, lavande et autres.

Le potager peut s'établir avantageusement dans un terrain plus humide et plus bas que ne le serait celui destiné au jardin fruitier, car les arbres redoutent l'humidité.

Toutes les espèces en plein vent doivent être exclues des potagers, parce que leur ombrage est nuisible aux légumes, principalement à leur saveur, en les privant du soleil une partie de la journée. Quant aux autres sortes d'arbres fruitiers, nous parlerons de la manière de les y établir lorsque nous traiterons du *jardin mixte.*

Nous avons déjà dit, et nous répèterons ici, que l'on ne peut cultiver de légumes, ni même d'arbres fruitiers, sans avoir beaucoup d'eau, et qu'il est nécessaire que cette eau soit de bonne qualité. (Voyez *Arrosemens.*) Si les puits sont très-profonds, ou que l'eau y soit peu abondante, il est essentiel d'avoir une *citerne;* c'est un réservoir couvert, vaste en proportion de la grandeur du jardin dans lequel se réunissent les eaux de pluie des toits et des cours, ou de quelques terrains voisins et en pente. Ces eaux se dirigent par des tuyaux ou des rigoles pratiquées à cet effet. On peut encore tirer les eaux d'arrosement d'un bassin pratiqué dans un lieu convenable pour recevoir les eaux de pluie et d'orage. Dans ce cas, ce bassin doit être garni sur

son fond et ses côtés d'une couche de glaise qui re-
tienne les eaux.

Du Jardin Fruitier.

Le jardin fruitier se divise en *jardin fruitier*
proprement dit, et en *verger.*

JARDIN FRUITIER PROPREMENT DIT. — Dans le jardin de cette espèce, les arbres sont taillés et palissés en espaliers et contre-espaliers, ou élevés en
buissons, éventails et pyramides. Quelques-uns sont
nains, d'autres plus élevés ; mais aucun ne forme
librement sa tête étant abandonné à toute sa force
de végétation.

Le terrain du jardin fruitier, moins humide que
celui du potager, doit être fermé de murs hauts de
8 pieds au moins, faits de moellons, de briques ou
autres matériaux, suivant les pays. Ces murs, construits avec du mortier, et non en pierres sèches,
qui donnent retraite à tous les insectes, et passage
aux vents, crépis en plâtre ou en bon mortier de
chaux et de sable, seront garnis de treillages, dans
le cas où l'on ne préfèrerait pas palisser à la loque ;
ce qui ne convient, comme nous l'avons dit, que
lorsque les murs sont enduits d'un pouce de plâtre.
On couronne ces murs par un chaperon, avec une
saillie de 4 pouces lorsqu'on palisse avec la loque,
et de 6 pouces lorsqu'on place des treillages contre
le mur.

On défonce à trois pieds de profondeur le terrain, qui doit être de bonne qualité ou amendé avec
de bonnes terres, des fumiers, des boues des rues

ou des chemins fréquentés, des gazons ou autres engrais convenables à sa nature, et bien mêlés avec la terre en la défonçant. On distribue ensuite le terrain d'une façon aussi avantageuse qu'agréable, et de manière que toutes ou la plupart des pièces soient coupées à angles droits; que les allées soient d'une largeur suffisante pour le service et pour le passage des voitures; que les bassins d'eau ou les puits soient pratiqués pour la décoration et la commodité.

Si le jardin fruitier devait avoir de grandes dimensions, et que l'on voulût y cultiver des primeurs, il faudrait le diviser, suivant sa longueur, en plusieurs jardins, par des murs dans la direction du nord au sud; de sorte que chaque face exposée à l'est et à l'ouest pût être garnie d'espaliers, laissant cependant un espace libre le long des murs de clôture du jardin principal, pour placer une allée de largeur convenable au passage d'une voiture, et une plate-bande large de 6 pieds.

VERGER. — Le verger est un jardin dans lequel on plante des arbres fruitiers que l'on n'assujétit point à la taille, et auxquels on laisse la liberté de s'étendre selon leur force de végétation. Ce jardin peut n'être clos que d'une haie. Après avoir défoncé, ameubli, fumé le terrain, comme nous l'avons conseillé pour le *jardin fruitier proprement dit*, on plante des arbres fruitiers de grandes dimensions, ayant égard pour les distances à la grandeur propre à chaque individu, et à la direction qu'affectent ses racines; de sorte que l'on fait alter-

ner les arbres à racines pivotantes et ceux à racines
traçantes. Les arbres doivent être plantés en quinconce; et, comme dans leur jeunesse ils ne couvrent
pas la terre qui les environne, on peut, sans attendre qu'ils soient en rapport, tirer promptement
parti du terrain, en garnissant les intervalles des
arbres destinés pour former le verger, d'arbres
nains qui fructifient de bonne heure, et qui vivent peu.

Les vergers, quand on a formé les principaux
membres des arbres que l'on y a plantés, ne demandent presque plus de soins. Un labour par an, un
peu de fumier tous les cinq ou six ans, si la pousse
trop faible des arbres en annonce le besoin; une visite l'hiver pour continuer leur direction, les nettoyer des mousses, lichen et bois morts, sont tous
les travaux qu'ils exigent. Dans l'été on éclaircit,
lorsqu'ils sont bien assurés, les fruits trop pressés,
afin de moins fatiguer les arbres, et que les fruits
restans soient plus beaux.

Jardin Mixte ou Fruitier-Potager.

Beaucoup de personnes, qui ne font commerce ni
de fruits, ni de légumes, se contentent d'un seul
jardin dans lequel elles réunissent ces deux objets
de culture. Dans ce cas le jardin doit être entouré
de bons murs, comme nous l'avons recommandé pour
le *jardin fruitier proprement dit;* l'on ménage autour de chaque carré une planche, au milieu de laquelle on plante des arbres en pyramides, des buissons nains, des éventails, des groseillers. Quelques

personnes font l'allée du tour du jardin très-large,
et placent au milieu une plate-bande de 4 pieds dans
laquelle ils plantent un contre-espalier de vigne ou
d'autres espèces d'arbres à fruits ; les murs se couvrent d'arbres palissés en espalier. Un usage pernicieux et trop généralement reçu, est d'élever ou
de repiquer des légumes dans les plates-bandes qui
contiennent les arbres. Cette culture est nuisible
aux arbres, qu'elle épuise, et auxquels elle procure
une trop grande humidité ; et aux fruits, qui sont la
proie des insectes nombreux qui se réfugient sous les
tiges et les feuillages des légumes dont la fraîcheur
leur est favorable. D'ailleurs, comment donner les
soins nécessaires à des arbres dont l'approche est si
embarrassée. C'est seulement dans les carrés destinés
à cet usage que doivent se cultiver les légumes ; ou,
si l'on veut des primeurs, dans l'espace réservé pour
les couches. Assez souvent on joint le verger à ce
jardin : pour cela on laisse libre un espace proportionné à la grandeur du terrain, dans la partie la
plus éloignée de la maison, et l'on y plante en quinconce, comme nous l'avons dit pour le verger, les
arbres qui ne peuvent être soumis à la taille, et dont
le volume considérable nuirait à la symétrie du jardin et à la culture des légumes.

Des Pépinières.

Quoique les pépinières soient assez multipliées
dans les départemens, et surtout aux environs de Paris, cependant il serait très-avantageux pour les propriétaires d'élever eux-mêmes leurs arbres. Ils ne

seraient point exposés à être trompés sur les espèces,
à planter des variétés dégénérées, ou greffées sur
des sujets faibles, malades, trop peu analogues aux
espèces; ou des arbres élevés dans des terres trop
grasses ou fumées, qui languissent et souvent périssent dans des jardins dont le fond est de médiocre
qualité.

Un petit espace de bonne terre enclos est suffisant pour élever tous les arbres fruitiers nécessaires
à un particulier.

Dans ce terrain, bien défoncé et préparé sans fumier ni engrais, il faut planter, à 2 ou 3 pieds d'intervalle en tous sens, de jeunes poiriers, pommiers,
merisiers, levés dans les bois avec de bonnes racines, ou bien des drageons détachés du pied des
vieux poiriers, pommiers, pruniers de saint-julien,
de cerisette ou damas, cerisiers, merisiers à fruit
blanc; on peut encore faire des pieds-mères de coignassier, de pommier de paradis et de doucin;
c'est-à-dire couper à la mi-février, presque à fleur de
terre, un ou deux pieds de ces arbres, qui aient au
moins 2 ou 3 pouces de diamètre; au printemps de
l'année suivante, ameublir bien la terre autour, courber les bourgeons qu'ils ont produits, et les marcotter. Ces pieds-mères fournissent des sujets pendant
douze ou treize ans. On peut aussi élever de bouture
des sujets de poirier, pommier et coignassier, avec les
précautions que nous avons indiquées à l'article *Multiplication des plantes par les tiges*. Nous observerons
seulement ici que les boutures de coignassier, de pommier de doucin et de paradis, de pommier sauvageon

sans épines, s'enracinent promptement; celles de
pommier sauvageon épineux, difficilement; et celles
de prunier, de merisier et de cerisier très-rarement.
La plupart des arbres fruitiers, le pêcher même,
pourraient s'élever de marcottes; mais ces arbres
francs du pied ne conviennent pas à toutes sortes de
terrains. Le prunier de reine-claude est celui qui
paraît réussir le plus universellement.

Mais de tous les moyens de former une pépinière, le meilleur est de se servir du semis.

À cet effet, on recueille des amandes, des
noyaux de prunes de cerisette, de saint-julien,
de damas et de jaret; des noyaux de cerises, de
merises, d'abricots, de pêches même. On les met
stratifier à la fin de décembre (voyez *Multiplication
des plantes par semis*), et au commencement d'a-
vril on retire de la terre sablonneuse ces noyaux
germés, avec précaution, pour n'en pas rompre les
germes. On les plante en pépinière à la distance
de 1 pied et demi à 2 pieds, et à telle profondeur
que les gros noyaux ne soient pas recouverts de
plus de 1 pouce et demi ou 2 pouces de terre.

Si le germe des noyaux de cerises n'est pas trop
alongé, on peut les semer pêle-mêle avec la terre
sablonneuse dans de petits rayons, et ne les couvrir que de 2 ou 3 lignes de terre, ou de demi-
pouce de terreau fin, le plant se mettra en pépinière
lorsqu'il sera assez fort, ordinairement dès l'automne suivant.

Pour des sujets de poirier et de pommier, il
faut prendre du marc sortant du pressoir, le laisser

sécher, le briser ou le passer à la claie; vers le commencement de mars en répandre environ demi-
pouce d'épais sur un terrain bien labouré, distribué
en planches de quatre pieds, et le couvrir de 3 ou
4 lignes de terre meuble ou d'un demi-pouce de
terreau; à l'automne ou au printemps suivant,
éclaircir le semis en arrachant tout le plant chétif
qui provient de pépins qui n'avaient pas acquis toute
leur maturité: car la faiblesse et la dégénérescence
du plant, tant d'arbres que de légumes, viennent
presque toujours du défaut de maturité des semences:
c'est pourquoi il vaut mieux, pour de petits semis,
conserver, en les couvrant d'un peu de terre, les pépins des bons fruits d'été, à mesure qu'on les mange,
ou ramasser dans un coin du fruitier les poires et
les pommes qui pourrissent; à la fin de février ou
en mars, en tirer les pépins et les semer : les sujets
qui en naissent sont presque toujours vigoureux,
et conviendront pour tous les fruits à couteau, en
buissons, pyramides et grands espaliers, ainsi que
pour les espèces très-vigoureuses, et qui, par cette
raison, ne font pas si bien sur coignassier. Ce petit
plant se transporte dans la pépinière après sa seconde année, conservant le pivot autant qu'il est
possible. On doit laisser au moins 2 pieds entre chaque rang, et 18 pouces d'un plant à l'autre.

Quant aux pépins de fruits à couteau que l'on
a conservés, on les sème au commencement du
printemps dans une terre meuble, dans des rayons
d'un pouce de profondeur, et à une distance de 6
pouces, puis on remplit le rayon. Il est bon de

couvrir d'un peu de litière pour entretenir la fraîcheur de la terre.

Quoiqu'ordinairement le mulot ne touche point
aux semences germées, cependant, comme il ne
les respecte pas toujours, il est utile de semer des
fèves de marais parmi les noyaux et les pépins de
poires et de pommes, pour amuser et nourrir cet
animal jusqu'à ce que les semences soient levées.

Les semis et les pépinières demandent deux labours par an, un à l'automne, l'autre au printemps,
et quelques binages pendant l'été pour entretenir
la terre en état et la nettoyer d'herbes.

Les sujets dans la pépinière ont besoin d'être
formés et dressés. L'hiver qui suit la plantation, on
coupe souvent le jet qui a poussé, le plus près de
terre qu'il est possible, surtout s'il est rabougri ; il
sort alors une nouvelle tige plus vigoureuse, et
l'on obtient par là un arbre utile dans le temps que
celui qu'on a supprimé n'aurait rien valu. On conduit les jets de manière qu'ils soient aussi droits
qu'il est possible, en les maintenant avec des tuteurs. Les bourgeons qui naissent sur la tige se rom-
pent ou se tordent, et l'année suivante ou les coupe
à fleur de l'écorce de la tige, sans entamer ni faire
plaie à cette écorce. Ceux qui ne montrent pas
de disposition à devenir droits, bien faits et vigoureux, se greffent à 4 ou 6 pouces de terre, pour
faire des arbres nains ; les amandiers et les pêchers,
dès la première année, vers la mi-septembre ; les
abricotiers, pruniers et cerisiers, entre la mi-
juillet et le commencement d'août de la seconde

année ; les poiriers et pommiers , la troisième année. Ceux qu'on destine pour les demi-tiges et les tiges se greffent lorsqu'ils ont acquis la force nécessaire.

Si dans un semis de poirier ou de pommier on voit des sujets à feuilles larges et sans épines, il faudra ne point se presser de les greffer, car il est probable que ce seront de nouvelles espèces de fruits qui peuvent être précieux. Pour s'assurer plus promptement de leur mérite, on doit diriger leurs branches horizontalement sur un treillage, et les tailler très-long chaque année. Par ce procédé l'arbre se mettra promptement à fruit, et l'on pourra le juger.

Choix et Plantation des Arbres.

Choisissez des arbres de belle venue : les pêchers, abricotiers, pruniers, de un à deux ans de greffe ; les poiriers et les pommiers, de un à trois et quatre ans, préparés, taillés, dressés, formés dans votre pépinière, moins forts par le nombre des années que par la bonté de leur tempérament, et qui, dans l'endroit où ils seront rabattus, soient garnis de bons yeux ou de bonnes branches dans une disposition convenable à la forme qu'ils doivent avoir. De tels arbres se mettent souvent à fruit dès la première année. Par leur force, il ne faut cependant pas entendre des arbres qui ont fait des jets prodigieux, car, dans ce cas, ils ont plus de disposition à donner du bois que du fruit, mais des arbres d'une force moyenne, d'une écorce vive, d'un air de vigueur et de bonne santé.

Faites-les lever avec leurs racines entières ou du moins fort longues, cherchées et déterrées avec soin, sans permettre qu'on tire avec force par la tige, comme pour les arracher, parce que les coudes nombreux des racines étant alongés, forcés et souvent rompus sans qu'il en paraisse aucune marque sur l'écorce souple qui prête et obéit facilement, il s'y forme autant de chancres pernicieux aux arbres. Un arbre nain, dont les grosses racines ne sont pas longues d'un pied au moins, bien saines, sans plaies ni meurtrissures, doit être rejeté; les demi-tiges et les tiges à proportion.

Tout le monde connaît les précautions nécessaires contre le hâle et la gelée dans le transport des arbres: l'attention d'en faire tremper les racines dans l'eau pendant douze ou vingt-quatre heures avant de les planter, si le transport a été long; la nécessité de les obiner séparément, ou planter en jauge, si leur plantation est long-temps différée après leur arrivée.

Celui qui plante des arbres pour faire commerce de leurs fruits doit préférer les espèces dont le débit est le plus sûr et le plus avantageux; mais le propriétaire qui veut garnir sa table des meilleurs fruits, et le plus long-temps possible, doit choisir les variétés dont la maturité est successive. Il doit aussi éviter une excessive abondance des fruits qui mûrissent en même temps que d'autres d'une qualité supérieure; par exemple, des poires d'été, qui ne paraissent pas avec avantage à côté des prunes et des pêches. Il bornera le nombre des variétés qui,

comme le rousselet, le doyenné, le beurré, etc.,
passent promptement : au contraire il multipliera
celui des variétés qui se conservent le plus long-
temps, et qui sont la dernière et la seule ressource
de l'arrière-saison.

Lorsqu'on veut planter des arbres, après avoir
fixé la place qu'ils doivent occuper, les distances à
établir entre chacun d'eux, et l'exposition qui leur
convient (nous dirons toutes ces choses en parlant
de chaque espèce d'arbre en particulier), il faut ha-
biller les arbres. Cet habillement consiste à retrancher les racines chevelues, si elles sont desséchées,
autrement il faudrait les conserver avec soin; à ra-
fraîchir les racines, c'est-à-dire à couper un peu de
leur extrémité, pour faire une coupe nette et unie,
dirigée de manière que la plaie puisse poser sur la
terre du fond; à rabattre au-dessus du mal celles
qui sont rompues, écorchées, endommagées.

Pour espalier et éventail, il faut rejeter tous les
arbres dont les racines ne peuvent faire espérer des
branches égales sur les deux côtés; tels que ceux
qui ont une racine forte d'un côté, et une faible de
l'autre; ou une racine basse et une haute, quoique
d'égale force; ou une racine horizontale et une pivotante. Si cependant, faute d'autres, on est obligé
d'admettre de tels arbres, il faudrait retrancher la
racine faible des premiers, la racine inférieure des
seconds et la racine pivotante des derniers, à moins
qu'elle ne soit plus forte que l'autre; auquel cas on
supprimerait l'horizontale.

La qualité du sol décide la distance à laquelle

les arbres doivent être plantés : dans un bon terrain 5 ou 6 toises peuvent ne pas être un assez grand intervalle entre chaque arbre ; 18 ou 20 pieds, qui suffisent dans un terrain médiocre, seraient un espace beaucoup trop grand dans les sables secs et maigres, où les arbres ne viennent qu'avec le secours des engrais et des arrosemens, et acquièrent à peine 10 ou 12 pieds d'étendue. On doit aussi avoir égard à l'espèce et à la variété d'arbres. Un pêcher s'étend plus qu'un poirier ; un poirier de virgouleuse plus qu'un de saint-germain ; des arbres plantés trop près l'un de l'autre ne trouvent ni assez de place sur le mur pour s'étendre, ni assez de nourriture dans la plate-bande pour vivre : plantés trop loin, ils ne peuvent couvrir le mur, dont la surface est trop précieuse pour en laisser une partie vide et inutile. De plus, la distance entre les arbres doit être en raison inverse de la hauteur à laquelle ils pourront s'élever. Des arbres en contre-espalier, dont la hauteur n'excède pas 4 ou 5 pieds, doivent être beaucoup plus éloignés l'un de l'autre que ceux d'un espalier haut de 9 à 10 pieds, parce que les arbres doivent regagner sur l'étendue ce qu'ils ne peuvent obtenir sur la hauteur.

L'arbre destiné à être planté en espalier se place à 9 ou 10 pouces du mur, vers lequel on incline sa tige, de manière que l'origine des branches touche le treillage, et que les plus grosses racines soient dans une direction parallèle au mur, afin que la sève, qui se porte ordinairement sur le même côté

que les racines qui l'ont pompée, agissent sur les
côtés, et y développent les branches plutôt que sur
le devant ou le derrière de l'arbre. Si l'on se trou-
vait obligé de planter des arbres auxquels on n'aurait pu conserver qu'une grosse et principale racine, il faudrait placer cette racine du côté de la
plate-bande, et opposée au mur. Les branches seront sujettes à percer sur le devant; on aura soin
de les palisser de bonne heure dans la direction parallèle au mur. On voit en général que, toutes les
fois qu'on plante un arbre pour espalier ou pour
éventail, il faut disposer ses racines horizontalement, et dans la direction à peu près que l'on veut
donner aux branches.

Quant à la profondeur à laquelle un arbre doit
être planté, non-seulement il faut que l'endroit de
l'insertion de la greffe soit hors de terre, mais que
la partie qui est immédiatement au-dessus des racines ne soit enterrée que fort peu, à moins que le
terrain ne soit très-sec, auquel cas on pourrait l'enterrer un peu davantage. Un arbre planté trop
avant languit et meurt bientôt; ses racines, privées
des bienfaits de l'influence atmosphérique, ne tardent pas à pourrir; ou bien l'arbre, pour se procurer une nourriture mieux élaborée, produit un second étage de racines à la hauteur où devraient
être les véritables; et dès lors il dépérit d'année en
année, ne produit que quelques fruits sans saveur,
et ne subsiste pas long-temps.

Lorsque l'arbre est placé convenablement dans la
fosse qui lui est destinée, on garnit avec la main

ses racines de terre meuble, ayant soin de bien remplir tous les vides, sans tasser ni fouler. Quand elles sont recouvertes de 3 ou 4 pouces, si la terre est sèche, et surtout si la plantation se fait après l'hiver, il faut plomber à l'eau en versant deux arrosoirs d'eau dans chaque fosse, afin de lier et attacher la terre aux racines. Ce n'est que deux jours après que l'on achève de remplir les fosses et de dresser la plate-bande. Mais si la terre est humide, et si la plantation se fait avant l'hiver, on peut achever l'ouvrage sur-le-champ, et se dispenser de plomber à l'eau. Il ne faut dans aucun cas et dans aucune saison fouler la terre au pied des arbres avec un bâton ou avec le pied.

S'il s'agit seulement de remplacer quelques arbres morts, soit en espalier, soit en plein vent, il faut, après avoir arraché l'arbre, faire une fosse dans l'endroit convenable, et la remplir en plantant le jeune arbre avec de la terre nouvelle, enlevant celle qui est sortie de la fouille. Un arbre ne réussit point dans la place et dans la terre où un arbre de même espèce est mort ou a vécu quelques années.

On peut transplanter les arbres fruitiers depuis la Saint-Martin, souvent depuis le 1er novembre, jusqu'au mois de mars (du 1er au 15). Dans les terrains très-froids et humides, il vaut mieux planter au commencement de mars; c'est le contraire pour les terrains secs et chauds, l'hiver doit passer sur la plantation.

Vers la fin de février, on rabat à la hauteur convenable les arbres nouvellement plantés, de façon qu'il reste au moins 5 ou 6 pouces du jet de la greffe garnis de bons yeux. Au reste, l'état des racines, la vigueur de l'arbre, la bonté du terrain, doivent guider dans cette suppression ; mais, dans tous les cas, il faut conserver des yeux pour donner des issues faciles à la sève.

Dans les années très-sèches il est nécessaire de jeter de temps en temps quelques arrosoirs d'eau au pied de chaque arbre nouvellement planté, et de donner ensuite un binage à la plate-bande.

Observations sur la Taille des Arbres.

Tout arbre abandonné à lui-même tend à s'élever. Plus rapproché de son état de nature que lorsqu'il est soumis à la taille et au palissage, il végète avec plus de force. Ses fruits, moins gros, ont ordinairement plus de goût, parce qu'ils jouissent mieux des influences atmosphériques que ceux qui, appliqués contre un mur, ne reçoivent l'impression de l'air et du soleil que d'un seul côté. Le but de la taille est d'arrêter l'arbre dans son accroissement naturel, de lui faire prendre une forme et des proportions qu'il n'acquerrait pas sans le secours de l'art, et de rendre ses fruits plus volumineux, et même plus savoureux dans quelques espèces. La quantité du bois étant diminuée par la taille, les fruits doivent nécessairement être moins nombreux ; mais on gagne en beauté ce que l'on perd du côté du nombre. La vigne seule est exceptée de cette loi générale ; elle rapporte beaucoup plus, et de

plus beaux fruits lorsqu'elle n'est pas abandonnée
à elle-même.

C'est ordinairement vers le 15 de janvier que
l'on commence à tailler les arbres, et ce travail
dure au plus tard jusqu'en avril. Les poiriers et les
pommiers sont les premiers soumis à cette opération, parce qu'ils craignent peu la gelée. Observons
cependant qu'il ne faut pas tailler pendant les fortes
gelées, ni par la pluie, dans les mois rigoureux,
parce que l'eau, convertie en glace ou en verglas,
pourrait saisir tout-à-coup les plaies récentes, ruiner l'œil terminal de la taille, ou l'endommager
assez pour qu'il ne produise qu'un bourgeon faible.
Viennent ensuite les abricotiers et pêchers, que
l'on ne taille que lorsque leurs boutons à fleur commencent presque à s'ouvrir, parce que cette opération, arrêtant momentanément le mouvement de
la sève, retarde l'épanouissement des fleurs, qui
par là se trouvent moins exposées à être endommagées par les gelées tardives du printemps. C'est
aussi pour la même raison que, dans chaque espèce,
on taille d'abord les arbres faibles, puis ensuite les
plus vigoureux.

Lorsqu'on taille une branche, la coupe doit être
nette, sans éclat du bois, sans déchirement de l'é-
corce. On la fait un peu oblique ou en talus opposé
à l'œil, la prenant un peu plus haut que le support de l'œil, et la finissant à une ou une ligne et
demie au-dessus. Prise trop bas, l'œil est éventé,
et périt ou pousse un bourgeon faible; terminée
trop haut, il reste un onglet qui empêche la plaie

6

de se recouvrir, et qui fait faire au bourgeon terminal la trompette ou un coude désagréable. L'o-
bliquité de la coupe donne à l'eau la facilité de s'é-
couler, et la plaie se recouvre plus promptement.

Toute plaie faite avec la scie doit ensuite être
unie avec la serpe ou la serpette. Toute grande
plaie doit être couverte d'onguent de Saint-Fiacre.

Dans l'opération de la taille, on a égard à la nature de l'arbre, au plus ou moins de vigueur avec
lequel il végète, à son mode de végétation, à la
forme qu'on a résolu de lui donner, et à la place
qu'il occupe. Le pêcher ne réussit bien qu'en espalier, dans le climat de Paris; ce n'est que sous cette
forme, et à l'abri d'un mur convenablement exposé, qu'il jouit des avantages d'une végétation
vigoureuse, et qu'il nous donne des fruits d'une
beauté et d'une saveur si remarquables. Le poirier,
le pommier, le prunier, le cerisier forment, sous la
main du cultivateur habile, de superbes pyramides.
L'abricotier se prête facilement à l'espalier, mais
prend avec peine d'autres formes. Nous exposerons
plus particulièrement, à la taille de chaque espèce
d'arbres, les formes sous lesquelles elle peut réussir.

Taille du Pêcher.

OBSERVATIONS GÉNÉRALES.

On distingue dans le pêcher trois sortes de branches : 1° le *gourmand*, branche à bois remarquable
par sa grande vigueur, la petitesse de ses yeux simples et distans, et sa direction verticale. Elle attire à

elle toute la sève, et ferait promptement périr les branches voisines si l'on n'y portait remède ; 2º la *branche à bois* qui provient naturellement de l'extrémité des membres ou des principales branches ; elle est toujours moins forte que le gourmand, et ses yeux, plus rapprochés, sont mieux nourris ; 3º *la branche à fruits* ; on en distingue de deux sortes : la première, qui n'est pas plus grosse qu'une plume, et de la longueur d'un pied environ, sort le long des membres et des branches à bois. Souvent elle est garnie dans toute sa longueur de boutons à bois et de boutons à fleurs, mais ne développe jamais de sous-bourgeons comme les deux autres espèces de branches. La seconde, de 2 à 3 pouces de longueur, ne se voit que sur les arbres en plein rapport ; elle s'alonge très-peu, et forme un bouquet de fleurs avec un œil à bois au milieu. On ne doit jamais la tailler ; elle donne souvent du fruit plusieurs années de suite, et meurt enfin épuisée.

Les différentes sortes de branches du pêcher contiennent trois espèces de boutons : de simples, qui produisent un bourgeon ou une fleur ; de doubles, qui produisent un bourgeon et une fleur ; de triples, qui produisent un bourgeon entre deux fleurs.

Munis de ces connaissances, nous allons procéder à la taille et à la conduite d'un pêcher planté en espalier, au pied d'un mur de 9 à 10 pieds de hauteur (1).

(1) Dans cet article nous supposons que le pêcher a été mis en place l'hiver qui a suivi la pousse de la greffe. S'il

Première année. — Aussitôt que la sève commencera à se mettre en mouvement, c'est-à-dire, du 15 mars au 1er avril, on rabattra la tige du jeune arbre sur ses yeux inférieurs, ne lui laissant que 4 à 6 pouces de longueur. Quand les yeux conservés se seront développés en bourgeons d'un pouce environ de longueur, on choisira parmi ces bourgeons les deux plus forts, un de chaque côté (1), pour en former les deux branches-mères, et on veillera avec grand soin que ces deux bourgeons soient égaux en force, sans quoi la sève s'emportant d'un côté, on ne pourrait jamais obtenir l'égalité nécessaire pour former les deux côtés de l'arbre. Les deux bourgeons ménagés doivent être abandonnés à eux-mêmes, afin que leur végétation soit plus vigoureuse; mais, si l'un des deux avait poussé avec plus de force que l'autre, il faudrait incliner un peu ce bourgeon dominant et le palisser, ce qui ralentira la sève, qui se portera sur le moindre bourgeon de l'autre côté, que l'on aura soin de rapprocher de la ligne verticale, par un tuteur qui le maintiendrait sans le gêner. Dans cette position il se fortifiera bientôt. Lorsque l'égalité sera rétablie, vers la fin de juillet ou le commencement d'août, on coupera les sous-bourgeons de devant et de der-

en était autrement, c'est dans la pépinière qu'il faudrait exécuter ce qui est indiqué pour cette première année. La suivante on mettra son arbre en place, le taillant plus court qu'il n'est indiqué pour la seconde année.

(1) C'est une attention que l'on doit aussi avoir en plantant.

rière, à 3 ou 4 lignes de la tige, sans endommager
la feuille qui est à leur base; ensuite on palissera
légèrement les deux branches-mères, ne les inclinant que de la quantité nécessaire pour pouvoir palisser les sous-bourgeons qui auront été conservés
sur les côtés, tant en dehors qu'en dedans. On ne
doit avoir pour but, la première année, que d'obtenir
les deux branches-mères parfaitement égales en
force. Si l'une des deux avait manqué par quelque
accident imprévu, il faudrait alors la supprimer
entièrement, redresser le bourgeon restant, et à
l'époque de la taille, le couper sur deux bons yeux
placés sur les côtés, pour en avoir les deux branches-mères; ce qui retarderait d'une année la formation de l'arbre.

Deuxième année. — Vers la fin de mars il faut
se préparer à tailler notre pêcher; il ne doit donner
cette année qu'un membre inférieur, le prolongement de la branche-mère et quelques branches à
fruits. En conséquence on le dépalissera, on le net-
toiera, ainsi que le treillage, de toutes les ordures qui
pourraient y être adhérentes; on coupera l'onglet
qui a pu rester au-dessus de la naissance de la plus
haute branche, afin que la cicatrice se fasse au ras
de cette branche; on recouvrira sa plaie d'onguent
de Saint-Fiacre; précaution toujours utile, mais
surtout pour les arbres qui sont sujets à la gomme.
Ensuite si les deux branches-mères sont vigoureuses,
on les taillera à la longueur de 12 à 18 pouces, et
on leur laissera quelques sous-bourgeons raccourcis
jusque sur le premier œil. Ils donneront peut-être

déjà quelques fruits. Mais si les deux branches-mères étaient faibles, ou si l'arbre était nouvellement planté (*voyez* la note pour la première année), il faudrait les tailler fort près de la tige, sur deux yeux placés, l'un en-dessous pour avoir le membre inférieur, et l'autre en-dessus, ou sur le devant, pour le bourgeon destiné à prolonger la branche-mère. Dans ce cas il serait bon de favoriser une pousse plus vigoureuse en employant des engrais. Si la taille a été de 12 à 18 pouces, quand les yeux se seront alongés de demi-pouce environ, on supprimera ceux de devant et de derrière, on favorisera la pousse du bourgeon terminal, pour alonger les branches-mères, et, choisissant de chaque côté en-dessous deux bourgeons les plus vigoureux et les plus semblablement placés, on protègera leur accroissement afin d'en former les deux premiers membres inférieurs. Pour favoriser la pousse des bourgeons que l'on a choisis, il faut employer le pincement et le palissage des autres bourgeons. Le pincement retarde la sève au moins de huit jours, de sorte que deux pincemens en quinze jours donnent au moins un mois d'avance aux branches conservées. Le palissage gêne la circulation de la sève, et prive la branche de la moitié de l'air et de la lumière qu'elle recevait dans son état de liberté, ce qui nuit beaucoup à son développement. Pour augmenter son effet on incline à droite ou à gauche les branches que l'on palisse, et on laisse en liberté celles que l'on désire fortifier. On peut même les faire sortir un peu en avant, afin que, jouissant

d'une position verticale, de l'air et de la lumière,
elles acquièrent plus promptement de la vigueur.
On ne les palisse qu'à la fin de juillet ou même
plus tard s'il est nécessaire. Dans le palissage, les
branches-mères ne doivent pas être ouvertes de
plus de 15 degrés pour cette année. On voit que
l'on doit donner tous ses soins à maintenir l'équilibre
entre les deux branches-mères, les deux membres
inférieurs, et quelques branches à fruits qui doivent se montrer pour la pousse de cette deuxième
année.

Troisième année. — Avant de tailler son arbre,
on examine si toutes ses parties n'ont pas conservé
l'équilibre qu'elles doivent avoir, et l'on détermine
quelle modification l'on apportera à sa taille et à
l'inclinaison de ses branches pour le rétablir. Ensuite on dépalisse l'arbre, on le nettoie, ainsi que le
treillage, comme nous l'avons déjà dit. On taillera
l'extrémité des deux branches-mères à 12 ou
18 pouces, ainsi que celle des deux membres inférieurs. On doit penser à former deux membres supérieurs, un de chaque côté sur la branche-mère.
A cet effet on choisira les branches les plus fortes
et les mieux placées, que l'on taillera à 6 pouces de
longueur, afin que leurs yeux inférieurs se développent, et qu'elles se garnissent bien. Leur position, plus avantageuse que celle des membres inférieurs, exige qu'on les charge davantage en bois et
en fruits, pour les empêcher de dominer, non-seulement sur les membres inférieurs, mais même sur
les branches-mères, ce que l'on ne doit jamais souf-

(128)

frir. Les branches à fruits seront taillées propor-
tionnellement à leur force depuis 6 jusqu'à 12
pouces. On attache l'arbre en écartant ses deux
branches-mères à 25 ou 30 degrés de la ligne verticale. On fera l'ébourgeonnement à œil poussant,
sur les branches à bois, comme nous l'avons dit plus
haut ; mais il faut prendre plus de précautions pour
les branches à fruits. Comme celles du pêcher, lorsqu'elles ont une fois rapporté du fruit, n'en donnent plus, il faut penser à leur remplacement ;
c'est pourquoi on ne doit jamais supprimer leur
bourgeon inférieur, de quelque manière qu'il soit
placé ; car c'est lui qui doit remplacer la branche à
fruit actuelle à la taille suivante. Il ne faut non
plus ôter aucun bourgeon accompagné d'un bouton
à fleur ; car aucun fruit ne parvient à maturité si
ses sucs ne sont élaborés par un bouquet de feuilles.
Dans les branches à fruits, les bourgeons qui ne
sont pas accompagnés de fruits se suppriment entièrement, excepté le bourgeon terminal, que l'on
pincera à 1 ou 2 pouces, et le plus inférieur dont il
faut favoriser le développement. Les bourgeons accompagnés de fruits se pincent jusqu'à un ou deux
yeux le plus près de la branche, afin d'éviter qu'ils
fassent de la confusion dans l'arbre. Si toutes les
fleurs ou les pêches que doit donner une branche à
fruit avaient manqué par une cause quelconque, il
faudrait rabattre de suite cette branche sur le bourgeon inférieur, afin de provoquer son développement. Lorsqu'une branche est chargée de fruits, il
arrive quelquefois que le bourgeon inférieur ne se

développe pas. Dans ce cas, il faut supprimer plusieurs bourgeons dans la longueur de cette branche, pincer court le bourgeon terminal, et même supprimer plusieurs fruits; car il est essentiel, pour le remplacement et pour l'équilibre de l'arbre, que les bourgeons inférieurs des branches à fruit se développent chaque année. La branche qui a donné du fruit se supprime entièrement, après la récolte, et se trouve remplacée par celle qui est sortie du bourgeon inférieur. On ne doit jamais perdre de vue l'équilibre parfait de toutes les parties de l'arbre. A cet effet, il faut palisser, pincer, incliner les branches supérieures qui s'emportent, tirer en avant les branches inférieures, souvent trop faibles, et les attacher pendant quelque temps à des échalas plantés au-devant de l'espalier, et ne les palisser à leur tour que quand elles auront repris la force convenable.

Quatrième année. — Après avoir examiné si l'arbre a conservé son équilibre, on avise au moyen de le lui rendre s'il l'avait perdu; ensuite on le dépalisse et on le taille d'après son état et conformément à ce que nous avons dit. Nous observerons cependant que l'arbre étant dans sa plus grande vigueur, il faut alonger la taille des branches-mères et des membres, en lui donnant au moins 18 pouces de longueur; il faut obtenir un nouveau membre du côté inférieur de chaque branche-mère et un membre tertiaire à l'extrémité de l'inférieur obtenu la seconde année, c'est-à-dire qu'il faut que ce membre se divise en deux; car il est nécessaire de multiplier le bois pour garnir l'espace qui devient tou-

jours plus grand à mesure que les branches, en s'a-
longeant s'éloignent, du centre. Les deux branches
tertiaires qu'on vient d'établir doivent se tailler à
6 ou 8 pouces. Les branches à fruit se taillent toujours dans les proportions que nous avons prescrites,
leur laissant de six à huit fleurs selon leur force.
Toutes ces choses étant faites, on attache les branches-
mères à 35 ou 40 degrés d'inclinaison et on palisse
les autres branches. L'ébourgeonnement, tant sur les
branches à bois que sur celles à fruit, se fait comme
nous l'avons indiqué pour la troisième année. Il faut
aussi favoriser le développement d'un nouveau
membre supérieur sur chaque branche-mère et la
ramification des autres membres tant supérieurs
qu'inférieurs déjà établis. La distance entre les membres doit être généralement de 1 pied et demi à 2
pieds, afin de pouvoir palisser sans confusion les
nouveaux bourgeons qui rempliront cet intervalle à
la fin de leur pousse. La végétation des branches sera
maintenue en équilibre par les moyens indiqués.

Cinquième année. —Les mêmes soins que les années précédentes, seulement on ouvrira les branches-
mères à 45 ou 50 degrés au plus pour la dernière
opération de cette nature; on fera ramifier symétriquement les branches-mères et les membres à mesure que l'arbre aura un plus grand espace à garnir,
ayant toujours soin que chaque espèce de branches
à bois secondaires, tertiaires, etc., n'empiète pas sur
la force d'une branche d'un ordre supérieur, afin
que la forme et la pousse de l'arbre soient toujours
régulières; c'est le seul moyen d'entretenir sa vigueur

et sa fécondité. Du reste, ce sont les mêmes opérations que pour les années précédentes.

Le pêcher doit être entièrement formé à la sixième année : s'il a été bien planté et bien conduit, il doit remplir au moins un espace de 4 toises.

On voit par ce que nous venons de dire sur la manière de former un pêcher, que le but principal est de maintenir un parfait équilibre dans le bois de l'arbre et de le tenir toujours garni du centre aux extrémités de jeune bois propre à donner du fruit. Pour obtenir cet avantage, il faut 1º visiter ses arbres au moins une fois par semaine depuis le moment où ils sont en sève jusqu'en octobre, afin de prévenir tous les désordres qui pourraient arriver ; 2º tailler chaque année les branches-mères sur des bourgeons de même force sains et vigoureux et placés à la même hauteur ; 3º tailler les membres avec la même précaution que nous venons d'indiquer pour les branches-mères avec le soin de laisser à l'extrémité des membres supérieurs des bourgeons moins forts que ceux des branches-mères et des membres inférieurs. Si malgré ces précautions le bourgeon supérieur d'un membre devenait plus fort que celui de la branche-mère, il faudrait alors rabattre ce membre sur un bourgeon plus faible que celui qui fait le prolongement de la branche-mère, et même, s'il est nécessaire, laisser à l'extrémité de la taille du membre quelques brindilles à fruits pour diviser la sève et diminuer son action. Avec quelque soin et quelque intelligence qu'on traite le pêcher, souvent il se dégarnit en quelques endroits. L'expédient le plus sûr pour rétablir le plein est de placer des greffes en écusson ou à emporte-pièce sur la partie des branches dégarnie, si ces branches ont de la force et de la santé; ou, si elles sont ruinées, sur les branches voisines, aux endroits convenables pour que ces greffes remplissent les vides.

Si le bois du pêcher demande toute notre attention pendant le temps de la sève, le fruit exige aussi quelques soins pour acquérir ce beau coloris qui nous charme et cette saveur parfumée qui fait nos délices; quinze jours environ avant la maturité, c'est-à-dire lorsque les pêches perdant leur couleur verte prennent une teinte blanche, du moins dans les espèces dites *pêches rouges*, telles que la *pourprée hâtive*, la *petite* et *grosse mignonne*, la *galande*, la *magdeleine de courson* et la *violette*. On ôte par gradation et peu à peu en les coupant avec la serpette au-dessus de leur support, et non en les arrachant, ce qui ferait tort aux boutons, les feuilles qui couvrent les fruits et leur dérobent l'action immédiate des rayons solaires. A l'égard des autres pêches qui viennent après celles-ci, et qui n'en ont jamais le vif coloris, il faut les découvrir au commencement de septembre, pour leur donner toute la couleur et saveur qu'elles sont susceptibles d'acquérir dans cette saison moins chaude. Un œil un peu exercé reconnaît aisément la maturité de ce fruit à une teinte jaune qui paraît au travers de son coloris, et rien n'est si préjudiciable à sa beauté et à sa fraîcheur que de poser le pouce dessus et de le presser pour juger de sa maturité par sa mollesse.

TAILLE DU PÊCHER EN ÉVENTAIL. — Quelquefois, au lieu de disposer le pêcher sur deux branches-mères comme nous venons de l'expliquer, on lui établit de suite trois, quatre ou cinq membres qui partent de la première taille au-dessus de la greffe. Chaque année on incline de plus en plus ces membres, de manière qu'à la troisième ou quatrième année les deux membres extérieurs soient dans une position à peu près horizontale; les autres s'inclineront de manière à diviser l'espace compris entre les membres extérieurs en parties égales. Toutes les autres opérations, telles que l'ébourgeonnement à œil poussant, le pincement, le palissage, l'arcûre, le remplacement des branches à fruit, se font de la même manière. On doit supprimer une plus grande quantité de bourgeons à bois, puisqu'il y a déjà un plus grand nombre de membres.

TAILLE DU PÊCHER EN PYRAMIDE OU EN PALMETTE. — On appelle ainsi un arbre dont la tige conserve sa forme verticale et dont les branches sont étendues et palissées horizontalement. Toutes les branches à bois ou bras doivent être espacées de 2 pieds environ, afin de donner entre elles la place nécessaire pour palisser les branches à fruit qui sortent, ou de leur côté supérieur seulement, ou de leur côté supérieur et inférieur. Comme un tel arbre a besoin d'un mur beaucoup plus haut que ne sont ordinairement ceux des jardins, et que d'ailleurs les fruits étant portés à une grande hauteur, ne jouissent pas d'une chaleur suffisante pour l'entier développement de leurs perfections, on cultive rarement des pêchers de cette forme.

Taille de l'Abricotier.

L'abricotier mis en espalier donne des fruits fades et peu savoureux, tandis que les abricots venus en plein vent sont sapides et bien parfumés; mais les intempéries du printemps détruisant quelquefois entièrement les fleurs et par conséquent les fruits de cet arbre, on est obligé d'avoir recours à l'espalier pour abriter quelques espèces qui dans ces années malheureuses remplacent du moins en partie les pertes que l'on a faites. Les espèces que l'on cultive ordinairement en espalier sont les abricots hâtifs et l'abricotier-pêche.

L'abricotier se taille à peu près de la même manière que le pêcher; mais comme il repousse facilement de toutes ses branches de nouveaux bourgeons, et que ses branches à fruit peuvent durer de quatre à huit et dix ans, il demande moins d'attention et de ménagement.

Première année. — Nous supposerons un abricotier-pêche d'un an de greffe et nouvellement planté; à la fin de février, avant le premier mouvement de la sève, on lui rabat la tige à la longueur de 6 à 8 pouces. En avril, lorsque les bourgeons seront développés, on choisira les deux plus forts, un de chaque côté, et le mieux placés pour former les membres, et l'on supprimera les autres; on laissera croître librement ces deux bourgeons sans les palisser tant qu'ils conserveront une force égale; mais si l'un des deux prenait plus de vigueur que l'autre, on le palisserait en l'inclinant un peu, jusqu'à ce que l'équi-

libre fût rétabli. En septembre, on les attachera
l'un et l'autre en leur donnant environ quinze degrés d'inclinaison. Ces deux bras bien conduits, si
l'arbre est dans un sol fécond, auront poussé de 4 à
5 pieds de longueur. S'il en était autrement, il faudrait avoir recours aux engrais.

Deuxième année. — On dépalissera l'abricotier, on
coupera l'onglet, près du plus haut membre, et l'on
couvrira la plaie avec de l'onguent de Saint-Fiacre.
Les deux membres se tailleront à la longueur de 6
à 8 pouces, afin qu'ils se ramifient le plus possible.
On conservera tous les yeux qui se seront développés, ne supprimant que ceux de derrière; et l'on
favorisera autant que possible la pousse des deux
plus élevés de chaque membre, pour en faire des
prolongations. Les bourgeons de chaque côté seront
destinés à faire des branches à fruit. Les bourgeons
de devant seront respectés s'ils n'ont que de 1 à 2 pouces; mais ceux qui s'alongeront davantage se tailleront en mai et juin à une ligne du membre qui les aura
produits. Il sortira du chicot une ou deux petites
branches à fruit qu'on dirigera sur les côtés, et qui
ne nuiront en rien à la régularité de l'arbre. Le palissage, la suppression des sous-bourgeons, et le main-
tien de l'équilibre par les procédés que nous avons
indiqués pour le pêcher, seront les seuls soins à
donner pour le reste de la saison.

Troisième année. — L'arbre bien garni de bois et
capable de porter du fruit est couvert de boutons à
fleurs sur toutes ses branches, excepté sur les quatre
grosses terminales. Les branches à fruit se taillent,

selon leur force, depuis 2 jusqu'à 6 et 8 pouces ; les
petites branches qui n'ont que de 1 à 2 pouces de
longueur ne se taillent pas. Lorsqu'on veut garnir
quelque vide, on taille court les branches que l'on
veut faire ramifier. Quant aux quatre branches
terminales, on les taille de 12 à 18 pouces, afin
qu'elles se ramifient et ne laissent pas de vide, ce qui
arriverait nécessairement si l'on taillait trop long :
du reste on soigne les branches latérales de manière
que, distribuées comme dans le pêcher, elles puissent
être à une égale distance l'une de l'autre et former
des bras qui se correspondent et qui se multiplient à
mesure que l'arbre prend de la force et de l'étendue.

L'abricotier en plein vent se taille, pour conserver à l'arbre une belle forme, et afin que sa tête
soit bien pleine ; ainsi tout le secret de sa taille
consiste à raccourcir les pousses trop vigoureuses et
qui emporteraient l'arbre d'une manière irrégulière, ou celles qui, trop faibles, ne se ramifieraient
pas. On le nettoie avec soin de ses bois morts, et
on supprime ceux qui sont attaqués de gomme, de
chancres, ou auxquels il est arrivé quelque accident qui produirait une maladie. C'est vers la fin
de février, et avant le premier développement de
la sève, qu'il faut tailler l'abricotier ; car cet arbre
est très-sujet à la gomme. Les plaies un peu larges
doivent toujours être couvertes d'onguent de Saint-
Fiacre. Lorsque quelques branches principales sont
usées, on les recèpe près du tronc, et il pousse du
jeune bois que l'on dirige à volonté. Si la tête entière de l'abricotier était en mauvais état, on pour-

rait la couper quelques pouces au-dessus de la greffe,
et il pousserait autour de la plaie, couverte comme
nous l'avons prescrit d'onguent de Saint-Fiacre,
de jeunes scions qui en peu d'années formeraient
une nouvelle tête aussi productive que l'ancienne.
Mais ces ressources, quelque avantageuses qu'elles
soient, font cependant attendre du fruit jusqu'à ce
que l'arbre soit formé de nouveau, et en état d'en
donner. Ainsi on ne doit rien négliger pour éviter,
ou du moins différer la nécessité d'y avoir recours,
ce qui ne peut se faire qu'en taillant comme nous
l'avons conseillé.

On découvre les fruits voilés par les feuilles,
lorsqu'il est nécessaire, et avec les mêmes précautions que pour le pêcher.

Taille du Prunier.

On plante ordinairement la *reine-claude* en espalier, au midi, pour hâter la maturité de ses fruits,
et leur faire acquérir une grosseur et un goût supérieurs à ceux qu'ils eussent obtenus en plein vent.
Quelques pruniers de *monsieur* se placent aussi en
espalier, mais au nord, pour prolonger la jouissance
de cette espèce de prune. Le prunier se dispose en
éventail ou en palmette avec la plus grande facilité,
parce que ses rameaux ont beaucoup de longueur
et de souplesse. Cet arbre n'aime pas à être taillé
court, de sorte que sa taille ne consiste que dans la
suppression des branches mal placées, ou qui feraient confusion, et dans le raccourcissement de
celles qui, par leur emportement, détruiraient

l'équilibre. Les branches à fruit sont toujours fort courtes, et durent de sept à huit ans; on les palisse, mais on ne les taille pas. Lorsqu'on raccourcit une branche, il faut avoir attention de ne pas la couper sur un bouton à fruit simple, car il n'en sortirait point de bourgeon à bois, et il ne resterait qu'un chicot desséché. Ainsi il faut attendre le développement des yeux, qui ne se fait qu'après celui des deux espèces précédentes; l'on peut alors tailler sûrement, et choisir avec discernement la longueur que l'on veut donner aux branches à bois, afin qu'elles fournissent de quoi garnir les espaliers, et maintenir l'équilibre de l'arbre. Les branches qui viennent en avant se suppriment tout-à-fait si on n'en a pas besoin, ou se taillent à un œil pour en obtenir une ou deux petites branches à fruit, que l'on palisse avec soin. L'ébourgeonnement à œil poussant se pratique comme pour les autres arbres, et diminue beaucoup le travail de la taille.

Le prunier peut s'élever, comme le poirier, en pyramide; et, sous cette forme, il rapporte beaucoup, et tient peu de place. On le fait alterner avec les autres arbres de la même forme. (*Voyez*, pour les former, l'article *Poirier en pyramide.*)

Taille du Cerisier.

On ne place guère en espalier au midi que la petite précoce de mai, et la précoce d'Angleterre, qui est le *may-duke.* On plante aux espaliers du nord des variétés tardives, telles que les cerises-guignes, afin d'étendre la jouissance de ces fruits. Le cerisier se prête avec autant de facilité que le prunier à la forme d'éventail et de palmette, et est encore plus facile à conduire. Il demande peu de taille; ses branches à bois sont garnies de petits bouquets qu'il ne faut jamais retrancher; ainsi il ne s'agit que d'attacher les branches, en les espaçant suffisamment pour donner de l'air aux bouquets à fruits, que l'on a conservés partout comme nous venons de le dire. Tous les ans on ouvre davantage l'arbre pour pouvoir en étaler, lors du palissage, les branches avec plus de facilité; et l'on doit avoir soin de les laisser, autant qu'on le peut, dans leur situation naturelle. On remplit aisément les vides s'il y en a, en rapprochant les branches à bois. On ôte à l'ébourgeonnement à œil poussant tout ce qui pousse sur le devant et le derrière; ou, si l'on veut, on coupe ces branches à la taille, c'est-à-dire en janvier ou février, à deux yeux près des membres qui les ont produites; elles donnent de petites branches, qui produisent beaucoup de fruits, et on les supprime l'hiver d'après.

Le cerisier s'établit aussi très-bien en pyramide (*voyez*, pour le former, l'art. *Poirier en pyramide*); sa grandeur et la belle verdure de son feuillage font un effet charmant. On plante entre ces arbres des cerisiers précoces de mai, dont la petitesse fait qu'on peut les tenir en boule. On peut aussi les entre-mêler de paradis : cela forme une diversité des plus agréables. On doit, pour cet objet, préférer les cerisiers greffés sur *sainte-lucie*.

Taille du Poirier.

OBSERVATIONS GÉNÉRALES. — Dans les arbres à pépins ce n'est pas, comme dans ceux à noyaux, le nouveau bois qui donne les fruits, mais ils viennent sur des lambourdes et brindilles, qui sont de petites branches répandues sur toute la surface d'autres branches que l'on peut appeler branches à bois, puisqu'elles ne fournissent pas immédiatement des boutons à fleurs. Les lambourdes sont ordinairement trois ans à se former avant de donner des fruits, quelquefois davantage, surtout lorsque le poirier a de la peine à se mettre à fruit.

Tous les yeux des branches à bois se développent en bourgeons qui deviennent lambourdes, brindilles ou branches à bois. La force de l'arbre et la longueur de la taille déterminent la quantité de chacune de ces espèces de branches. Si l'on taille les branches à bois à deux ou trois yeux, il ne sortira que des branches à bois, et si chaque année on suit la même marche, on aura des arbres d'une pousse vigoureuse, mais point de fruits. Si l'on taille les branches à bois, environ à moitié de leur longueur, les yeux de l'extrémité donneront des bourgeons à bois, ceux au-dessous des brindilles, et les inférieurs des lambourdes; si les branches à bois restent dans leur longueur sans être taillées, et qu'on les incline horizontalement, il n'en sortira que des lambourdes ou boutons à fruits; d'où l'on voit qu'il faut tailler court les arbres très-fertiles, tels que le doyenné et le beurré, afin de les forcer à pousser des branches à bois, et tailler long au contraire ceux qui se mettent difficilement à fruit.

Les brindilles sont de très-petites branches à bois que l'on a appelées branches à fruit parce qu'elles ne poussent ordinairement que des lambourdes. Elles se laissent entières si elles n'ont que quatre ou cinq yeux ; si elles étaient plus longues, il faudrait les casser à trois ou quatre yeux. Lorsqu'elles sont restées entières, on casse ou coupe, l'année suivante, près de sa sortie le bourgeon terminal.

Les lambourdes, qui sont les véritables branches à fruit, longues de 1 à 2 pouces, ne se taillent point ; il repousse à côté du support des fruits d'autres lambourdes pour les années suivantes, de sorte qu'elles continuent ainsi de fructifier pendant sept ou huit ans. S'il sortait quelque bourgeon de ces lambourdes, il faudrait, au palissage, le casser ou le couper aux sous-yeux.

Il se développe quelquefois sur les poiriers des branches à bois vigoureuses qui naissent contre l'ordre naturel, c'est-à-dire qui ne sortent pas des bourgeons de l'extrémité des branches destinées à cet usage. On les nomme *gourmandes*, ou de *faux-bois*. Six causes peuvent donner naissance à ces branches. Une taille trop courte ; un chancre ou autre maladie sur la partie ultérieure de la branche d'où elles sortent ; des plaies trop grandes ou trop nombreuses ; la survenance de quelque nouvelle racine ; une courbure, ou inflexion, ou inclinaison trop considérable de la branche ; l'avortement des boutons.

S'il se développe de ces bourgeons vigoureux sur une branche malade, sur une branche que les plaies, les chicots, les calus, etc., ont altérée, ou sur une branche dont les yeux ont été ruinés, il faut les conserver comme une précieuse ressource, les tailler comme les branches venues dans l'ordre, et les disposer à remplacer les branches qui s'affaiblissent ou qui vont périr, et que l'on ravale alors sur ces bourgeons.

S'il en perce quelqu'un sur une branche arquée ou trop inclinée, en redressant cette branche, la sève y reprendra son cours ; le gourmand profitera moins et pourra être conservé ou retranché suivant qu'il paraîtra utile ou inutile.

Si sa naissance est l'effet d'une taille trop courte, on doit examiner son arbre avec attention ; si le bourgeon peut être conservé, on le dirige en conséquence ; si sa suppression est nécessaire, lorsqu'il a acquis une certaine longueur, on le rabat sur son sixième ou septième œil, et vers la mi-juillet on le rabat de nouveau sur son deuxième ou troisième œil. Il pourra se retrancher à la taille suivante, qu'il faudra alonger.

Enfin, si sa sortie n'a aucune cause apparente, et qu'on ne puisse en soupçonner d'autre que le développement de quelque nouvelle racine, on doit tenir plus longue la taille suivante, et charger l'arbre, afin de donner des issues à ce surcroît de sève. Quant au gourmand, il se traite comme dans le cas précédent.

Dans les années où un jardinier fume, engraisse, amende les plates-bandes où se trouvent des arbres, il doit se souvenir d'alonger, de charger ces arbres, à moins qu'ils ne soient vieux et en mauvais état. Sans cette attention, ils pousseraient du faux bois de tous côtés, parce que le volume de la sève, augmenté par l'amélioration du terrain, ne trouverait pas assez d'issues.

POIRIER EN ESPALIER. — On a coutume de former le poirier en espalier sur deux branches-mères égales que l'on dirige ensuite uniformément de chaque côté; et à mesure que l'arbre se forme, on alonge plus la taille pour avoir des fruits, en se réglant sur les principes que nous avons exposés. Cependant la taille doit se faire de manière que l'arbre soit également fourni de bois dans toutes ses parties. Lorsqu'il n'a pas poussé de branches qui permettent ce développement égal, on fait des greffes en écusson du côté où il en manque; ces greffes rétablissent bientôt l'égalité. A l'ébourgeonnement à œil poussant, on supprime toutes les branches qui poussent devant ou derrière et celles qui feraient confusion; de sorte qu'il ne reste pour la taille que celles que l'on veut conserver. Lorsque l'arbre est parvenu au sommet du mur, on coupe les branches les plus anciennes et les plus fortes, sur des branches plus jeunes et moins fortes, afin d'avoir du jeune bois, qui est le seul qui donne du fruit, et pour que l'arbre ne puisse pas dépasser le point où le mur l'arrête. Quand une branche à fruit est épuisée, il faut voir si en la raccourcissant beaucoup on pour-

rait faire sortir de sa base une autre branche pour
la remplacer. S'il n'y a pas de probabilité de succès, on la supprime et l'on tâche de masquer sa
place en rapprochant les branches voisines.

POIRIER EN PALMETTE. — Sous cette forme le poirier doit avoir une seule tige élevée verticalement,
sans bifurcations, et toutes ses branches latérales,
espacées de 5 à 6 pouces, palissées horizontalement. Pour parvenir à le diriger ainsi, il faut
que l'arbre soit greffé près de terre et que la greffe
n'ait qu'un an de pousse; on la rabat sur trois
bons yeux placés de manière que les deux inférieurs puissent former deux branches latérales et
que le supérieur serve au prolongement de la
tige; on palissera ce bourgeon terminal pour éviter les accidens qui pourraient lui arriver, et on
laissera croître en liberté les deux latéraux que l'on
ne palissera qu'en septembre, en leur donnant une
position horizontale. Lorsque dans l'hiver on se proposera de tailler l'arbre, après l'avoir détaché, on
supprimera le chicot qui a pu exister à la naissance
du bourgeon vertical, et l'on raccourcira ce bourgeon
de manière que les deux yeux destinés à former les
deux nouveaux bras se trouvent à 5 ou 6 pouces
au-dessus des deux branches latérales déjà formées :
le bouton terminal doit être immédiatement au-dessus.

On doit encore observer dans le choix des yeux
que l'on conserve, que les branches du côté gauche
doivent alterner avec celles du côté droit. On continuera ainsi à obtenir chaque année deux bran-

ches latérales et une verticale, jusqu'à ce que l'arbre ayant atteint la hauteur du mur, on supprimera le bourgeon terminal, conservant seulement les deux latéraux que l'on prolongera chaque année comme les inférieurs.

A mesure que l'on établira la charpente de l'arbre, il faudra penser à lui faire produire du fruit. A cet effet, on taillera long les branches latérales, afin que leurs yeux se développent en branches à fruit. Si, à cause de la longueur de la taille, les yeux inférieurs ne se développaient pas, on remédierait en partie à cet inconvénient en arquant la branche de manière que l'œil que l'on veut faire développer se trouve au sommet d'un arc dont une des extrémités, la partie supérieure de la branche, serait plus basse que son origine; quand cet œil sera développé, on remettra la branche en place. Si un œil latéral dont on attend une branche à fruit se convertissait en une branche à bois, on la changerait en brindille par le pincement, le palissage et l'arqûre. On pratique l'ébourgeonnement à œil poussant pour débarrasser l'arbre de tout ce qui pousse devant ou derrière, ou de ce qui pourrait faire confusion. Toutes les branches d'un arbre en palmette, n'étant distantes, comme nous l'avons dit, que de 5 ou 6 pouces, ne doivent pas se ramifier : tous les boutons, excepté le terminal, ne sont destinés qu'à produire des branches à fruit. Lorsqu'une branche vient à mourir, on fait ramifier la plus voisine pour remplir le vide, ou bien on place une greffe en écusson sur le lieu le plus convenable, pour que la nouvelle pousse remplace la branche morte.

Poirier en contre-espalier, palissade et éventail. — Ces arbres ne diffèrent de ceux en espalier que parce que ceux-là ont une double face ou un double parement qui exige chacun les mêmes attentions que l'unique parement des arbres en espalier. Comme ils jouissent plus librement des bienfaits de l'air, on leur laisse plusieurs membres principaux, de quatre à six; d'où ils ont tiré leurs noms de palissade et d'éventail. Les règles établies ci-dessus sont communes aux uns et aux autres; il faut pourtant être prévenu que le palissage est bien moins puissant sur les arbres ainsi disposés que sur les espaliers; pour modérer la trop grande vigueur d'une branche, et pour rétablir l'équilibre, parce qu'on ne peut l'empêcher de jouir des bienfaits de l'air et de la lumière, qu'elle reçoit toujours sur ses deux faces. L'inclinaison des branches, le cassement, l'incision annulaire, doivent être plus souvent employés.

Poirier en quenouille ou pyramide. — Ces deux formes différant très-peu l'une de l'autre, ce que nous dirons pour établir la quenouille s'appliquera également à la pyramide. On choisit ordinairement des arbres greffés sur coignassiers, dont la pousse soit vigoureuse; on rabat la première année la pousse de la greffe à 5 ou 6 pouces, lui conservant cinq bons yeux, dont quatre seront destinés à former autant de branches latérales, et le cinquième, au sommet, le prolongement de la tige. Il est très-essentiel d'obtenir ces premiers bourgeons;

car sans eux la pyramide ne serait jamais garnie
du bas, la sève ne reperçant jamais à cette hauteur
lorsque les branches supérieures sont formées ; aussi,
pour les favoriser, s'oppose-t-on au développement
de toute autre branche. Chaque année on doit obtenir un rang de branches latérales : à cet effet, on
laisse le prolongement de la tige à 12 ou 18 pouces.
On arrête aussi les branches latérales à une longueur
suffisante pour qu'elles produisent des branches secondaires, et que l'équilibre se conserve bien dans
tout le pourtour de l'arbre. Les branches latérales
ne poussant pas toujours dans des directions convenables pour maintenir le plein et l'harmonie dans
toutes les parties de l'arbre, on baisse leur direction en taillant sur un œil inférieur, ou bien on la
hausse en taillant sur un œil supérieur ; on la dé-
tourne à droite ou à gauche en taillant sur un œil
qui ait cette position sur la branche. Pour augmenter
même l'effet de cette opération, on peut rabattre
la branche à 10 lignes environ au-dessus un bouton
pour l'empêcher de se prolonger droit, et le forcer à
faire la trompette dans la direction qui nous convient. A la première taille de l'automne, on supprime le chicot pour favoriser la cicatrice. Chaque
rangée de branches latérales ayant toujours un an
de moins que celle qui lui est inférieure, et la taille
ainsi que l'ébourgeonnement favorisant encore le
développement de ces dernières, l'arbre doit nécessairement prendre une forme pyramidale ; par cette
disposition, les branches inférieures n'étant pas privées des influences atmosphériques par les supé-

rieures , et la séve se distribuant également dans
toutes les parties de l'arbre, son produit et sa durée
doivent être augmentés. Comme dans les pyramides
le renouvellement des vieilles branches est plus difficile que dans les espaliers et les éventails, il faut
en préparer à l'avance les moyens, soit à l'ébourgeonnement, soit par la taille , soit en insérant quelque greffe : procédé que l'on est obligé d'employer
lorsque les pyramides n'ont pu pousser des branches
au pied, ou d'un côté, ou que ces branches ont éprouvé
quelqu'accident qui ait forcé de les supprimer.

 POIRIER EN GOBELET. — Cette forme, très-incom-
mode dans les potagers, où elle tient beaucoup de
place, a été presqu'abandonnée et remplacée par les
pyramides, qui n'ont pas le même inconvénient et
rapportent beaucoup de fruits. Pour donner cette
forme au poirier, on l'élève sur quatre ou cinq branches dont l'insertion est le plus près possible du
collet : on conduit les branches-mères comme celles
d'un espalier en éventail ; mais en leur donnant la
forme d'un vase étroit à son fond, large à son ouverture. On doit supprimer tous les bourgeons qui, croissant à l'intérieur, rempliraient le vase, ou qui, faisant
un angle extérieurement, lui feraient perdre la régularité de sa forme. Les plus grosses se coupent jusqu'au vieux bois, sans laisser aucun chicot; les
moyennes se coupent à un œil ou deux. On palisse
les autres branches sur des cerceaux.

 POIRIER EN BUISSON. — Cette forme, qui est celle
que l'arbre prend naturellement, ne se donne qu'à
des nains destinés à être plantés en quinconce dans

les carrés, ou entre les pyramides; on ne taille que pour avoir du fruit, entretenir la fécondité de l'arbre, et maintenir l'équilibre dans toutes ses parties. Cette forme est particulièrement affectée aux pommiers sur doucins ou paradis.

POIRIER EN PLEIN VENT A DEMI-TIGE ET A HAUTE TIGE. — Ces sortes d'arbres ne se placent ordinairement que dans les vergers ou dans les parties écartées des jardins potagers ou fruitiers : on les forme le plus souvent dans la pépinière, et on ne les met en place que lorsque leurs premières branches ont déterminé la forme de l'arbre. Voici la manière de les diriger les deux ou trois premières années. Lorsque l'arbre a été greffé en place, il donne un scion plus ou moins long, suivant la vigueur du sujet. Si ce scion a développé des branches latérales, on les coupe, l'hiver suivant, à 2 ou 3 pouces du sujet, et l'automne d'après, on les coupe ras le tronc. Dans le cas où l'arbre aurait été transplanté la première année de sa greffe, on coupe le scion qu'elle a donné, à 2 ou 3 yeux. On choisit le plus fort bourgeon pour prolonger la tige, et l'on favorise sa venue en pinçant à six pouces les autres bourgeons. Si elle donne des bourgeons latéraux, on les rabat sur un œil ou deux; et à l'automne, on taille ras la tige, les crochets des bourgeons latéraux, et les branches qui avaient été pincées au printemps. On continue ainsi à favoriser l'accroissement de la tige en pinçant les pousses latérales jusqu'à ce que l'arbre ait atteint la hauteur que l'on veut donner à son tronc. Alors on arrête la tige elle-même en la pinçant, si

c'est dans le temps de la végétation, et à l'automne,
on supprime tous les bourgeons que l'on aurait pincés pendant l'été. A la sève du printemps, on supprime tous les bourgeons que la tige voudrait développer, à l'exception des trois ou quatre plus
vigoureux et le mieux placés. Pour former les
principaux membres de l'arbre, on favorise leur
accroissement par le pincement de tous les bourgeons qui feraient confusion, respectant ceux qui
sont bien placés. A l'automne, on taille les trois ou
quatre branches principales et les rameaux conservés pour former des branches secondaires, et on
supprime les bourgeons que l'on avait pincés pendant la pousse. On taille ainsi le jeune arbre pendant un an ou deux, puis on l'abandonne à lui-
même, se bornant à couper chaque année les
branches mortes.

Quelquefois la piqûre d'un insecte fait bifurquer
la tige principale dans le temps qu'on forme l'arbre. Dans ce cas, on pince l'une des deux branches
lorsqu'elle a atteint 3 ou 4 pouces, et on la supprime
à l'automne. Si la piqûre de l'insecte avait tellement endommagé la tige qu'on ne pût en espérer
un heureux succès, ou que cette même tige eût été
rompue par quelqu'accident, alors on la pincerait
ou couperait au-dessous de la blessure, et à l'automne on la rabattrait au-dessus d'un fort bourgeon
dont on aurait protégé la végétation aux dépens des
autres, pour qu'il pût remplacer la tige.

Taille du Pommier.

Les pommiers se plantent rarement en espalier. Quelquefois cependant on en met au pied d'un mur, et on leur donne la forme de palmette. Dans les jardins, l'usage est de les établir, lorsqu'ils sont greffés sur doucin, en contre-espalier, en éventail, en pyramide. Sur paradis, on les plante entre deux pyramides, en quinconce, en massif, parce qu'ils restent toujours nains, et que l'on ne les forme qu'en gobelet ou en buisson. Les pommiers greffés sur franc s'élèvent en hautes et demi-tiges, et se placent avec les arbres de cette stature. Les principes pour la taille, la distribution de la sève et l'équilibre des forces, sont les mêmes que pour le poirier ; seulement le pommier se taille un peu plus court. Dans les vergers, lorsque le pommier de plein vent a pris une grande étendue, ses branches inférieures s'inclinent considérablement, forment des arcades autour de la tige, et y concentrent une humidité dangereuse. Il faut alors supprimer ou raccourcir les plus inclinées, et recouvrir les plaies avec de l'onguent de Saint-Fiacre.

Taille de la Vigne.

Dans les jardins, on emploie la vigne sous deux formes générales. On l'élève à tige plus ou moins haute, pour couvrir des berceaux, former des cordons le long des murs, garnir des espaliers ou des contre-espaliers ; ou bien on la tient presque rez-terre pour former des ceps que l'on place entre les quenouilles et les pyramides.

Les ceps destinés à couvrir un berceau ou un mur d'espalier doivent se planter à 12 ou 15 pieds les uns des autres, dans la saison convenable. Au mois de juin ou de juillet on ébourgeonne, ne conservant que la pousse verticale et deux sarmens latéraux qu'on palisse en entier. Dans le courant de l'été on ébourgeonne une seconde fois, s'il est nécessaire. A la taille d'hiver, on donne au sarment vertical environ deux pieds de longueur, et aux branches latérales un pied seulement, pour augmenter leur vigueur. Si la pousse avait été faible cette première année, on n'aurait conservé que le bourgeon vertical, qu'il eût fallu tailler court; pour obtenir de plus belles pousses l'année suivante. Mais si le cep a poussé avec assez de vigueur pour que l'on ait pu exécuter la taille que nous avons prescrite d'abord, à l'ébourgeonnement qui suit cette taille on conserve le sarment le plus vertical et deux nouvelles branches latérales, distantes des deux premières d'environ deux pieds, afin de conserver l'espace nécessaire au palissage des branches montantes qui se développent sur les deux premières branches latérales. A l'ébourgeonnement, on supprime sur ces dernières branches les scions faibles, mal placés, qui font confusion, et on ne laisse que ceux qui sont à environ quatre pouces de distance les uns des autres, et le sarment de l'extrémité, qui est destiné à prolonger la branche. On continue chaque année, à la taille d'hiver, à rabattre le sarment vertical à deux pieds, et à conserver deux branches latérales qu'on taille un peu plus longues que les premières et en proportion de leur vigueur, afin d'user la sève, qui se porte avec plus de force dans les bras supérieurs que dans les inférieurs. Les branches secondaires montantes, que nous avons dit de conserver à l'ébourgeonnement se taillent à deux yeux, et l'année suivante on ravale entièrement la branche qui a poussé de l'œil supérieur, pour tailler de nouveau à deux yeux celle qui est plus voisine de la branche latérale ou mère, afin de tenir court le chicot ou courson qui se forme par les tailles répétées chaque année sur ce point.

On doit de temps à autre raccourcir les coursons en les rabattant sur l'œil le plus voisin de leur insertion. Les yeux du bas des bourgeons dans la vigne sont très-petits et très-rapprochés; quand on taille le bourgeon à 1 ou 2 pouces, ces petits yeux ne se développent pas; mais si l'on taille dessus, ils donnent des bourgeons qui produisent de fort belles grappes. Lorsqu'on a formé le nombre suffisant de branches latérales ou mères pour garnir le mur ou le berceau, on supprime le sarment vertical qui prolongeait la tige; si l'on veut arrêter les branches latérales à une longueur déterminée, on dirige verticalement le bourgeon terminal, et on le taille en courson.

D'après ce que nous venons de dire, on voit que pour former un cordon de vigne il ne s'agit que d'élever la tige jusqu'au point où le cordon doit commencer. Alors on supprime tous les yeux inférieurs, on coupe toutes les pousses latérales, et l'on conserve à ce point deux sarmens, dont l'un est palissé à droite, l'autre à gauche. On traite ces deux branches latérales de la manière que nous avons indiquée précédemment, soit pour leur prolongement, soit pour l'établissement des coursons destinés à produire du raisin.

Pendant que l'on forme la tige principale, pour ne la pas trop affaiblir, on la taille chaque année à une longueur de 2 ou 3 pieds, suivant le plus ou moins d'activité de la végétation.

Pour les contre-espaliers, on peut former deux rangs de branches latérales, l'un à 6 pouces de terre et l'autre à 18 pouces du premier ; dans ce cas, les ceps se plantent à 20 ou 25 pieds de distance. On peut aussi les placer à 4 ou 5 pieds les uns des autres, les tenir rez-terre sur le vieux bois, et ne palisser que les sarmens qu'ils pousseront chaque année. Leur taille est la même que celle des ceps isolés que l'on plante entre les pyramides, etc.

Lorsqu'on a intention de planter des ceps entre les pyramides du jardin fruitier, ce qui produit un très-bel effet, on en tient le vieux bois rez-terre afin d'avoir des plants en basse tige. Pour les conserver dans cette forme, on coupe, lors de la plantation, le vieux bois à 4 ou 6 pouces de terre ; et celui de l'année à 1 ou 2 yeux. On ébourgeonne en juin et juillet, ne laissant que 2 ou 3 bourgeons. Au printemps de la seconde année, on donne à chaque cep un échalas auquel on attache les bourgeons conservés. A deux ans, on taille à 2 ou

3 crochets (le mot *crochet* pour la vigne est synonyme de *branche* pour les arbres). On conserve au crochet le plus fort deux yeux, et trois aux autres; on augmente ainsi chaque année la quantité des crochets, jusqu'au nombre de cinq, quelquefois six dans les ceps vigoureux. A quatre ans, on conserve ordinairement le brin le plus fort, qui porte alors le nom de *ploie;* les *ploies* servent à deux usages : 1° lorsqu'on veut faire des marcottes, on les couche au pied du cep; 2° si l'on n'a pas besoin de marcottes, on les redresse et les attache à un tuteur deux fois plus long que les échalas. Si les ceps sont plantés à côté les uns des autres sur une même ligne, on courbe ces *ploies* entre chaque cep, on les soutient au milieu par un échalas, et l'extrémité s'attache à l'échalas du cep qui suit. On supprime et renouvelle ces *ploies* chaque année.

On doit observer, lors de la taille, que le chasselas a besoin de plus long bois que les autres espèces.

Lorsque les ceps deviennent vieux et ne rapportent plus que de petits bois ou de petites grappes, on les renouvelle par des marcottes formées comme je viens de le dire; mais il y a des terrains dans lesquels les ceps durent jusqu'à quarante ans et plus.

Nous terminerons cet article par des observations générales sur la taille de la vigne.

1° La taille se fait pendant l'hiver jusqu'au mois d'avril; il arrive quelquefois qu'après la taille des gelées ruinent la vigne; dans ce cas il faut ravaler les tailles sur les yeux qui ont échappé; ou, si tous ont été gelés, sur les sous-yeux. L'année suivante on taillera les meilleurs bourgeons provenus de ces sous-yeux ou sortis du vieux bois.

2°. En taillant il faut laisser un onglet de 4 ou 5 lignes au-dessus de l'œil sur lequel on taille, afin de ne pas l'éventer. La coupe doit être faite en talus opposé à l'œil, afin que, s'il coulait quelques pleurs, l'œil n'en soit pas mouillé, ce qui lui serait fort nuisible, surtout s'il survenait des gelées.

3° Pendant tout le temps de la fleur de la vigne, il ne faut ni l'ébourgeonner, ni rogner ses bourgeons, ni lui faire aucun retranchement considérable, de peur que le trouble et le dérangement qu'on mettrait dans sa végétation ne fassent couler la fleur.

4°. Lorsque les nouveaux bourgeons ont acquis une longueur d'environ deux pieds, il faut attacher tous ceux qui portent du fruit et ceux qui seront nécessaires pour la taille suivante, et ébourgeonner tous les autres. En palissant, il faut avoir attention de ne pas priver les grappes de la jouissance de l'air, et de ne pas tellement approcher les bourgeons les uns des autres, que l'ombre du feuillage puisse les étioler et les empêcher de s'aoûter.

5° A l'ébourgeonnement, on supprime, en coupant, tous les bourgeons faibles, tous les surnuméraires, tous ceux de faux bois, à moins que quelques-uns ne soient meilleurs que les vrais bourgeons, ou nécessaires pour ravaler le vieux bois dessus;

les plus faibles des bourgeons, doubles ou triples, sortant d'un même nœud ; quelques-uns même des bourgeons qui portent du fruit, si le cep trop chargé ne pouvait les nourrir sans s'épuiser ; les bourgeons gourmands qui naissent du pied, à moins qu'ils ne soient nécessaires pour rajeunir le cep ; toutes les vrilles, quelques feuilles ; en un mot, tout ce qui consomme inutilement la sève nécessaire à ce que l'on veut conserver ; et comme la grande activité de la sève de la vigne ne cesse de faire pulluler de nouveaux bourgeons inutiles, il faut tous les quinze jours faire un nouvel ébourgeonnement.

6° Lorsque les bourgeons deviennent, par leur longueur, incommodes à palisser, on peut les rogner ; les plus forts d'une vigne jeune et vigoureuse, à environ quatre pieds ; les autres, à proportion. Le point important est qu'ils ne soient pas trop raccourcis, de peur de faire ouvrir les yeux qui sont nécessaires pour la taille suivante.

7° Le raisin étant parvenu à sa grosseur, s'il est nécessaire de le découvrir pour avancer sa maturité, il ne faut point arracher les feuilles, mais les couper à l'extrémité de leur queue, qui doit être conservée entière ; et sans une nécessité absolue, il ne faut point retrancher les feuilles qui nourrissent les yeux qui garniront les tailles de l'année suivante.

8° Nul arbre n'a autant besoin que la vigne d'être concentré et rapproché ; ainsi, lorsqu'au-dessous des anciennes tailles il naît de beaux bourgeons gourmands ou de faux bois, il faut ravaler dessus le vieux bois, et de cette manière rajeunir la vigne; sans cette opération, elle se trouverait chargée de vieux bois rempli de chicots, de nœuds, d'onglets, de cicatrices, et deviendrait presque imperméable à la sève.

Abris.

Les intempéries du printemps dans notre climat étant très-préjudiciables aux arbres en espalier, et surtout au pêcher, le plus délicat de tous, l'industrie des cultivateurs s'est exercée à chercher le moyen le plus simple et le plus efficace de les en préserver. De tous les procédés que l'on a tentés, tels que les paillassons, les toiles tendues devant les arbres, celui qui a paru entraîner le moins d'inconvénient et prévenir le plus d'accidens, est l'abri dont se servent les cultivateurs de Montreuil.

Faites sceller sous le chaperon du mur des échalas (1), faisant saillie d'un pied et demi, et placés à la distance de deux pieds huit pouces. Sur ces échalas vous attacherez, avec de l'osier, des paillassons de dix-huit pouces de largeur, dont la longueur sera de neuf pieds, afin qu'ils puissent porter sur quatre échalas et les déborder de six

____

(1) Les personnes qui trouveraient cet ouvrage trop rustique peuvent remplacer les échalas par des barres de fer un peu inclinées en avant, dont l'extrémité serait relevée en crochet; alors, au lieu de paillassons, elles placeraient sur ces barres, des planches légères, peintes de deux couches à l'huile, et les ôteraient lorsque la saison serait assurée.

pouces : quantité dont se croiseront les paillassons. Par ce moyen, on en attachera deux ensemble au même échalas, après les avoir fixés par deux liens aux échalas intermédiaires.

Pour faire ces paillassons, on se sert de brins de châtaignier destinés à faire des cercles ; ils doivent avoir neuf pieds de longueur et ne pas avoir été pliés. On en pose deux par terre à la distance d'un pied ; on met dessus ces cercles de la paille de seigle que l'on plie en deux ; ensuite on pose deux autres traverses sur les premières, et on les lie ensemble avec de l'osier, pour tenir la paille. On la coupe ensuite avec des ciseaux du côté où les deux bouts se rassemblent, de manière à ne lui. laisser que 18. pouces de longueur. On doit avoir soin de ne donner au paillasson qu'une légère épaisseur.

Ces paillassons, ainsi construits, se posent sur les traverses dès le mois de février, avant l'ouverture des fleurs et la taille des arbres ; on les laisse jusqu'à la mi-mai, lorsqu'on présume n'avoir plus à craindre de gelées. Comme ils sont mis presque horizontalement, ils ne gênent en rien pour faire la taille et exécuter tous les travaux qu'exigent les arbres, tels que veiller les nouvelles pousses, la fleuraison, les effets de la végétation, etc.; visiter les espaliers pour détruire les limaçons, les chenilles et les insectes qui rongent les jeunes pousses et les embryons des fruits.

Ébourgeonnement.

L'ébourgeonnement, comme la taille dont il est

une préparation, a pour objet la forme régulière, la vigueur et la durée des arbres. Cette opération, plus *importante* que la taille même, et plus décisive de l'état et du sort d'un arbre, demande beaucoup de discernement et d'usage, surtout quand il s'agit du poirier et du pommier, parce que les boutons à fruit de ces arbres étant plusieurs années à se former, l'ébourgeonnement a beaucoup d'influence sur eux. Dans un arbre qui pousse avec vigueur, des bourgeons supprimés dans le voisinage d'un bouton disposé à fruit peuvent le changer en branche à bois. Dans un arbre plus faible, plusieurs bourgeons conservés près d'un bouton à fruit peuvent l'épuiser assez pour empêcher son développement. Au reste, voici quelques règles générales à ce sujet. Dans l'é-bourgeonnement, que l'on doit toujours faire lorsque les nouvelles pousses ont environ 15 lignes de longueur, on doit considérer l'âge des arbres et leur vigueur; s'ils sont vieux, ou ne poussent que faiblement, il ne faut conserver que les bourgeons les plus forts, les mieux placés, les mieux condi-tionnés, et supprimer tous les autres. Si l'arbre est dans sa première jeunesse, tout l'objet de l'ébour-geonnement est de choisir les bourgeons les mieux disposés et les plus propres à lui assurer une belle forme et à devenir ses principales branches, et l'on supprimera tous les autres; cependant on est quelquefois obligé, lorsque l'arbre s'emporte trop dans sa totalité, ou dans une de ses parties, de laisser des bourgeons inutiles pour consommer l'excès de la sève, ou pour rétablir l'équilibre : on les sup-

prime à la taille suivante, après les avoir raccourcis
à plusieurs reprises dans le courant de l'été. Si l'arbre formé, et dans sa force, végète avec une grande vigueur, il faut de même l'ébourgeonner sobrement; se contenter de le tirer de la confusion, conservant tous les bourgeons qui se peuvent palisser, ne retranchant que ceux qui, mal placés ou trop nombreux, étioleraient les autres, et les gourmands dont on ne pourra faire usage. Enfin, si l'arbre formé est modéré dans ses productions, et surtout s'il a retenu beaucoup de fruits, on ne doit lui laisser aucun gourmand ni bourgeon inutile, afin que la sève qu'ils dissiperaient serve à la nutrition des fruits, à soutenir et augmenter la force des bourgeons conservés. De plus, on doit encore généralement observer que, si du même nœud il est sorti plusieurs bourgeons, il faut les réduire à un seul, le plus beau et le mieux placé; que l'on doit conserver le bourgeon situé de manière à pouvoir remplacer une branche malade, ou qui aurait péri depuis la taille, et même ménager de bons bourgeons dans les endroits de l'arbre où l'on prévoit qu'il y aura dans quelque temps des branches épuisées à remplacer.

Palissage.

Le palissage doit être regardé comme un moyen de diminuer l'activité de la végétation dans les parties de l'arbre qui y sont soumises, comme utile pour favoriser la maturité des fruits, et comme propre à donner un aspect agréable aux arbres. En effet, on a reconnu qu'une branche palissée, et par conséquent privée de la moitié de la lumière et d'une partie des influences atmosphériques, végète avec beaucoup moins de vigueur que celle qui, abandonnée à elle-même, et libre de suivre la direction qui lui convient, reçoit tous les bienfaits de la lumière et de la chaleur. On a profité de cette remarque pour rétablir l'équilibre dans les diverses parties d'un arbre, lorsque quelques-unes s'emportent plus que les autres. Pour obtenir ce résultat, on palisse les bourgeons trop forts, et on laisse les faibles en liberté. On ne doit palisser toutes les branches d'un arbre que quand la sève baisse sensiblement, et afin d'empêcher celles qui étaient restées libres de s'endurcir dans une direction qui n'est pas celle qu'on veut leur donner. En palissant, il faut étendre les bourgeons dans toute leur longueur, sans les croiser ni leur laisser prendre aucun mauvais pli, aucun contour gêné ; les espacer de manière qu'ils ne se dérobent pas entre eux l'air ni le soleil, et que les fruits, sans être privés de l'un, soient à couvert des rayons trop vifs de l'autre.

Arqûre.

L'arqûre s'opère en courbant une branche de manière que son extrémité soit placée plus bas que son origine. L'arc qu'elle forme alors peut être plus ou moins ouvert. Cette situation contre nature gêne la circulation de la sève, et la force de se porter sur les yeux inférieurs de la branche, qui ordinairement alors se développent en branches à fruit.

Incision annulaire.

L'incision annulaire se fait en coupant au collet d'un arbre ou d'une branche une lanière circulaire d'écorce, large de quelques lignes. Tout instrument tranchant est propre à cet usage; mais cette opération ayant joui de quelque vogue pendant un certain temps, on a inventé un instrument fort commode nommé *inciseur annulaire;* il se trouve chez tous les marchands d'instrumens de jardinage. L'incision annulaire, pratiquée quelques jours avant l'épanouissement des fleurs sur un arbre fruitier, en interceptant la marche de la sève, la force à se porter sur les parties de la fructification, auxquelles elle donne plus de vigueur; de sorte qu'il noue une plus grande quantité de fruits, et que ce fruit devient plus beau; mais cette même fécondité épuise l'arbre, ou la partie de l'arbre sur laquelle l'incision a été faite, et cause promptement sa ruine. On ne doit donc pratiquer cette opération que sur des arbres ou des parties d'arbre dont l'extrême vigueur contrarie le plan du cultivateur; ne faire l'incision que très-étroite, d'une ligne ou deux au plus, afin que la plaie se cicatrise dans l'année; ne s'en servir même que comme un remède dangereux, que l'on ne doit employer qu'avec prudence, et contre un mal désespéré.

Maladies des Arbres.

Les végétaux sont, comme les animaux, exposés aux maladies et aux accidens. Des terres contraires à leur nature, des expositions nuisibles, les intempéries des saisons, la piqûre des insectes, les plaies négligées ou mal soignées, sont pour les arbres autant de causes de maladies et même de mort. De tout temps la sollicitude des cultivateurs s'est portée sur l'état de maladie des arbres et sur les moyens d'y porter remède; mais leurs soins jusqu'à ce jour ont été couronnés de bien peu de succès, parce que nos connaissances sur la physiologie des arbres sont encore trop imparfaites, et que nous sommes loin de pouvoir apprécier le trouble que les causes extérieures apportent aux lois de la végétation; néanmoins nous allons décrire les maladies les plus communes des arbres, et les procédés employés pour les guérir.

1. La jaunisse est une maladie commune à tous les arbres, qui rend jaunes les feuilles, le liber et la moelle des bourgeons.

Ses effets sont, la chute des feuilles avant le temps, le dessèchement des sommités des bourgeons, la maigreur, la roideur et la fragilité du bois; la petitesse et presque l'avortement des yeux; la tension, l'aridité et la ténuité de l'écorce; l'insipidité des fruits, l'altération de la sève, la langueur et le dépérissement de l'arbre, enfin sa mort, s'il n'est secouru.

Ses principales causes sont une terre maigre, usée, sans fond, trop sèche, trop humide, trop froide, impénétrable aux pluies ou aux influences atmosphériques; l'argile, le tuf, la glaise contigus aux racines; des fourmis qui les éventent et les

échauffent ; des taupes et des mulots qui les mettent
à l'air ; des chancres aux racines ou au corps de l'arbre ; les greffes enterrées ; les arbres plantés trop
bas.

Quand on a reconnu la cause du mal, on tâche d'y
remédier : si elle vient du terrain, on emploie, suivant les cas, les arrosemens, les labours, les binages,
les tranchées pour faire écouler les eaux, les engrais,
les terres de bonne qualité, etc. Si la maladie est
produite par les animaux, on les éloigne ou on les
détruit par les moyens que nous indiquerons à l'article des animaux nuisibles. Les chancres au corps
de l'arbre se guérissent comme nous le dirons en
parlant de cette maladie. Si l'on a lieu de croire que
les racines en sont attaquées, il faut les découvrir,
les visiter, les traiter, les regarnir de terre l'une
après l'autre, et donner un arrosement copieux pour
plomber la terre. Si la cause provient des greffes
enterrées ou des racines placées trop profondément,
on dégarnit le pied des arbres de la terre surabon-
dante.

2. La lèpre, le blanc, le meunier, sont une espèce
de poussière ou de moisissure blanche qui se mani-
feste d'abord sur les dernières feuilles et les extrémités des bourgeons, s'étend successivement en
descendant jusqu'à leur naissance, et gagne quelquefois les fruits. Les arbres qu'elle attaque le plus souvent sont les pêchers de Madeleine, quelquefois
les autres espèces, et plus rarement l'abricotier et
le prunier.

Ses effets sont la chute anticipée des feuilles, la

ruine des yeux privés de nourriture, et attaqués eux-mêmes de la maladie, la perte de l'extrémité des bourgeons, et enfin la mort de l'arbre; car jusqu'à présent on n'a pas encore trouvé de remède efficace à cette maladie.

On croit qu'elle est occasionée par des changemens trop brusques de température, des pluies froides et des brouillards chargés de mauvaises vapeurs. Une bonne exposition et des abris seraient alors le remède qui pourrait la prévenir.

On n'a point trouvé jusqu'à présent d'adoucissement ou de palliatif plus efficace que de découvrir les racines, en rejeter la terre et lui en substituer de bonne qualité; la plomber avec une égale quantité d'eau et de jus de fumier. En même temps on taille tous les bourgeons malades sur un œil bien sain au-dessous de toute lèpre apparente. Par prudence, et dans la crainte que la maladie ne se communique, on enlève toutes les parties retranchées pour aller les brûler ou les enterrer dans un endroit écarté.

3. La rouille a beaucoup d'analogie avec le blanc; elle parsème de taches rousses, saillantes et graveleuses les jeunes bourgeons et les feuilles.

Ses effets sont d'érosion du parenchyme des feuilles, qui laisse nues et découvertes leurs fibres et leurs arêtes, et par conséquent la chute des feuilles, le développement des pousses à contre-temps, et la stérilité de l'arbre l'année suivante.

Ses causes sont quelquefois les mêmes que celles de la jaunisse, quelquefois on doit en accuser l'intempérie de l'été, le plus souvent des piqûres d'insectes.

La dernière cause se peut détruire par la vigilance et l'activité du jardinier à chercher les insectes. Il n'est pas au pouvoir de l'homme de faire cesser la seconde. Les remèdes indiqués pour la jaunisse seront les mêmes pour la rouille, lorsque les causes sont les mêmes; mais, en général, l'arbre guérit rarement et difficilement.

4. Le rouge. Cette maladie, particulière au pêcher, attaque le plus souvent les pêches *royales et admirables* : le jeune bois prend une teinte rougeâtre qui se change bientôt en un rouge très-vif.

On ignore la cause et le remède de cette maladie, qui fait ordinairement périr l'arbre en quelques années.

5. La cloque attaque le pêcher dans le commencement de la première sève, enfle, épaissit, contourne, défigure les feuilles et les bourgeons; ceux-ci cessent de croître, se tuméfient, se couvrent d'une poussière sale et gluante qui attire les pucerons et les fourmis.

Ses effets sont la chute des feuilles et des fruits, la ruine des yeux à fruit, et par conséquent de la récolte de l'année suivante.

Cette maladie est attribuée aux vents froids qui succèdent à des jours de chaleur. Cependant on ne peut douter qu'il n'y ait aussi dans les individus quelque disposition à recevoir les atteintes de cette maladie, puisque l'un en est attaqué pendant que son voisin en est préservé, qu'elle va chercher l'un sous les couvertures qui devraient le défendre, et en épargne d'autres qui sont exposés à toutes les intempéries.

Afin de porter remède à cette maladie, on augmente la vigueur de l'arbre, et on excite sa végétation par de bons engrais et des fumiers bien consommés; ensuite, lorsque la sève a repris son cours, quand la saison est encore peu avancée, on rabat les bourgeons sur les yeux sains. L'arbre excité par les engrais que l'on a déposés à son pied et la suppression d'une partie de son bois, pousse de nouveaux bourgeons qui ont encore le temps de s'aoûter avant l'hiver; mais si la saison était trop avancée lorsque la maladie s'est déclarée, on ne fait aucune suppression pendant cette campagne, et l'on taille un peu plus court à la prochaine taille.

6. L'exfoliation ou dessèchement de l'écorce et du bois, que quelques cultivateurs nomment *brûlure*, attaque la tige et les grosses branches des arbres en espalier, par le côté que le soleil frappe à midi.

Ses effets sont la carie des parties brûlées et leur excavation, la langueur de l'arbre, et sa mort prématurée.

Ses causes sont les pluies, les neiges, les frimas, les humidités, converties en glace, fondues ensuite par le soleil, congelées de nouveau, et fondues alternativement.

Le remède est de couper jusqu'au vif toutes les parties cariées, et d'appliquer de l'onguent de Saint-Fiacre sur les plaies.

On peut prévenir cette maladie en couvrant du côté du midi la tige et les grosses branches des arbres avec des écorces, de la paille, des voliges, etc. Il est aussi utile d'enlever au mois de septembre toutes les vieilles écorces des arbres, qui étant spongieuses, fendues, gercées, s'abreuvent d'humidité et la retiennent au point d'être quelquefois couvertes de glace épaisse de près de 6 lignes.

7. La gomme est une maladie propre aux arbres à noyau qui peut les attaquer sur toutes les parties exposées à l'air, et dans toutes les saisons où leur sève est en mouvement. Elle consiste dans un dépôt de suc propre extravasé qui se coagule, soit entre le bois et l'écorce, soit plus ordinairement sur les parties extérieures des arbres.

Ses effets sont le dépérissement des branches qu'elle attaque, et leur mort, si l'on donne à la gomme le temps de les gangrener.

Ses causes sont une pléthore, ou excessive abondance de sève, qui rompt ses vaisseaux ; un dérangement dans la circulation des sucs occasioné par des déchirures, des ruptures, des contusions à l'écorce ; une alternative de chaleur et de froid hors de saison ; une taille intempestive pendant l'ascension de la sève ; quelquefois l'acrimonie, ou quelqu'autre qualité corrosive de la sève ; souvent la punaise.

Les remèdes sont, suivant la cause, un sillon ou une incision longitudinale faite à l'écorce pour procurer une irruption du suc surabondant : ce procédé est surtout utile lorsque l'écorce, trop dure, résiste à l'effort que la gomme fait pour s'ouvrir un passage ; l'enlèvement de la gomme avant qu'elle se soit durcie, et qu'elle ait contracté à l'air de mauvaises qualités. Lorsqu'elle est durcie et ancienne, il ne faut l'enlever que lorsqu'elle a été amollie par les pluies, et alors on retranche jusqu'au vif les parties d'écorce sur lesquelles elle a séjourné, et l'on met sur les plaies de l'onguent de Saint-Fiacre. Quand la branche n'est pas très-considérable, on la coupe au-dessous du mal, et l'on couvre la plaie avec le même onguent. Il est quelquefois utile de changer et d'améliorer le terrain.

8. Le chancre est un ulcère quelquefois sec, ordinairement sanieux, qui se guérit facilement par l'amputation des parties corrompues, et l'application de l'onguent de Saint-Fiacre. Ce même topique sert aussi pour les contusions, les fentes et déchiremens de l'écorce, causés par l'action trop violente de la sève.

9. Les mousses et les lichens s'amassent souvent sur les arbres négligés, et couvrent tellement leurs branches et leur tronc, que l'on peut à peine apercevoir l'écorce. Leurs racines s'insinuent dans les pores de l'arbre et interceptent les influences atmosphériques nécessaires à la perfection de la sève ; les couches épaisses que forment ces plantes parasites entretiennent une humidité fort préjudiciable qui altère l'écorce au point d'y former des chancres et des ulcères. Pour en débarrasser les arbres, il faut les frotter avec une brosse rude, par un temps humide, ou bien étendre sur l'écorce, avec un gros

pinceau, une couche d'eau dans laquelle on aura
fait éteindre de la chaux.

Insectes et Animaux nuisibles.

ACHÉES, LOMBRICS, VERS DE TERRE. — On détruit
ces insectes par les moyens suivans :

Faites infuser 30 ou 40 noix vertes dans un seau
d'eau pendant quelques jours, puis arrosez avec
cette infusion la terre où se trouvent des vers; ils
sortiront promptement, et on les mettra dans un
pot pour les donner à la volaille, qui en est très-
friande.

On peut, au printemps, lorsque le temps est
doux et humide, après une petite pluie, les chercher sur la terre au moyen d'une lanterne, avant
le lever du soleil, ou une heure ou deux après
qu'il est couché. On jette dans un pot tous ceux qui
sont hors de terre, et l'on arrache ceux qui ne sont
sortis qu'en partie, ayant soin de ne pas les rompre,
car la partie restée en terre formerait un nouveau
ver, cet animal ayant la faculté de se reproduire
complet d'une partie de son corps.

Dans les temps humides, si l'on frappe pendant
quelques minutes la terre avec le plat de la bêche
ou d'une pelle, les lombrics sortent de terre avec
empressement, et l'on peut s'en saisir. Quelques
personnes font un trou de 12 ou 15 pouces avec un
pieu qu'ils enfoncent dans la terre en l'agitant en
tous sens, pendant 10 ou 12 minutes; ce mouvement suffit pour faire sortir les lombrics de terre.

ARAIGNÉE. — On voit souvent dans les jardins une petite araignée très-alerte, qui court sur la terre sans former de toile ; cette espèce est très-nuisible aux semis, surtout à ceux de carotte dont elle pique la petite tige pour en sucer les sucs ; la plante alors se fane et périt. Comme ces araignées sont quelquefois très-nombreuses, elles font de grands ravages dans les semis. On les en écarte en donnant chaque jour un léger arrosement dans les temps chauds et secs. Si l'on avait pu faire bouillir dans l'eau destinée à cet arrosement une certaine quantité de suie, son effet serait plus efficace. Cette araignée craignant beaucoup l'humidité, n'est point redoutable dans les temps pluvieux, et n'exerce ses ravages que pendant la sécheresse ; du reste, les plantes ne la craignent plus lorsqu'elles ont poussé deux ou trois feuilles.

LES CHENILLES et certaines larves d'insectes attaquent les feuilles et les fruits. On doit les chercher derrière les branches intactes, où elles se cachent de préférence ; surprendre celles qui vivent en société avant le lever ou après le coucher du soleil, lorsqu'elles sont rassemblées en masse autour des branches pour s'échauffer et se défendre du froid et de l'humidité de la nuit, et les brûler ou les écraser ; enfin, détruire celles qui sont éparses sur les plantes, ainsi que les papillons qui viennent y faire leur ponte.

Mais on s'épargnerait en grande partie ce soin toujours tardif, si, en taillant les arbres, on avait attention de chercher sur le mur, sur le treillage et

sur les branches, les œufs que les papillons ont déposés, soit autour des bourgeons, comme une ba-
gue ou un collier à plusieurs rangs de très-petites
perles, soit dans des espèces de sacs d'un tissu
très-ferme garni de duvet en dehors et en dedans,
qui renferment avec les œufs l'extrémité du bourgeon et ses dernières feuilles desséchées.

Les chrysalides, soit nues, soit dans des coques,
soit dans la terre au pied des arbres, ne doivent
pas non plus être épargnées, puisqu'elles donneront naissance à des papillons générateurs de chenilles.

Dans la chasse que l'on fait des oiseaux dévasta-
teurs, on doit épargner avec soin ceux qui se nourrissent d'insectes, tous reconnaissables à leur bec
mince et effilé; car ce sont de grands destructeurs
de mouches, de chenilles et de papillons.

COURTILLÈRE. — La courtillère, courterole ou
taupe-grillon fait de grands ravages dans les semis,
et parmi les plantes élevées sur couche, par les galeries souterraines qu'elle pratique dans toutes les
directions à la surface de la terre. On emploie pour
la détruire plusieurs moyens qui ne réussissent pas
toujours entièrement.

Dans les terres fortes, ou dans celles qui servent
de base aux couches, on détruit les courtillères
avec de l'eau sur laquelle on a versé quelques cuillerées d'huile. Voici le procédé qu'il faut suivre.

Lorsqu'on a découvert un ou plusieurs trous servant de retraite aux courtillères, on y verse environ un verre d'eau sur laquelle surnage une légère

couche d'huile. La courtillère remonte pour éviter l'inondation, traverse la couche d'huile qui bouche les trachées par lesquelles elle respire ; ce qui la fait périr incontinent.

Lorsque les courtillères se sont réunies dans une couche, attirées par la chaleur et par le grand nombre d'insectes qui y éclosent, et dont elles font leur nourriture, détruisant toutes les plantes par leurs courses souterraines, on sacrifie la couche ; on la bat, on enlève la terre et le fumier, en l'éparpillant, pour ne laisser échapper aucune des courtillères qui auraient pu y rester, le bruit ayant obligé les autres à se réfugier dans les trous qu'elles ont pratiqués dans la terre qui porte la couche, ou qui est à son pied. Après cette opération, on enlève avec la bêche un pouce de terre du fond de la couche, et l'on en fait un talus autour de l'emplacement qu'elle occupait. Par ce moyen on débouche l'entrée des trous des courtillères, et l'on forme un bassin. Prenant ensuite une quantité d'eau suffisante pour couvrir d'un pouce environ toute la superficie de ce bassin, on y verse quelques cuillerées d'huile : la plus commune, et même la plus rancé est convenable à cet objet. On répand toute cette eau à la fois dans le bassin : les courtillères sortent en moins de vingt minutes, et viennent expirer sur le terrain.

Lorsque la terre est légère, ou que l'on veut détruire les courtillères dans les carrés ou les plates-bandes, la terre trop meuble boirait toute l'eau avant qu'elle fût parvenue jusqu'à ces insectes, et l'on en détruirait très-peu par ce moyen. Voici celui qu'il faut employer :

Enterrez dans le carré ou la plate-bande une caisse de plusieurs pieds de longueur, sur 15 à 18 pouces de profondeur. Pratiquez sur les côtés, à la partie supérieure, six à huit trous assez larges pour donner passage aux courtillères; remplissez la caisse de fumier chaud, que vous couvrez d'un pouce de terre environ; le bord de la caisse étant au niveau du terrain. Les courtillères du carré, attirées par la chaleur et l'espoir de trouver des insectes, ne manquent pas d'accourir. Au bout de huit ou dix jours bouchez chaque trou de la caisse avec une ardoise ou un morceau de planche mince. Ensuite battez la terre pour effrayer les courtillères, ôtez-la, ainsi que le fumier, que vous avez soin d'éparpiller, de crainte qu'il n'y reste des courtillères. Vous trouverez toutes les autres au fond de la caisse, où il sera aisé de les tuer. On recommence cette opération tant qu'il y a des courtillères à détruire.

On peut encore les chercher dans leurs retraites en suivant les trous qu'elles ont formés, ou les noyer dans des cloches enfoncées en terre et à moitié pleines d'eau, comme nous l'indiquerons pour la famille des rats.

Criocère. — L'espèce à douze points attaque souvent les asperges; pour le détruire on le cherche avec soin, ainsi que ses œufs qui sont des points noirs rangés par ordre. Dans l'été on les chasse en semant du chanvre autour du carré;

l'odeur de cette plante les éloigne sûrement.

Fourmis. — Pour détruire cet insecte, on emploie, comme pour la courtillère, de l'eau sur laquelle on a versé quelques cuillerées d'huile; ou bien, si la situation de la fourmilière le permet, on l'inonde d'eau bouillante. On suspend aux branches des arbres voisins de petites bouteilles débouchées remplies d'eau miellée. On bouleverse la fourmilière, et on la couvre d'un pot; les fourmis s'y retirent, et on les noie.

Frélons, guêpes. — Leurs nids sont ou suspendus à des branches, ou pratiqués dans des murs, ou enfouis dans la terre, selon leur espèce. Ceux qui sont suspendus à des branches se détruisent en les exposant à la flamme d'une poignée de paille allumée que l'on tient dessous. Ceux qui sont dans un mur ou dans quelque autre endroit élevé se détruisent par la vapeur du soufre. On bouche toutes les issues, excepté une, avec un mortier quelconque; ou introduit par l'ouverture conservée une mèche soufrée allumée, et l'on bouche aussitôt le trou avec une poigné du même mortier. La vapeur du soufre se répand dans l'intérieur, et détruit tous les insectes. Si le nid est enterré, on le brise avec la bêche, et on l'inonde d'eau bouillante. Ces opérations se font le soir, après le soleil couché. En automne on détruit les jeunes mères de guêpes et de frelons qui résisteraient à l'hiver, et feraient des nids au printemps; en suspendant aux arbres, comme nous l'avons dit pour les fourmis, des bouteilles débouchées et à demi-pleines d'eau miellée.

Il est aussi avantageux de chercher au printemps les jeunes mères qui ont passé l'hiver, afin de les détruire. On trouve les guêpes sur les vieux bois et les boutons du poirier, et les frelons sur le frêne. On les prend avec un filet à papillons ou une pince à raquette.

En faisant la guerre aux insectes munis d'aiguillon, il faut se méfier de leur piqûre; si cependant on avait été blessé par quelque guêpe, abeille, cousin, etc., il faudrait de suite tirer l'aiguillon, sucer la plaie, et y mettre, le plus tôt qu'on pourrait s'en procurer, un peu de chaux vive en poudre, ou de l'alkali volatil fluor. Le verjus appliqué sur la piqûre fait cesser la douleur sur le champ. Le jus de toute plante acide produirait sans doute le même effet.

Limaces, limaçons ou escargots. — Ces animaux voraces rongent les jeunes feuilles des arbres, les fruits lorsqu'ils sont mûrs, et quelquefois la peau tendre des poires, des abricots, et des pêches lisses, lorsque ces fruits sont encore petits.

On leur donne la chasse le matin et le soir des jours de printemps et d'automne lorsque le temps est doux et qu'il pleut. Si l'on veut en préserver quelques plantes ou les arbres en plein vent, il faut répandre sur la terre, autour du pied, de la sciure de bois, du tabac en poudre, de la coque de sarrasin, ou d'autres matières rudes, sur lesquelles cet insecte délicat n'ose passer; on y tamise de la chaux vive, qui, s'attachant à son ventre humide, le brûle et le fait périr. Si dans la belle saison on trouve un de ces animaux le corps à moitié enfoncé dans la terre, il faut, après avoir écrasé l'animal, s'assurer s'il n'a pas fait sa ponte dans le trou où il était, et détruire ses œufs.

Lisette. — La petite lisette grise, couleur de cendre, coupe les jeunes bourgeons ; la grosse lisette, tâchetée de gris et de brun, mange l'embryon des fruits.

Il faut les chercher pendant la nuit sur les arbres, ou le jour dans leur retraite, et les écraser.

Mulots, loirs, rats, souris. — Le meilleur moyen pour détruire ces animaux est d'avoir de bons chats. Le second est d'employer les différens piéges usités, tels que ratières, souricières, quatre-de-chiffres, vases à moitié pleins d'eau et enterrés à fleur de terre, etc. On peut encore employer la mort-aux-rats et d'autres poisons ; mais on doit avoir la précaution de les mettre hors de la portée des chiens, et même des enfans. On ne peut s'en servir, quand on a des chats, sans s'exposer à les voir périr victimes du poison placé pour détruire leurs ennemis et les nôtres.

Oiseaux. — Nous formerons trois divisions de ces animaux : ceux qui nuisent constamment, tels que le moineau, le bouvreuil, le pinçon, la mésange, etc.; ceux qui ne sont à craindre que lors de la maturité de certains fruits, et qui dans d'autres saisons sont utiles par la quantité d'insectes qu'ils détruisent ; et ceux qui sont utiles en tous temps, parce qu'ils ne se nourrissent que d'insectes. On doit détruire ou éloi-gner les premiers par tous les moyens connus, tels que

le fusil, le poison, les piéges, les épouvantails, etc.
Les seconds doivent être respectés jusqu'à la saison
où ils peuvent nuire: alors on leur déclare la guerre,
plus pour les éloigner que pour les détruire. On
protége les autres comme des amis utiles.

Les moyens de surprendre les oiseaux sont exposés fort au long dans les divers traités de chasse :
voici quelques-uns de ceux que l'on emploie dans
les jardins :

On les tue, ou les éloigne à coups de fusil; c'est le
moyen le plus sûr et le plus expéditif. On cherche
leurs œufs dans le temps de la ponte, ou l'on s'em-
pare de leurs petits lorsqu'ils sont encore trop faibles pour s'envoler. Les moineaux francs font volontiers leurs nids dans des pots placés contre les murs
et au fond desquels on a pratiqué une ouverture
suffisante pour leur livrer passage. Alors il est facile
de détruire le soir toute la couvée. On les prend
aussi, ainsi que tous les oiseaux granivores ou om-
nivores, avec de petites baguettes très-menues enduites de glu et passées dans le milieu d'un petit
morceau de mie de pain que l'on place dans les endroits qu'ils ont coutume de fréquenter. Enfin, on
les empoisonne avec de la mie de pain ou des grains
de blé mélangés avec de la noix vomique réduite
en poudre.

Les épouvantails sont ou des chats et des oiseaux
de proie empaillés, ou des moulins à claquet, ou des
ficelles tendues près des espaliers et auxquelles on
attache par le milieu, de distance en distance, avec
des nœuds coulans, des touffes de plumes que le

moindre vent agite et fait tourner ; des mannequins vêtus d'une manière bizarre avec des plumes de coq sur le chapeau et à la main un chiffon que le vent fait mouvoir.

Le trébuchet, le quatre-de-chiffre, le filet, surprennent ceux que la peur n'a pas éloignés.

Les perce-oreilles criblent les feuilles et en font un réseau ; ils percent toutes sortes de fruits, les raisins mêmes, pour s'y loger et y vivre à discrétion. On les prend dans des ergots de mouton, ou des coquilles de limaçon placées au bout de quelques petites baguettes attachées à l'arbre ou au treillage dans lesquels cet insecte se cache pendant le jour.

Pucerons, kermès, punaises de bois. — Les pucerons se multiplient prodigieusement ; et par les piqûres qu'ils font avec leur trompe aux feuilles et à l'écorce des extrémités tendres des rameaux, ils font une multitude sans nombre de petites plaies qui, étant sans cesse rouvertes par de nouvelles piqûres, éventent et altèrent la sève, causent des tumeurs et des crispations. Tous les moyens employés jusqu'à présent contre ces ennemis redoutables des arbres à fruits, tels que les décoctions de tabac et de coloquinte, les fumigations de tabac avec un appareil fait exprès pour cet usage, la lessive de tan, l'eau de chaux, le soufre et le tabac en poudre, etc., n'ont pas eu un succès complet, soit parce qu'ils ont endommagé les arbres, soit parce qu'ils ont offert trop de difficulté ou de longueur dans l'exécution. Le moyen le plus naturel, le plus simple, et qui ne demande qu'un peu de vigilance de la part du jardinier, est de les écraser. Dès qu'il apercevra au printemps le premier établissement des pucerons sur les arbres, il leur fera une guerre assidue en en faisant chaque jour une nouvelle destruction, afin d'arrêter de bonne heure leurs ravages, et d'empêcher la multiplication de ces ennemis ; mais si malgré ces soins leur nombre s'était tellement accru qu'ils couvrissent l'extrémité des bourgeons et les feuilles tendres, il faudrait couper ces sommités, les jeter dans l'eau ou dans le feu, et poursuivre les pucerons qui se disperseraient çà et là : le peu qui échappera se trouvera obligé de déloger, et aucune nouvelle colonie ne s'établira sur un arbre qui n'a plus ni écorce ni feuilles assez tendres pour ces insectes.

Le kermès attaque particulièrement le pêcher, l'oranger, l'abricotier, le prunier et la vigne. Dans sa jeunesse, jusqu'à la mi-septembre environ, il est mobile et vagabond sur les branches ; mais à cette époque il se fixe et s'attache à l'écorce, du côté du mur, par des filets en crochets qui sortent des bords de son écaille. Jusque là fort petit, il s'accroît considérablement jusqu'au mois de mai, et couvre quelquefois alors presque toutes les branches. Vers ce temps il jette un très-grand nombre d'œufs qui éclosent à la fin de mai, ensuite l'insecte meurt et se dessèche sans se détacher de la place où il s'était fixé.

Pour se débarrasser de cet ennemi, qui, par sa grande multiplication, ferait périr un pêcher en deux ou trois ans, on peut, dès le mois d'août, par un beau temps, lorsque tous les jeunes kermès courent sur les feuilles et les branches, dépalisser l'arbre; secouer toutes ses branches, en commençant par celles du haut; ensuite jeter de l'eau sur la plate-bande, la piétiner pour attacher à la terre la plupart de ces insectes qui seraient tombés; répéter plusieurs fois la même opération, et enfin donner un petit labour à la plate-bande avant qu'elle soit séchée; ou bien, au mois de février, décharger l'arbre, le tailler court, le dépouiller de toutes ses vieilles écorces gercées, passer le doigt ou le dos de la serpette en appuyant fortement le long de toutes les branches, depuis leur naissance jusqu'à leur extrémité, écrasant tous les insectes qui y sont attachés, les cherchant dans les fentes et les vieilles plaies; ensuite frotter les branches de bas en haut, avec une brosse trempée dans l'eau, pour les bien laver; nettoyer la plate-bande et la labourer; faire quelques nouvelles revues jusqu'au commencement de mai, où ces insectes auront tellement grossi que nul ne pourra se dérober à l'œil un peu attentif. Si quelques-uns échappent à ces recherches, l'arbre reprenant vigueur, ils l'abandonneront. La liqueur de M. Tatin, lancée avec une seringue à pomme, sur le tronc, les branches et les feuilles, dans le mois de mai, pourrait arrêter leur multiplication, mais il faudrait employer plusieurs fois ce remède. Les punaises de bois s'écartent par le même moyen, ou se détruisent en les cherchant avec soin.

TAUPES. — La taupe travaille au lever, au coucher du soleil et à midi. On profite de cette connaissance pour la surprendre. Un peu avant qu'elle se mette en action, on débouche une des taupinières récemment faites, on reste à l'affût sans faire le plus léger mouvement, et pendant qu'elle soulève de nouveau la terre pour reboucher l'ouverture, on l'enlève lestement d'un coup de bêche en-dessous. D'autres personnes se contentent de mettre dans les trous des taupes 4 ou 5 noix bouillies dans la lessive : on prétend qu'elles meurent si elles en mangent. Des tronçons de vers de terre ou lombrics de 3 ou 4 pouces de long, saupoudrés de rapure de noix vomique et placés dans les galeries des taupes, ont la même propriété. Tout le monde sait qu'on les prend avec des piéges faits pour cet usage. On peut aussi enterrer un pot, une terrine, ou une cloche de verre, l'enfonçant un demi-pouce au-dessous du boyau, et le remplissant d'eau jusqu'à la moitié; on recouvre pour intercepter la lumière, et la taupe, en suivant sa route, y tombe et se noie; mais avant de faire cette opération, il faut être assuré que la galerie est nouvelle et fréquentée des taupes.

TIQUET, TIGRE, PETITS INSECTES. — Le tiquet ou altise bleu, se nourrit des plantes de la famille des crucifères, et, certaines années, fait de grands dégâts dans les semis de choux, de navets, de raves et de radis; quelquefois les plantes et la terre en sont couvertes, et on les voit sauter par milliers. Les moyens de les faire périr, ainsi que tous les petits insectes qui attaquent les plantes naissantes, sont les arrosemens avec des décoctions de plantes âcres, telles que le sureau, le noyer, le tabac; de l'eau chargée de suie ou de potasse, et de la composition de M. Tatin. (*Voyez* page 84).

Le tigre, petit insecte dont les ailes sont mouchetées de noir et de blanc, ronge le parenchyme des feuilles de poiriers en espalier, surtout du bon-chrétien d'hiver, aux expositions du midi et du levant; de sorte qu'étant réduites à leurs nervures, elles tombent pour la plupart, le fruit périt ou ne prend ni grosseur ni saveur, et les yeux à fruit avortent ou sont mal conditionnés.

Le seul moyen de destruction est de faire passer, au mois de mai, toutes les feuilles entre les doigts, les pressant assez fortement pour écraser les insectes et leurs œufs. On pourrait essayer d'asperger les feuilles et les branches avec la composition de M. Tatin : il est à croire qu'elle diminuerait la multiplication de ces insectes.

Vers blancs, mans, tons ou turcs. — Noms que porte dans différens départemens la larve du hanneton. Cet insecte produit de grands dégâts sous quelque forme qu'il se trouve. Dans l'état de larve il ronge les racines des plantes et des arbres, dans celui d'insecte-parfait il dévore les feuilles; et dans les années où il y en a beaucoup, les arbres souffrent considérablement de sa voracité.

Le moyen de le détruire est d'abord de diminuer sa multiplication. Dans la saison des hannetons, on secoue, vers le milieu du jour, les arbres et leurs branches; l'insecte tombe, et on l'écrase. Sa larve se reconnaît par ses ravages; quand on s'a-

perçoit qu'il y en a dans un carré, on y sème de la
laitue; lorsqu'elle commence à acquérir de la force,
on la visite chaque jour; si l'on en voit quelque
pied qui soit fané, on cherche à sa racine, et
l'on y trouve le ver, qu'il est aisé de saisir, parce
qu'il se ment très-lentement. Le ver blanc préfère
les fraisiers à toute autre plante: s'il y en a dans un
carré, soit en planche, soit en bordure, c'est toujours
à leur pied que l'on trouve cet insecte. En visitant
les racines de ceux qui sont fanés, on est sûr d'y
rencontrer le ver, que l'on détruit aisément. Dans
les terres fortes, des trous faits avec un plantoir,
dans le voisinage des plantes qu'ils attaquent, suffisent souvent pour les prendre; en traversant les
trous, ils y tombent; on les visite une fois par jour
pour écraser les vers.

SECONDE SECTION.

CULTURE DES ARBRES FRUITIERS.

Abricotier.

L'ABRICOTIER, *armeniaca*, originaire de l'Arménie, est un arbre de moyenne grandeur, à racines pivotantes. Ses fleurs, qui paraissent avant les feuilles, s'épanouissent vers la fin de mars, et même plutôt, selon la température de la saison. Il a plusieurs variétés.

ABRICOT PRÉCOCE OU HATIF MUSQUÉ. — Abricotin, fruit petit, arrondi sur son diamètre, creusé d'une gouttière serrée le long d'un de ses côtés, vermeil du côté du soleil, jaune du côté opposé. La chair, de couleur d'ambre et de médiocre qualité, quitte le noyau. Amande amère. Il mûrit fin de juin en espalier, commencement de juillet en plein vent.

— BLANC. — C'est une variété du précédent; il est un peu moindre dans toutes ses parties: on le greffe sur le damas noir. Son fruit, plus tardif et meilleur que l'abricotin, est de même grosseur et d'un blanc de cire légèrement teint de rouge au soleil. Amande amère.

— ANGOUMOIS. — Plus petit que le précédent, bourgeons menus et très-longs ; feuilles petites, pointues par les deux extrémités, pendantes à de fort longues queues. Fruit petit, alongé, d'un beau rouge du côté du soleil, jaune ambré de l'autre côté. La chair, d'un jaune presque rouge, est fondante, un peu acide, d'un goût relevé et d'une odeur pénétrante. Amande douce et d'un goût d'aveline. Mûr à la mi-juillet.

ABRICOTIER COMMUN. — Le plus productif et un des plus grands de sa famille ; fruits gros, chair d'un goût relevé, mais pâteuse si le fruit est trop mûr. Le plein vent diminue sa grosseur, ajoute à sa couleur et à sa saveur. Son amande est amère. Mûr à la mi-juillet. Lorsqu'il est abandonné à lui-même sans être taillé, il se dégarnit promptement du bas.

— DE HOLLANDE, AMANDE-AVELINE. — Cet arbre varie selon le sujet qui porte la greffe. Sur le prunier de saint-julien il devient assez grand, et ses fruits en espalier excèdent les plus beaux abricots communs. Sur le prunier de cerisette il devient moins grand que l'angoumois, mais il produit beaucoup. Le fruit est petit, bien arrondi, très-rouge d'un côté, d'un beau jaune de l'autre. Sa chair est jaune, fondante, vineuse. Amande ayant le goût d'aveline, et un arrière-goût d'amande douce. Mûr à la fin de juillet.

— DE PROVENCE. — La grandeur de l'arbre est à peu près égale à celle du précédent. Fruit petit à chair jaune foncée, un peu sèche, d'un goût sucré et vineux. Noyau raboteux ; amande douce. Mûr vers le commencement d'août, en plein vent.

ABRICOTIER DE PORTUGAL. — L'arbre, moins grand que l'abricotier commun, est cependant très-vigoureux. Fruit petit, arrondi, très-bon, chair fondante. Amande amère. Mi-août.

— ALBERGE. — Cet arbre grand et touffu se multiplie bien par les semences. Greffé sur amandier, il se met plus promptement à fruit. Ses feuilles sont petites. Ses fruits, qui mûrissent à la mi-août, sont meilleurs en plein vent qu'en espalier, toujours abondans; ils sont petits, souvent raboteux, colorés, à chair fondante et vineuse; l'amande est amère. Il a trois variétés: — de *Mongamel* et de — *Tours*, préférables pour leur grosseur et leur saveur; — *Aveline*, ainsi nommée parce que ses amandes sont douces.

— PÊCHE. — Cet arbre surpasse l'abricotier commun par la grandeur de sa taille et celle de ses feuilles, qui paraissent comme fanées. Son fruit, très-gros, mûrit à la fin d'août; il est un peu aplati. Excellent en plein vent, où il devient raboteux et coloré. Sa chair, presque rouge, fondante comme celle d'une pêche, a une saveur qui lui est particulière. Élevé de semence, il donne des variétés plus ou moins bonnes. Son noyau est reconnaissable, en ce qu'il est le seul du genre qui offre un trou à travers lequel on puisse passer une aiguille; son amande est amère.

— ROYAL. — Le fruit de cette variété, nouvellement obtenue à la pépinière du Luxembourg, est meilleur que celui du précédent, et sa forme est plus arrondie. Mûr commencement d'août.

Abricotier noir du pape. *Prunus dasicarpa*. — Son fruit est petit, couleur de prune de monsieur; sa chair, qui est d'un rouge obscur, est de très-médiocre qualité. Il a deux variétés, l'une à feuilles panachées, l'autre à feuilles de saule.

— musc. — Cet arbre délicat, que l'on ne peut cultiver qu'en espalier, nous a été apporté depuis quelque temps des frontières de la Perse et de la Turquie. Fruit rond, d'un jaune foncé, à pulpe transparente qui laisse entrevoir le noyau. Chair d'un goût agréable. Mûr à la mi-juillet.

— gros musc. — Arbre plus vigoureux que le précédent; fruit parfumé, comprimé d'un côté, sillonné de l'autre. Amande douce. Mûr fin juillet.

Culture. — L'abricotier réussit dans toutes sortes de terre, excepté dans celles qui sont argileuses et glaiseuses. Si l'on veut un arbre en plein vent, il suffit de mettre le noyau en place; mais si l'on désire un espalier, il est nécessaiae de le mettre en pépinière, et de pincer le pivot au moment où l'on sème le noyau que l'on a dû faire germer en le stratifiant comme nous l'avons dit à l'article *de la Multiplication par semis*, page 82. On le conduit ensuite comme il a été dit à l'article *Taille de l'abricotier*, page 134. L'abricotier en espalier se plante au levant, au midi et au couchant. Dans les terres légères le levant est préférable; dans les terres fortes, on doit choisir l'exposition du midi. L'aspect du couchant est en général le moins bon. L'abricotier précoce se plante toujours en espalier au midi.

On greffe ordinairement cet arbre en écusson à

œil dormant sur l'amandier, les pruniers de damas
noir, de cerisette, de saint-julien, et sur l'abricotier même venu de semis. Toutes les espèces ne
réussissent pas également sur l'amandier; les greffes
de l'abricotier-pêche, de l'augoumois et de l'alber-
gier sont sujettes à se décoller sur cet arbre; c'est
pourquoi on les établit ordinairement sur prunier.
On doit se servir de sujets venus de semis, et non
de rejetons, ces derniers étant trop sujets à pousser
des drageons.

Lorsqu'on veut ménager ses arbres, on doit
éclaircir le fruit quand il y en a une trop grande
quantité; mais si l'on n'avait pas eu cette précaution, il faudrait tailler très-court l'hiver suivant.
Au reste, cet arbre poussant très-facilement du nouveau bois, lorsque les branches sont usées, on peut
les rapprocher jusque sur le gros près de la greffe;
mais ce retranchement apporte nécessairement une
lacune dans les produits de l'arbre.

Lorsque l'abricotier est en espalier, il est nécessaire de découvrir les fruits voilés par les feuilles;
mais on doit le faire avec précaution, et peu à peu,
pour éviter que les abricots, et même la branche
qui les porte, ne soient brûlés d'un coup de soleil.

L'abricotier donnant ses fleurs de très-bonne
heure, elles sont souvent exposées à périr par l'effet
des gelées tardives. Lorsque l'arbre est en espalier
on le garantit par des paillassons, des toiles, etc.;
mais si l'on avait été surpris par la gelée, ou que
l'arbre fût en plein vent, le meilleur moyen à employer pour préserver ses fleurs d'une destruction

certaine, est de brûler quelques poignées de paille humide aux environs ou au-dessous de l'arbre, de manière que la fumée dirigée sur les fleurs fasse fondre la glace avant le lever du soleil, dont la chaleur subite les brûlerait sans cette précaution. Ce moyen s'emploie également pour le pêcher et l'amandier.

Alisier.

L'alisier, *cratægus*, est un arbre de taille à peine moyenne, bien fait et bien garni de branches, dont les feuilles simples, alternes, sont d'une étoffe assez forte, plus ou moins grandes, plus ou moins découpées ou entières, et plus ou moins dentelées suivant la variété. Ses fleurs, par beaux bouquets terminant les branches, sont hermaphrodites. Son fruit est une baie oblongue, ronde, charnue, terminée par un ombilic. On la nomme *alise*; placée sur de la paille elle s'y amollit et devient mangeable; autrement elle serait acerbe. C'est un fruit de fantaisie qui plaît à plusieurs personnes.

Les variétés dont les fruits deviennent comestibles, sont : alisier torminal, ou alouchier des bois, *C. torminalis*, fruits rouges. — De Fontainebleau, *C. latifolia*, fruits d'un rouge orangé. — Blanc, alouchier, *C. aria*, fruits d'un beau rouge. — Alouchier de Bourgogne, variété du précédent, dont les feuilles sont plus alongées. —

Quoique les alisiers viennent et s'élèvent d'eux-mêmes dans les bois, ils aiment une bonne terre. On les propage par les semences ou par la greffe sur franc, ou sur aubépine. Leur bois est utile dans les arts. »

Amandier.

L'amandier, *amygdalus*, est un arbre de moyenne grandeur, à racines pivotantes. Ses fleurs, qui s'ouvrent en février et mars, sont pour cette raison souvent détruites par la gelée dans le climat de Paris. Son fruit est ovoïde, renflé du côté de la queue, aplati sur son diamètre; le brou, mince, dur et sec, couvert d'un duvet très-fin, enveloppe un noyau ligneux que tout le monde connaît, et qui renferme une amande, seule partie utile du fruit.

L'amandier a plusieurs variétés.

AMANDIER COMMUN A PETIT FRUIT. — Ce sont les fruits de cette variété que l'on sème ordinairement pour se procurer des sujets propres à recevoir la greffe des autres amandiers, des pêchers, etc. La dureté du noyau et la petitesse de l'amande, quoique douce, les rendent peu utiles pour tout autre usage.

— A NOYAU TENDRE, AMANDIER DES DAMES. — Les fleurs et les feuilles paraissent en même temps. Le noyau est tendre; l'amande est douce et très-bonne.

— SULTANE. — Fruit plus petit que le précédent, mais ayant plus de saveur.

— PISTACHE. — Demande pour bien réussir un climat plus doux que le nôtre.

— A GROS FRUIT ET AMANDE DOUCE. — Plus vigoureux que tous les autres dans toutes ses parties, son noyau est dur, et son amande grosse, ferme et de très-bon goût.

Les variétés précédentes, excepté l'amande-pistache, ont chacune leur congénère à amande amère.

AMANDIER-PÊCHER, AMANDE-PÊCHE. — Espèce hybride du pêcher et de l'amandier, mais se rapprochant beaucoup plus de ce dernier par sa taille et son port, et par la grandeur et la couleur de ses fleurs; de ses fruits, les uns sont charnus et succulens comme la pêche, mais d'une saveur très-amère; les autres sont couverts d'un brou sec et dur : les uns et les autres renferment un gros noyau dur et lisse comme celui des amandes, et une bonne amande douce.

CULTURE. — L'amandier se multiplie et ordinairement dégénère par les semences. Les bonnes variétés se perpétuent par l'écusson sur des sujets d'amandier ou de pêcher. Il aime les terrains chauds, légers et profonds; il vient mal, et son fruit réussit difficilement dans les terres froides. Le moyen de remédier en partie à cet inconvénient est de le greffer sur prunier lorsque la terre est un peu forte. La taille de cet arbre en espalier se fait comme celle du pêcher, et de l'abricotier en plein vent; elle ne consiste qu'à retrancher les bois morts.

Les amandes vertes se mangent en août et septembre. Celles que l'on veut conserver se cueillent à la fin d'octobre.

CERISIER.

Le genre cerisier, *cerasus*, se divise naturellement en trois espèces, d'où les variétés que nous connaissons tirent leur origine.

LE MERISIER A FRUIT NOIR, *prunus avium*, est la souche des *guigniers* ; c'est un arbre de première grandeur, dont les branches très-multipliées sont ornées de feuilles légèrement velues en-dessous. Les fruits de ses diverses variétés sont un peu ovales et noirs, à chair ferme et à jus fort doux.

LE MERISIER A FRUIT ROUGE, *prunus avium silvestris*, a produit les bigarreautiers. Cette espèce a moins de branches que la précédente, et sa taille est moyenne. Ses feuilles larges et pendantes sont un peu velues en-dessous. Les fruits de ses variétés sont plus alongés, quelquefois en cœur, ayant une rainure. Leur chair, plus ferme et rouge, contient un jus moins doux. Ces deux espèces, dont les racines sont pivotantes, ont des fleurs en bouquet sessile, et qui ne se développent que sur le bois de l'avant-dernière année.

LE CERISIER est petit ; ses feuilles sont un peu glabres en-dessous, et ses racines traçantes. Ses fleurs sortent du bois de l'année précédente, et ses bouquets de fleurs sont légèrement pédonculés au point de réunion ; ses fruits ronds, plus ou moins acidulés, ont une chair tendre et aqueuse.

VARIÉTÉS. — *Première division.*

LE GUIGNIER A GROS FRUIT NOIR. — Fruit dont la peau est d'un rouge brun, et devient noire dans la parfaite maturité. Sa chair, assez ferme, et son eau bonne et relevée dans les terres chaudes et légères, sont d'un rouge foncé. Il mûrit fin de juin.

GUIGNIER A PETIT FRUIT NOIR. — Ne diffère du précédent que par la petitesse de son fruit.

— PRÉCOCE, GUIGNE DE LA PENTECOTE. — Ce fruit, qui est mangeable à la fin de mai, est alors petit, blanc et d'un rouge léger, d'un goût insipide, et il paraît propre seulement à décorer les desserts. Mais à la mi-juin, lorsqu'il a acquis toute sa grosseur et sa maturité, c'est une des plus belles guignes, presque entièrement teinte d'un beau rouge sur un fond jaune clair, charnue, assez ferme et de bon goût. Elle a une sous-variété qui est beaucoup moins grosse : c'est la seule différence.

— A GROS FRUIT BLANC. — Fruit de huit lignes de hauteur et un peu moins de diamètre, lavé de rouge d'un côté, et blanc de cire de l'autre. Sa chair est blanche, assez ferme ; son eau est assez agréable. Il mûrit vers la fin de juin.

— A GROS FRUIT NOIR ET LUISANT. — Fruit à peau noire, polie et luisante, chair rouge, tendre ; eau abondante d'un goût agréable et relevé. Il mûrit fin de juin. Cet arbre a une sous-variété qui en diffère par un pédoncule très-court et un fruit plus aromatisé.

Guignier a rameaux pendans. — Espèce très-tardive dont les fruits sont assez bons.

Nous omettons plusieurs autres guignes qui ne sont pas préférables à celles dont nous venons de faire mention. Nous en agirons de même pour les autres divisions.

Deuxième division. —Bigarreautier, *Cerasus bigarella.*

Bigarreautier hatif a petit fruit rouge, *Cœuret.* — Ce fruit, de huit lignes de hauteur sur un peu moins de diamètre, est plus pointu qu'aucun des bigarreaux. Il se teint légèrement de rouge sur un fond jaune pâle. Sa chair est médiocrement ferme, assez pleine d'eau de bon goût. Il mûrit vers la fin de juin. Souvent attaqué de vers.

— A gros fruit rouge. — Plus gros que le précédent; sa peau est lisse et brillante, teinte d'un rouge vif du côté de l'ombre, et de rouge foncé de l'autre. Sa chair, très-ferme, rouge autour du noyau, est pleine d'eau d'un goût relevé et excellent. Mûrit fin de juillet.

— A gros fruit blanc. — C'est une sous-variété du précédent, de même forme et grosseur, dont la peau, d'un blanc de cire, ne se laye que légèrement de rouge du côté du soleil. Sa chair est ferme et son eau moins relevée. Bourgeons cendrés.

— dit belle de Rocmont.—Paraît être une autre sous-variété du gros bigarreau rouge, perfectionnée pour les qualités, moindre en grosseur, plus faible en couleur, moins tardive. Branches pendantes. Il

a une variété couleur de chair qui lui est égale en
bonté.

BIGARREAUTIER GROS COEURET. — Fruit en cœur,
raccourci, déprimé; peau luisante presque noire dans
sa maturité. Le meilleur de tous les bigarreaux.
Mûrit en août.

— NOIR TARDIF, ou *cerisier des 4 à la livre*. —
Fruit le plus gros de tous. Sa peau est d'un rouge-
brun très-foncé, et devient noire dans sa parfaite
maturité ; sa chair est rouge, un peu sèche, extrêmement ferme ; son noyau est fort gros. Le
plus grand mérite de ce fruit est de ne mûrir que
vers la fin d'août. La faiblesse du sujet sur lequel on
le greffe, la chaleur du climat, peut-être trop forte
pour cet arbre, paraissent être les causes qui nuisent au développement de son fruit, que je n'ai jamais vu excéder dans nos jardins 9 lignes de hauteur sur 8 de diamètre.

— A FRUIT JAUNE. — Son fruit, qui est petit en
comparaison des autres espèces, est d'une saveur
fort agréable.

Troisième division. — CERISIER, *Cerasus.*

CERISIER NAIN PRÉCOCE. — Ce cerisier, le plus
petit de tous, acquiert en plein vent de 6 à 8 pieds
de haut. Ses feuilles sont très-petites, et ses rameaux
grêles et pendans. Ses fruits petits sont de médiocre
qualité, et mûrissent en mai à l'exposition du midi.

— ANGLAIS, *Royal hâtif.* — Fruit fort gros, comprimé dans ses extrémités; pédoncule court, vert
et muni d'une foliole. Chair douce et bonne. Produit beaucoup. Mûrit fin de mai.

CERISIER À TROCHET OU À BOUQUET. — La taille, les feuilles, les bourgeons de ce cerisier tiennent le milieu entre ceux du cerisier précoce et du cerisier hâtif. Ses fruits, très-nombreux, sont d'un rouge foncé, de médiocre grosseur, pleins d'eau un peu trop acide. Mûrit en juin.

— CERISE-GUIGNE. — Ses fruits, très-nombreux, sont gros, un peu aplatis sur leur diamètre, moins gros par la tête que par la queue, ce qui leur donne la forme d'une grosse guigne raccourcie. Peau d'un rouge-brun. La chair et l'eau sont rouges, d'un goût agréable quoique peu relevé. Mûrit fin de juin.

— DE PRUSSE. — Fruit sphérique un peu cordiforme; la queue menue, longue de 15 à 18 lignes, implantée dans un œil enfoncé. Sa chair est rouge et pleine d'eau douce et agréable. Mûrit vers la fin de juin et dès la mi-juin aux bonnes expositions.

— DE MONTMORENCY À GROS FRUIT. — Fruit peu abondant mais gros, attaché à une queue assez grosse et longue de 15 à 16 lignes; se colore d'un beau rouge, un peu foncé dans la parfaite maturité. Chair blanche et fine, pleine d'une eau agréable, relevée d'un peu d'acidité. Mûrit commencement de juillet.

— GROS GOBET, *Cerise de Kent*. — Fruit fort gros, de 11 lignes de diamètre sur 8 ½ de hauteur, aplati par les extrémités; d'un rouge vif, brillant, peu foncé. Son eau est abondante, relevée et agréable. Sa queue est grosse et courte (de 5 à 7 lignes). Ce cerisier, trop rare, a une variété dont les fruits plus petits sont souvent marqués d'une gouttière sur un des côtés; chair plus acide. Ces deux espèces chargent peu et mûrissent leurs fruits vers la mi-juillet.

CERISIER DE VILLÈNE OU A FRUIT ROUGE. — Son frnit est gros, bien arrondi par la tête, couvert d'une peau fine teinte de rouge clair, que l'extrême maturité fonce un peu; sa chair est blanche et pleine d'eau fort abondante, relevée d'une très-légère acidité. Mûrit commencement de juillet, mais charge peu, parce qu'il est sujet à couler. Il a une sous-variété ambrée assez bonne, qui mûrit dans le commencement de juin; c'est là son plus grand mérite.

— CERISE ROSE. — Son fruit, de même grosseur que la cerise de Villène, mais d'un rouge encore plus clair, est excellent et mûrit en même temps.

— CHERRY-DUKE, *Royale tardive*. — Ses fruits, portés par des queues assez courtes, sont gros, peu arrondis, d'un rouge foncé; sa chair, assez ferme, est rouge, et pleine d'eau teinte de rouge, excellente, quelquefois un peu trop douce; sa maturité est vers la mi-juillet; beaucoup plus tard à l'exposition du nord. Il a une variété dont le fruit devient presqu'aussi noir que la guigne noire. Elle a les mêmes qualités que le précédent.

— DOUCETTE BELLE DE CHOISY, *de la Palembre*. — Arbre peu productif, dont les fruits très-gros, à longs pédoncules, sont d'un beau rouge et d'un excellent goût.

— DE VARENNE. — Paraît être une variété du

Montmorency ; mais son fruit, à longs pédoncules,
est meilleur et mûrit plus tard, en août.

Cerisier a gros fruit blanc. — Fruit gros, couleur
d'ambre, et lavé de rouge en quelques endroits ;
chair excellente. Il mûrit de la mi-juillet au commencement d'août.

— May-duke, *Royale hâtive*. — Le fruit est beau
et gros, un peu aplati par la tête et beaucoup plus
par la queue ; le support des queues s'alonge beaucoup, comme celui des *cerisiers à la feuille*, et souvent est garni d'une ou deux petites feuilles. La peau
est d'un beau rouge que l'extrême maturité bru-
nit un peu. La chair blanche et fondante est pleine
d'eau agréable, mais peu relevée. En espalier, au
midi, cette cerise mûrit dans le commencement de
juin ; elle coule rarement.

— De la Toussaint. — Succession de fleurs depuis juin jusqu'aux gelées. Fruits tardifs, petits,
d'un rouge clair et très-acides, portés par de longues queues, en grappes terminales et pendantes.

— A ratafia. — Ses fruits sont petits ; leur
peau est épaisse, presque noire ; leur chair, grossière, d'un rouge foncé ; leur eau, rouge, âcre et
amère. Sa maturité est en août. Il a une variété à
fruit plus rond, mais de semblable qualité, qui
mûrit un peu plus tard. On se sert de leurs fruits
pour faire des ratafias et des vins de cerise.

— D'Allemagne. — Son fruit est gros et beau,
de forme un peu alongée, aplati sur son diamètre, d'un rouge approchant du noir. Sa chair, d'un
rouge foncé, est abondante en eau un peu trop

aiguisée d'acide dans les terrains froids. Cette cerise mûrit à la mi-juillet.

Cerisier de Portugal.—Fruit très-gros, de forme alongée, un peu aplati vers son diamètre, moindre par la tête que par la queue. La peau est d'un rouge très-brun un peu lavé de bleu. Chair rouge et ferme. Mûrit en août.

Culture.—Le cerisier, quoique peu difficile sur le terrain, aime néanmoins les terres légères et profondes. Il craint la sécheresse, et demande quelques arrosemens dans les étés constamment secs. On le multiplie de noyaux et de rejetons. Ces derniers donnent des arbres moins beaux; et comme il est rare qu'il ne dégénère pas lorsqu'il provient de semence, toutes ses espèces et variétés se conservent par la greffe en fente ou en écusson à œil dormant: sur le merisier, pour avoir de grands arbres; sur les sujets venus de noyau ou sur les rejetons, pour en avoir de moyens; et sur le cerisier-griottier, pour en obtenir de plus petits. Ceux que l'on destine à l'espalier ou à la quenouille se greffent sur le *mahaleb*, ou *prunier de Sainte-Lucie*. On doit aussi observer que les espèces à fruit en cœur réussissent médiocrement sur celles à fruit rond, *et vice versa*; lorsque les branches du cerisier sont épuisées, on les ravale près du tronc, et l'arbre forme promptement une nouvelle tête.

Dans les printemps froids et humides, peu de jours après que le fruit est noué, il arrive souvent, surtout dans les arbres en espalier, que des vers se réfugient dans les feuilles languissantes; si l'on ne les détruit pas, ils s'insinuent dans les fruits et les rongent. Il faut avoir soin d'enlever toutes ces feuil-les. Cela s'exécute avec autant de rapidité que de facilité : une main qui parcourt légèrement la surface de l'arbre en a bientôt fait tomber ce qui n'a point de fraîcheur, et entraîne tout ce qui pourrait nuire à l'arbre.

Le cerisier craint les fumiers; les gazons pourris et les feuilles d'arbres bien consommées sont les seuls engrais qui lui conviennent.

Châtaignier.

LE CHÂTAIGNIER, *fagus castanea*, est un arbre in-digène, de première grandeur, à racines pivotantes. Ses feuilles sont grandes, d'un vert agréable, très-nombreuses, et donnent une ombre épaisse. Les fleurs mâles, disposées en chatons longs et droits, répandent une odeur forte et très-désagréable. Les fleurs femelles sont quelquefois solitaires, quelque-fois plusieurs ensemble réunies dans un calice com-mun qui les enveloppe. Ce calice forme une coque verte hérissée d'épines, qui s'ouvre à la maturité, et donne autant de fruits qu'il y avait de fleurs femelles. C'est en juin ou juillet que paraissent ces fleurs, qui sont blanchâtres et de nul effet.

On distingue deux espèces de châtaigniers, le marronnier et le châtaignier proprement dit; ils ont plusieurs variétés. Cette distinction d'usage n'est fondée sur aucun caractère essentiel. En général la fleur du marronnier est solitaire, et on ne trouve par conséquent qu'un fruit dans chaque coque. Ce fruit est plus gros, plus rond et de meilleur goût que la plupart des châtaignes, dont plusieurs sont renfermées dans la même enveloppe.

Voici les variétés les plus communes.

LA CHÂTAIGNE DES BOIS. — Plusieurs dans une coque, petite et de peu de goût.

— COMMUNE ou CULTIVÉE. — Un peu plus grosse et meilleure que la précédente.

— PRINTANIÈRE. — Petite, peu de goût, mais plus hâtive.

— POURTALONNE. — Grosse et bonne. L'arbre charge beaucoup.

— VERTE DU LIMOSIN. — Même qualité que la précédente, et se conserve long-temps.

— EXALADE. — Fruit excellent. L'arbre charge beaucoup, mais dure peu. Les marrons de Lyon, d'Aubray, d'Agen, du Luc, sont les plus beaux et les meilleurs de tous; ils sont très-connus.

L'Amérique septentrionale en fournit une espèce qu'on connaît sous le nom de *chicapin, fagus pumila*, dont le fruit est petit et meilleur que celui d'Europe; on ne peut le conserver long-temps. L'arbre aime les terres grasses et humides, et craint plus la chaleur que le froid.

CULTURE. — Le châtaignier aime une terre franche légère, qui ne conserve pas les eaux; un sol trop gras et trop frais lui est contraire; il ne réussit pas du tout dans les terrains calcaires; ses racines pivotantes exigent aussi que le sol ait de la profondeur.

On élève le châtaignier en pépinière, où il ne demande pas d'autres soins que ceux ordinaires aux arbres venus de semence ; ou bien on le sème en place. Dans ce cas, on enfonce à 3 pouces de profondeur, et à la distance que l'on veut donner à ses arbres, deux châtaignes à chaque place, et à 2 ou 3 pouces l'une de l'autre. Cette opération se fait en automne, si l'on n'a rien à craindre des mulots et des rats; autrement, on ferait stratifier les châtaignes pour ne les semer qu'au printemps. Lorsqu'on veut avoir des arbres vigoureux et de belle venue, il ne faut pas pincer le pivot en les plantant; mais si l'on tient à avoir promptement du fruit, on doit pincer le bout de la radicule avant de placer la châtaigne dans le trou qui lui est destiné.

Lorsque le châtaignier en pépinière, a atteint 6 pouces de circonférence, il faut le mettre en place. Alors aussi on rabat ses branches latérales, et l'année d'après on le greffe en flûte ou en écusson à œil poussant, lorsque la sève est montée. Il demande ensuite fort peu de soins. Quand l'arbre devient vieux, et que l'extrémité des branches se dessèche ou ne pousse plus, ou les rabat toutes à 3 pieds du tronc. L'année suivante, l'arbre pousse avec vigueur; et au bout de trois ou quatre ans donne de nouveau du fruit, à la vérité moins abondamment que lorsqu'il était plus jeune, mais son fruit est beaucoup plus gros. On peut renouveler cette opération.

Le châtaignier aime les bonnes expositions, un air libre et des labours. On doit écarter assez ces arbres en les plantant pour que les branches des uns ne recouvrent pas celles des autres; car les branches recouvertes donneraient peu de fruit, et il serait de mauvaise qualité.

Pour conserver long-temps les marrons et châtaignes, on les recueille dans leur hérisson ou enveloppe épineuse; on les entasse dans quelque cellier, et on les laisse ressuer jusque vers la mi-décembre; alors on les tire de leur enveloppe, on les étend sur un plancher jusqu'à ce qu'ils soient très-secs, puis on les met dans de grands pots de grès recouverts d'une toile et de un ou deux pouces de cendre. Par ce procédé, on peut les garder très-sains presque jusqu'aux nouveaux.

Le bois du châtaignier est excellent pour la charpente, et peut servir pour la menuiserie. Il se conserve très-long-temps dans l'eau. On fait avec ses branches, lorsqu'il est formé en taillis, du cerceau et des brins de treillage.

Cognassier.

LE COGNASSIER, *cydonia*, a plusieurs variétés plus ou moins estimables.

Le COMMUN, *cydonia vulgaris*. N'est qu'un grand arbrisseau de l'Europe méridionale, qui fleurit en avril et mai. Il aime un sol léger et frais et une exposition chaude. Si l'on veut le multiplier de semence, ce qui se fait assez rarement, parce que cet arbre pousse lentement, on sème les graines immédiatement après leur maturité dans une terre bien ameublie. Il lève au printemps suivant, et n'a besoin que d'être sarclé et biné de temps en temps. Sa multiplication par boutures et marcottes, beaucoup plus fréquemment employée, a été décrite à l'article *Multiplication des plantes par les tiges.*

On se sert de ce moyen pour former des sujets sur lesquels on greffe le poirier pour arbre nain en espalier.

Le cognassier se taille rarement, et ne demande à être débarrassé que des gourmands, des branches qui font confusion, et des rejetons qui poussent au pied.

Cognassier de Portugal, *cydonia lusitanica.* — Variété du précédent, qui elle-même a deux sous-variétés, l'une à fruits ronds nommés *coings-pommes*, l'autre à fruits alongés nommés *coings-poires.* Les fleurs de cet arbre, de médiocre grandeur, sont beaucoup plus grandes que celles du précédent. Ses fruits, plus gros, sont aussi d'une qualité supérieure. Outre cela, il donne des sujets plus forts que le commun, plus capables de bien nourrir les greffes du poirier, et ses branches s'enracinent plus facilement. Les poiriers greffés sur cognassier fructifient promptement; leurs fruits sont généralement plus sucrés et plus savoureux que lorsqu'ils sont greffés sur sauvageon, et même sur franc. Le cognassier de Portugal ne demande ni plus de soins que le commun, ni un autre terrain; mais ses fruits ne mûrissent pas toujours sous le climat de Paris. C'est ordinairement dans le mois d'octobre ou de novembre qu'ils atteignent le degré de maturité dont ils sont susceptibles.

— De la Chine, *cydonia sinensis.* — Celui-ci, qui fleurit à la même époque que les précédens, produit des fleurs d'un beau rouge et d'une odeur suave. Ses fruits, très-gros et très-odorans, sont d'une forme ovale alongée, mais n'ont pu atteindre jusqu'à présent sous le climat de Paris un degré de maturité suffisant pour être mangés. Il faut espérer que le temps et la culture acclimateront assez cet arbre pour qu'il puisse nous devenir utile; il n'est pas délicat sur la qualité du terrain, mais craint les gelées tardives. On le multiplie de boutures, de marcottes, et plus souvent par la greffe sur le cognassier commun.

Les fruits des diverses variétés du cognassier servent à faire des compotes ou des confitures nommées *cotighat*.

Coudrier.

LE COUDRIER OU NOISETIER, *corylus*, n'est qu'un arbrisseau qui s'élève sur une tige, ou qui plus souvent forme une touffe. Les fleurs mâles sont attachées les unes contre les autres, en fort grand nombre, sur un support ou filet pendant et assez long, et forment une espèce d'épi qu'on nomme chaton. Les fleurs femelles, groupées de deux à huit, sont rarement solitaires. L'embryon devient un fruit plus ou moins rond ou ovoïde, selon la variété. Le calice de la fleur croît avec le fruit, l'enveloppe en grande partie, et ne s'en détache qu'à sa maturité.

Cet arbrisseau, commun dans les bois, a plusieurs variétés qui lui sont préférables par la saveur et la grosseur de leur fruit.

COUDRIER FRANC, *corylus tubulosa*, dont le fruit, très-estimé avant sa parfaite maturité, est de forme ovoïde; il a deux variétés, l'une dont l'amande est recouverte d'une pellicule blanche, l'autre d'une pellicule rouge.

COUDRIER AVELINIER, *corylus avellana*. — Fruit plus gros et moins alongé que celui du précédent. Il a aussi quelques variétés connues sous les noms de *C. ovata* à gros fruits ronds, *C. maxima et striata*, à fruits anguleux. Ces avelines, qu'on trouve dans les quatre-mendians, nous viennent en grande partie d'Espagne.

— A GRAPPES, *C. racemosa*. — Fruit gros et très-bon, mais encore peu commun.

Les noisettes mûrissent et se recueillent en août et septembre; on les conserve comme les noix.

Le coudrier se multiplie de graine, de marcottes, de drageons qui reprennent facilement à la transplantation; mais ne donnent de fruits qu'au bout de trois ou quatre ans, ou par le moyen de la greffe. Il aime l'ombre et l'exposition du nord, mais ne réussit pas sous les arbres. On l'élève sur une seule tige ou en buisson, à volonté. Ses branches sont propres à faire des cerceaux. Il ne demande aucun soin, ni aucune terre particulière; cependant il produit davantage dans les terres sablonneuses et humides, au bord de quelque ruisseau.

Épine-vinette.

L'ÉPINE-VINETTE, VINETIER, *Berberis vulgaris*, est un arbuste épineux, indigène des lieux incultes et sauvages de la France, et qui croît en buisson de 4 ou 5 pieds. Ses fleurs, qui paraissent au mois de mai, sont en grappes simples et pendantes, d'un beau jaune, et au nombre de douze à trente, à chaque grappe. Leurs étamines, très-irritables, sont sensibles au moindre attouchement. Ses fruits, fort petits, cylindriques, aplatis sur leur longueur, arrondis par les bouts, sont revêtus d'une peau dure, lisse, rouge. La chair est fondante et pleine d'eau acide; elle contient un ou deux pépins bruns, longs, très-durs. Leur maturité est en novembre. On en fait, lorsqu'ils sont mûrs, des confitures très-estimées: les fruits verts se confisent au vinaigre.

L'épine-vinette à plusieurs variétés distinguées par la couleur du fruit ou par la grandeur des feuilles, telles que celles à gros fruit, à fruit blanc, et à fruit violet, dont la saveur est moins acide. La variété à fruit sans pepin est celle qui mérite le mieux de trouver place dans les jardins. La bonté du terrain et quelques labours au pied de l'arbre rendent ses fruits plus gros; mais ils ne sont sans pepin que lorsque les pieds deviennent vieux et qu'ils ont été produits de marcottes.

— DE LA CHINE; *B. sinensis.* — Joli arbuste, plus bas que le précédent, et donnant moins de fruits.

Les épines-vinettes sont des arbustes rustiques qui n'exigent ni taille, ni culture, ni engrais, et que leurs épines nombreuses rendent très-propres à former des haies impénétrables. On les multiplie de graine, de rejetons, de boutures, et aussi de marcottes, qui sont deux ans à s'enraciner. On doit les séparer en automne, époque à laquelle on replante aussi les rejetons, à mesure qu'on les éclate du pied-mère.

Figuier.

LE FIGUIER, *ficus carica*, est un arbre que l'on cultive en grand dans le levant et dans le midi de la France, où il acquiert plus de 25 pieds de hauteur et la forme d'un arbre. Ses fruits séchés sont, pour les pays où il peut acquérir toute sa croissance, un objet de commerce considérable. Sous notre climat, les intempéries de l'hiver permettent rarement au figuier de s'élever au-dessus de la taille d'un arbrisseau et de quitter la forme de buisson.

On cultive un grand nombre de variétés de cet arbre sur le littoral de la Méditerranée; voici celles que l'on voit le plus ordinairement aux environs de Paris.

FIGUE LONGUE OU PRINTANIÈRE. — La pulpe en est douce et agréable; elle donne une seconde récolte en automne, lorsque la saison est chaude.

— A FRUIT BLANC. — Fruits gros, très-renflés par la tête, pointus vers la queue, couverts d'une peau lisse d'un vert très-clair, pleins d'un suc doux et très-agréable. Ce figuier est le plus propre à notre climat.

— A FRUIT JAUNE, *figue angélique.* — Fruits un peu plus alongés et moins gros que ceux du précédent; la peau est jaune, tiquetée de vert clair; les semences sont lavées de rouge; le goût est fort bon. Ils sont beaucoup plus abondans dans l'automne que dans la première saison.

— A FRUIT VIOLET. — Ses feuilles sont beaucoup moindres que celles des autres variétés, et découpécs bien plus profondément. Son fruit, d'un violet foncé, a la chair rouge et le goût fort agréable dans des années chaudes. Il produit plus en automne qu'en été.

Poire ou figue de Bordeaux. — Variété du précédent. Fruit médiocre, même dans les années chaudes. Produit beaucoup dans les deux saisons. Sa peau est d'un rouge brun, et sa pulpe d'un fauve rougeâtre.

Parmi les variétés que l'on cultive sous le climat de Paris, les plus convenables sont celles qui donnent plus de fruits dans la première saison qu'en automne, parce que l'on ne peut jamais être assuré de la seconde récolte. Il y a cependant quelques variétés qui font exception.

Culture. — Le figuier préfère les terres sablonneuses et profondes à celles qui sont froides et qui gardent l'humidité; car, quoique cet arbre se plaise dans le voisinage des ruisseaux et rivières, il redoute les eaux stagnantes et marécageuses. Trop d'humidité rend son fruit fade. Il aime l'exposition du midi et l'abri d'un mur, d'une maison, etc. Il réussit bien dans les cours pavées, pourvu que sa tête soit exposée au soleil. La bonté de ses fruits dépend souvent de l'exposition où il est placé et de la quantité de soleil qu'il reçoit.

On multiplie le figuier par les marcottes, les boutures, les drageons éclatés des vieux pieds, et la greffe en flûte.

Les rejetons se laissent ordinairement au pied de l'arbre pendant deux ou trois ans, afin qu'ils ac-

quièrent assez de force pour être mis de suite en
place. Mais il vaudrait mieux les sevrer dès la première année, et les placer en pépinière dans une
terre bien ameublie, et à la distance ordinaire ; par
ce moyen, ils n'épuiseraient pas le pied-mère, en lui
enlevant pendant plusieurs années une grande quantité de sève, mieux employée à la nourriture des
fruits et du jeune bois. On les enfonce d'environ un
pied, et on les rabat à 6 ou 7 pouces. L'hiver on les
garantit du froid en les couvrant de litière ou de
fougère.

Les marcottes se font avec la plus grande facilité,
en courbant simplement une branche en terre : elle
est enracinée l'année suivante ; on la met en place
ou en pépinière, selon sa force, et on la traite comme
les rejetons.

Les boutures se font avec du bois de deux ou trois
ans, afin qu'il ait acquis assez de dureté pour ne
pas pourrir dans une terre ombragée, que l'on est
obligé d'entretenir humide. Celles qui ont pris racine se traitent comme les rejetons et les marcottes.

On se sert de la greffe en flûte pour changer la
variété d'un figuier, les autres greffes ne réussissant
pas sur cet arbre plein de sève et de moelle.

Lorsque l'arbre est en place, il faut, pour le préserver des rigueurs de nos hivers, qui pourraient
quelquefois le faire entièrement périr, l'envelopper
de paille ou autres matières. A cet effet, s'il est
placé au pied d'un mur, il faut incliner ses branches, les approcher, les attacher contre le mur, et
les couvrir de manière que ni l'eau ni le froid ne

puissent pénétrer jusqu'à elles. S'il est planté en
plein vent, on rassemble en faisceau toutes les branches, en les liant fortement avec de l'osier; ensuite
on recouvre ces faisceaux de deux pouces au moins
de paille neuve, que l'on maintient avec des brins
d'osier, et l'on couvre le sommet d'un capuchon
de même matière, afin d'éloigner les eaux de pluies
ou de neiges fondues. Pour faire cette opération, on
commence par revêtir le bas de l'arbre; la couche
de paille qu'on met au-dessus doit recouvrir un peu
la couche inférieure, et ainsi de suite jusqu'en haut.
On pose par-dessus le chapeau, qui doit être formé
d'une demi-botte de paille fortement liée du côté
des épis : on met ensuite de la litière au pied. Les
branches ne doivent être ainsi enfermées que par
un temps sec et après avoir été débarrassées des
figues d'automne et des feuilles qui y seraient adhérentes. Vers la mi-mars on débutte le pied de
l'arbre, et on le découvre peu à peu et successivement de bas en haut, de sorte que l'extrémité demeure couverte jusqu'à ce qu'elle n'ait plus rien
à craindre des froids tardifs, c'est-à-dire quelquefois jusqu'au commencement de mai.

Lorsqu'il est entièrement découvert, il faut retrancher tous les bois morts, tailler à un ou deux
yeux les branches faibles qui ne donneraient jamais
de fruit, à trois ou quatre les branches moyennes
qui ne montrent point de fruit, et même les gros
bourgeons qui sont fort longs, afin de multiplier les
branches, et d'en rapprocher les étages; car chaque
œil ne produisant qu'une fois du fruit, on ne peut

se procurer de nouveaux yeux qu'en faisant naître du bois nouveau. En coupant les branches, il ne faut jamais le faire rez tronc ni immédiatement au-dessus de l'œil qu'on veut conserver; mais on laisse un chicot, parce que le bois, qui est très-poreux et très-moelleux, peut se dessécher autour de la plaie et entraîner la perte de l'œil.

Du reste, la culture du figuier se réduit à tenir la terre propre autour de lui, et à l'arroser dans les grandes chaleurs.

Lorsqu'on a beaucoup de figuiers on peut hâter la maturité des figues d'été en sacrifiant la récolte d'automne; pour cela, on pince en juin le bourgeon terminal de chaque branche portant fruit; alors la sève, se trouvant arrêtée sur les figues seules, les fait grossir et mûrir en peu de temps. On peut également sacrifier les figues d'été pour s'assurer la récolte d'automne. Lorsque les figues d'été sont grosses comme le bout du doigt on les supprime, ayant soin de cautériser la plaie avec de la chaux ou du plâtre en poudre, afin d'éviter une grande déperdition de sève. La branche privée de fruit s'alongera davantage, et les figues d'automne ne tarderont pas à se montrer. Quand il y en aura six ou huit sur une branche, on la pincera; les figues profiteront de toute la sève qu'eût consommée la nouvelle pousse; elles grossiront promptement, et auront le temps de mûrir avant que le froid n'arrête l'ascension de la sève.

Il y a encore deux moyens préférables à ceux-ci pour hâter la maturité des figues. Lorsque ces fruits

ont atteint environ les deux tiers de leur grosseur,
on enfonce de deux ou trois lignes dans leur œil le
bout d'un poinçon trempé dans de l'huile d'olive;
ou bien, quand les fruits ne sont qu'au tiers de leur
grosseur, on cerne avec la pointe d'un canif, ou
d'un greffoir, l'extrémité de la tête où sont les
fleurs mâles, et on les enlève. La plaie ne tarde pas
à se cicatriser, et le fruit mûrit dans un temps
moitié plus court, sans rien perdre de ses dimensions.

Si l'on veut former une figuerie en pleine terre,
on doit suivre la méthode des cultivateurs d'Ar-
genteuil. Les figuiers se plantent en quinconce de
douze pieds de distance l'un de l'autre, sur des
pentes inclinées vers le midi, ou au moins dans des
plaines abritées du vent du nord et du nord-est par
quelques grands arbres et quelques hauteurs. Tous
les ans l'on supprime les branches les moins flexi-
bles, et la grande flexibilité de celles que l'on conserve permet de les coucher à volonté. Au mois de
novembre, ayant choisi un temps sec pour cette
opération, on remue et l'on fouille la terre autour
de chaque arbre; on nettoie les branches des figues
et feuilles qui pourraient s'y trouver, et on les couche dans leur sens naturel autant qu'il est possible,
dans des rigoles que l'on fait à cette intention. Pour
parvenir à coucher la branche, on la saisit par son
extrémité, on la courbe peu à peu en posant la
main ou le genou sur les parties qui font le plus
de résistance; on maintient les branches dans leur
position avec des crochets de bois; on recouvre

de six pouces de terre; puis on retire les crochets;
on butte ensuite les parties des branches que l'on n'a
pu enterrer. Si le froid devenait très-fort, on couvrirait la terre avec de la grande litière, de la fougère, des genêts ou des feuilles : autrement, les
branches pourraient périr. Si cela arrivait, comme
les racines n'auraient pas souffert, on couperait les
branches au niveau du sol, et on couvrirait les plaies
de deux pouces de terre; bientôt les racines produisent de nouveaux scions qui donnent du fruit
la seconde année. Au mois de mars on enlève la
paille, etc.; mais ce n'est que vers la fin d'avril que
l'on ôte la terre pour relever les branches du figuier
et les laisser jouir des bienfaisantes influences de la
chaleur qui commence à renaître. Alors aussi on
visite chaque pied pour en retrancher les bois
morts, etc. Après cela, il n'y a plus d'autres soins
à donner que de pincer en juin les pousses de l'année : cette opération fait partir de nouveaux rejetons, et hâte, comme nous l'avons dit, la maturité
des fruits d'été en sacrifiant ceux d'automne.

On force le figuier très-facilement, soit en in-
troduisant ses branches dans un châssis chauffé avec
du fumier, soit en le levant en motte et le replan-
tant dans une serre chaude, soit en l'élevant en
caisse et le plaçant sur le devant des espaliers que
l'on chauffe pour obtenir des fruits précoces. Dans ce
cas, il doit être peu élevé, afin de ne pas donner trop
d'ombrage aux arbres de l'espalier. Les figuiers
que l'on destine à être placés dans des caisses doivent avoir été formés de boutures faites en mettant

en terre, pour prendre racine, l'extrémité supérieure de la branche, laissant le gros bout dehors. Ce procédé diminue, pendant les premières années, la grande vigueur de l'arbre et accélère sa fructification.

Une espèce de kermès ou psylle attaque quelquefois les branches du figuier au point qu'elles en sont toutes couvertes. Ces insectes, par leurs piqûres, nuisent aux fruits et empêchent la croissance des branches, qu'elles font même souvent périr. On les détruit en frottant les rameaux infectés avec une brosse rude, trempée dans une décoction de suie ou de cendre.

Framboisier.

LE FRAMBOISIER, *rubus idæus*, est un arbuste originaire du mont Ida, dont les tiges sont bisannuelles; ses fruits mûrissent en juillet. Il a plusieurs variétés.

— A FRUIT BLANC.

— DES ALPES, OU BIFÈRE, A FRUIT ROUGE. — Il donne des fruits jusqu'aux fortes gelées.

— ROUGE A GROS FRUIT.

— A GROS FRUIT COULEUR DE CHAIR. — Le plus gros et le meilleur fruit du genre, introduit par M. Noisette.

CULTURE. — Le framboisier est peu difficile sur le terrain, quoiqu'il préfère un sol frais et une exposition demi-ombragée. Comme cet arbuste épuise la terre et nuit aux autres arbres, on a coutume de le cultiver à part. Lorsque ses bourgeons et ses fruits diminuent de grosseur et de nombre, c'est une marque qu'il a effrité la terre; alors il

10

faut le changer de place. On le fait cependant, si
l'on veut, rester plus long-temps au même endroit
au moyen d'engrais qu'on lui donne à l'automne. Depuis novembre jusqu'en mars où peut éclater les
vieux pieds, ou lever les drageons, sortis de leurs racines, les rabattre à huit ou dix pouces et les planter
à trois ou quatre pieds de distance l'un de l'autre.

En février, il faut retrancher tous les brins qui
ont donné du fruit l'année précédente, et dont la
plupart sont morts ; tailler à quinze ou dix-huit
pouces une partie des jeunes bourgeons, et laisser les
plus forts entiers ou presqu'entiers, donner un labour, et arracher tous les drageons sortis des racines.

Fraisier.

Le FRAISIER, *fragaria*, est une plante vivace, basse,
sous-ligneuse, formant des touffes serrées. Ses fruits,
qui mûrissent naturellement en juin, paraissent dans
différens mois de l'année, selon la variété ou les
modifications apportées par la culture. Une grande
partie des fraisiers que nous cultivons sont d'origine
européenne; l'Amérique nous a fourni les autres.

FRAISIER DES-BOIS, *F. vesca*. — Ses fruits, ordinairement très-raccourcis, quelquefois ovales, tron-
qués par un bout, sont lavés de rouge et teints de
rouge foncé vif et brillant, délicats, d'un goût et
d'un parfum relevé et excellent. Les premiers fruits
mûrissent vers la fin de mai, à l'exposition du midi,
et les derniers vers la mi-août, à l'exposition du
nord. Cette espèce de fraisier est beaucoup moins
cultivée depuis que le fraisier des Alpes ou des

quatre saisons est devenu commun. Il a une variété à fruit blanc qui lui est inférieure.

FRAISIER DE MONTREUIL, *F. portentosa*. — Plus grand que le précédent, dont il paraît être une variété trouvée dans les environs de Montlhéry. Il est cultivé à Montreuil avec beaucoup de soin, et donne du 1er juin jusqu'à la mi-juillet des fruits très-anguleux, comme formés de plusieurs fruits réunis, sept ou huit fois plus gros que ceux du fraisier commun, mais moins parfumés. Il a une variété à fruit blanc, moins estimée.

— A UNE FEUILLE, *F. monophylla*. — La plupart de ses feuilles sont simples, quelquefois il en montre de trifoliées. Fruit de forme et de qualité semblables à celui du fraisier des bois.

— DE FLORENCE, *F. collina*. — Fruit oblong, blanc, régulier, excellent. Ce fraisier, obtenu de graines au Jardin du Roi à Paris, et cultivé en Italie sous le nom que nous lui conservons, est aussi grand que le fraisier de Montreuil.

— DES ALPES OU DES QUATRE SAISONS, *F. semper florens*. — Quoique moindre dans ses différentes parties que le fraisier des bois, ses fruits sont cependant plus gros, plus alongés, mais moins parfumés. Ils sont sujets à dégénérer en fruits ronds dans les vieux pieds, mais ils se régénèrent par le semis; leur couleur est d'un brun plus foncé que celle des fraises communes. Ce fraisier produit en pleine terre depuis avril jusqu'aux gelées, et pendant tout l'hiver sous châssis ou dans une bâche à ananas. Semé en mars sur couche, il fructifie en mai. Les œilletons qui naissent des filets ont à peine quelques feuilles, souvent même ne sont pas encore enracinés, qu'ils poussent une tige et fleurissent. Multiplication par le semis mieux que de toute autre manière. Variété à fruit blanc.

FRAISIER DE GAILLON, *F. semper florens efflagellosa.* — Ce fraisier, aussi fécond que celui des Alpes, donne du fruit en toutes saisons, et n'a pas de coulans, ce qui le rend propre aux bordures. Trouvé à Gaillon par M. Baube. Il a une variété à fruit blanc.

— BUISSON, FR. SANS COULANS, *F. efflagellosa.* — Ce fraisier, cultivé depuis long-temps en bordure, au lieu de produire des filets, multiplie ses œilletons de manière à former de très-grosses touffes, et par conséquent à donner des fruits très-nombreux, qui sont aussi bons et de la même grosseur que ceux des bois. Il a une variété à fruit blanc.

— DE BARGEMONT, *F. Bergemontis.* — Il talle beaucoup et produit très-abondamment. Fruit petit, arrondi, ferme, blanc ou très-légèrement lavé de rose, et teint d'un beau rouge vif; succulent, d'un goût fin et très-agréable lorsqu'il est bien mûr. Les tiges trop faibles laissent poser les fruits à terre. Refleurit à l'automne, mais les seconds fruits périssent par le froid avant la maturité.

— HÉTÉROPHYLLE, FRAISIER VERT, *F. heterophylla.* — Toutes les parties de ce fraisier sont grêles, et les folioles qui composent ses feuilles varient de 3 à 5. Ses fleurs, de la même grandeur que celles du fraisier commun, ont les pétales contournés, mal épanouis; les premières verdâtres et très-près de terre;

les autres, d'un blanc mêlé de vert, sur des hampes aussi hautes que les feuilles. Ses fruits, arrondis, très-aplatis par les extrémités, d'un vert blanchâtre lavé de rouge brun, fermes, très-abondans, d'un goût et d'un parfum agréables, fort adhérens au calice, mûrissent presque tous en même temps. Les tiges étant trop faibles pour porter le fruit, il faut le chercher parmi les feuilles et souvent à terre. Ses graines trop nombreuses sont désagréables sous la dent. Il montre à l'automne de nouvelles fleurs qui n'ont pas le temps de fructifier.

FRAISIER DE LONGCHAMPS. — Feuillage blond, hampe grêle. Fruit de forme sphéroïde, aplati vers la partie supérieure, rouge écarlate d'un côté, sombre de l'autre. Graines peu nombreuses enfoncées dans leurs alvéoles. Chair abondante en eau agréable.

—PILON, FRAISE MARTEAU, *F. pistellaris.* — Fruit alongé, plus gros au sommet qu'à la base. Tiges couchées lors de la maturité.

—DE CHAMPAGNE, VINEUSE DE CHAMPAGNE, *F. Campana.* — Presque semblable au précédent; mais fruits les uns arrondis, les autres oblongs, anguleux et bizarres. Il acquiert un goût vineux dans les terres légères et chaudes.

— A PETITES FEUILLES, *F. parvi folia.* — Feuillage petit, soyeux, vert bleuâtre; hampe grêle toujours couchée. Fruit petit, un peu alongé, rouge clair, abondant en eau agréable.

— CAPRON ROYAL, *F. elatior.* — Toutes ses parties sont plus grandes, plus fortes, garnies de duvet plus rude et plus épais que celui des fraisiers pré-

cédens. Souvent les folioles ont plus de 4 pouces de
longueur sur 3 pouces et demi de largeur. Ses tiges
sont grosses, droites, et toutes les fleurs s'ouvrant
en même temps forment un bouquet; elles ont un
pouce de diamètre et sont d'un blanc très-pur. Ses
fruits sont gros, très-adhérens au calice, d'une
forme presque ovoïde, tronquée vers la queue,
blancs de cire ou lavés de rouge clair, et teints de
rouge pourpre, fermes, un peu secs, d'un goût peu
agréable mêlé de miel et de musc.

FRAISIER CAPRON MALE, *F. elatior mascula*. —
Fleurs toutes mâles, plus grandes que les femelles,
ne donnant jamais de fruit, mais servant à féconder
les suivans, parmi lesquels on le plante.

— CAPRON COMMUN, *F. elatior communis*. —
Fleurs femelles; fruit alongé; chair fondante,
pleine d'eau parfumée.

— CAPRON ABRICOT, *F. elatior subrotonda*. —
Fruit ovoïde, d'un rouge brun foncé et d'un blanc
de cire, ou très-légèrement lavé de rouge, fondant,
mais d'un parfum très-peu relevé.

— CAPRON FRAMBOISE, *F. elatior favosa*. —Fruits
ovoïdes, d'un beau jaune ou lavés de rouge clair et
teints d'un rouge cerise; fondans, succulens, parfumés de framboise.

Si l'on ne recueille les fruits des capronniers aussitôt qu'ils sont mûrs, ils se dessèchent ou pourrissent.

— DE VIRGINIE A PETITE FLEUR, *F. Canadensis*.
—Feuillage élevé; folioles lisses très-minces, étroites, d'un vert lavé de bleu; fleurs petites, femelles;
hampe fort courte, dans une direction oblique, peu

rameuse, ne portant souvent que 4 ou 5 fleurs, dont les dernières nouent rarement. Les échancrures du calice demeurent appliquées sur le fruit, et le couvrent jusqu'à sa maturité. Fruit petit, rond, d'un parfum propre, médiocrement agréable. Graines très-enfoncées dans les alvéoles. Le plus précoce de tous ; fin de mai jusqu'à la fin de juin.

FRAISIER DE VIRGINIE A GRANDE FLEUR, *F. Virginiana.* — Fleurs plus grandes, hermaphrodites ; fruit plus gros et meilleur que le précédent.

— DE VIRGINIE A GROS FRUIT. — Même fleur que le précédent ; fruit deux fois plus gros, préférable aux deux précédens.

Les fraisiers dits de Virginie se soutiennent et réussissent bien sous châssis, surtout le premier.

— ANANAS, *F. grandiflora.* — Feuillage très-grand ; fleurs hermaphrodites, très-grandes, s'ouvrant successivement et à de grands intervalles ; calice rabattu sur le fruit qui est très-gros, ovoïde ou sphéroïde fort aplati ; peau très-lisse et brillante, d'un côté teinte de rouge un peu ponceau, de l'autre légèrement lavée de rouge, sur un fond jaune très-clair. Leur chair est pleine d'eau d'un goût et d'un parfum très-agréables, imitant un peu ceux de l'ananas, mais fade lorsque la saison est pluvieuse.

— DE CAROLINE, *F. Caroliniana.* — Ce fraisier, un peu moindre que le précédent dans toutes ses parties, lui ressemble beaucoup. Il est moins garni de poil ; ses fleurs sont moins grandes ; ses fruits, plus souvent arrondis, ou un peu alongés, qu'ovoïdes, prennent beaucoup plus de couleur, et leur parfum différent est peu relevé. Variété à fruit long; autre plus rare à fruit blanc.

Fraisier de Bath, *F. Bathonica.* — Feuillage moins élevé que le précédent, plus étoffé, plus large; hampes plus courtes portant une dizaine de boutons à fleurs, dont les derniers ne s'ouvrent point; fleurs hermaphrodites; fruit très-gros; variable dans sa forme; peau d'un rouge écarlate peu foncé, et blanche, ou rarement lavée de rouge. Les semences sont dans des alvéoles assez profonds; chair succulente, peu parfumée.

— du Chili, *F. Chiloensis.* — Toutes les parties de ce fraisier sont fort grosses, et couvertes d'un duvet blanchâtre, long et épais. Dans notre climat sa végétation est lente; ses œilletons sont peu nombreux et peu garnis de feuilles. Fleurs unisexes, femelles; fruit gros comme un petit œuf de poule, redressé; peau lisse, brillante, d'un beau rouge peu foncé sur un fond blanc jaunâtre; chair ferme, pleine d'eau très-fraîche, d'un goût et d'un parfum peu relevés. Cette espèce est difficile à multiplier, même à conserver. Il lui faut une bonne terre de potager bien ameublie, où l'eau ne séjourne pas. Comme on ne lui connaît pas d'individu mâle, on est obligé, pour en obtenir des fruits, de la planter près des fraisiers carolines, ananas ou caprons dont on aura retardé la fleuraison. Le fraisier ananas est le plus convenable pour cet objet. Il a été apporté de la Conception en 1712.

— souchet. — Feuilles plus hautes que celles

du précédent; fleurs inférieures femelles, fleurs supérieures hermaphrodites ; fruit incliné d'abord, redressé lors de sa maturité, très-gros, passant du rouge obscur à l'écarlate; chair ferme parfumée, meilleure que celle de la fraise du Chili. A l'époque où le fruit se redresse le pédoncule prend la forme d'un *S* qu'il conserve toujours. Ce fraisier, préférable à celui du Chili, a été obtenu en 1808 par M. Souchet, de graines recueillies sur un fraisier du Chili que l'on croit avoir été fécondé par un capron.

CULTURE. — Le fraisier se plaît dans une bonne terre légère, meuble et fraîche; il aime à être défendu des rayons brûlans du soleil pendant les heures du milieu de la journée. Les labours, binages, serfouissages lui sont nécessaires. Les arrosemens fréquens augmentent sa vigueur et la grosseur de son fruit; mais ils en affaiblissent le parfum.

Le fraisier se multiplie par coulans, mieux par éclats, et mieux encore par semences.

Tous les fraisiers, excepté le *F. buisson* et le *F. gaillon*, produisent des coulans ou filets qui s'alongent, en rampant sur la terre, d'une longueur d'un à trois pieds. Ils sont garnis de plusieurs nœuds embrassés par des gaines qui couvrent chacune un œil. Ces yeux produisent, de deux l'un alternativement, des œilletons qui s'enracinent et propagent le fraisier. Le plant qu'ils produisent est bon à lever et à mettre en place vers la mi-octobre.

Pour multiplier le fraisier par éclat, il suffit de diviser les vieux pieds en touffes plus ou moins grosses, de manière que chacune d'elles conserve quelques racines pour en faciliter la reprise.

Lorsqu'on veut multiplier le fraisier par semis, il faut recueillir les graines sur les plus belles fraises lorsqu'elles sont parfaitement mûres, c'est-à-dire vers la fin de juin. Pour en extraire facilement les graines, qui sont très-fines, on écrase les fraises dans un tamis de crin placé dans l'eau; la pulpe se dissout par le frottement réitéré d'une cuillère de bois, et la graine reste dans le tamis. On la fait un peu ressuyer à l'air, et on la mêle avec de la cendre. On la sème ensuite dans un terrain bien préparé, dans l'endroit le plus chaud du jardin, et avec les soins que nous avons prescrits à l'article *Semis*, page 82. Elle lève dans l'espace de dix à vingt jours. Lorsque le plant a cinq ou six feuilles, on peut le repiquer en pépinière, ou en place à demeure. On peut aussi conserver la graine jusqu'au printemps suivant après l'avoir fait sécher, pour la semer sur couche ou en pleine terre; mais par ce dernier moyen elle est fort longue à lever.

La plantation des fraisiers élevés de graines, tirés des bois, éclatés des vieux pieds, nés des filets, se peut faire en toute saison, mais mieux en septembre ou octobre, et encore mieux en avril, afin que le plant ne puisse pas donner de fruit dans la même année, et qu'au lieu de s'épuiser à produire quelques fraises, il se fortifie et multiplie ses œilletons, pour donner l'année suivante une récolte abondante. La plantation d'automne donne du fruit au printemps, mais peu abondamment. Si l'on veut

planter au printemps, et que l'on ait ramassé le
plant dès l'automne ou pendant l'hiver, il faut le
planter en jauge, et ne le mettre en place qu'en
avril. Si quelques pieds poussent une tige on la
coupe avant que les fleurs s'ouvrent. En toute saison l'on doit donner une mouillure abondante immédiatement après la plantation, pour attacher le
plan à la terre. Le fraisier se plante en planches
mieux qu'en bordures; les variétés qui sont grandes ou qui tallent beaucoup, à une distance de 15 à
18 pouces entre chaque pied; les autres, à 10 ou
12 pouces. Les planches les plus commodes sont
celles qui ont 4 pieds de largeur, et dans lesquelles
on met quatre lignes de fraisiers disposés en quinconce. Il est avantageux de pailler la planche avant
de la planter, car cette opération, qui est indispensable, est longue et difficile à faire lorsque les fraisiers sont en place.

Les soins à donner aux planches pendant l'été
sont des binages, des sarclages, des mouillures à
propos, et la suppression des coulans au moins jusqu'en août, époque à laquelle on pourra laisser
croître ceux que l'on jugera nécessaires pour remplacer les pieds morts, ou pour fournir de nouveaux
plants. Au printemps de l'année suivante, après
avoir débarrassé les fraisiers des feuilles mortes et
des coulans, s'il y en a, on amende la terre avec du
terreau bien consommé, en donnant un léger labour,
et l'on paille par-dessus. Les autres soins sont les
mêmes que pour la première année.

Lorsqu'on désire d'abondantes récoltes de fraises,

il faut renouveler le plant tous les deux ans, car ordinairement lorsqu'il a donné deux récoltes il se
dégarnit du pied, et la plus grande partie périt. On
pourrait le faire durer une année ou deux de plus
en rechaussant chaque année, après la récolte, le
pied des fraisiers de quelques pouces de bonne
terre ; cela leur ferait pousser de nouvelles racines
au-dessus des anciennes, et entretiendrait leur vigueur et leur fertilité.

On fait plusieurs plantations de fraisier des Alpes depuis le commencement de mars jusqu'à la fin
de juin, afin de faire des récoltes successives dans
la même année jusqu'à la fin de l'automne. Ces
nouveaux plants portent du fruit, non-seulement
sur les talles des pieds, mais sur les jeunes œilletons
qui naissent de leurs filets. L'année suivante ils
donnent une récolte en même temps que les autres
fraisiers. Aussitôt après cette récolte, il faut retrancher tous leurs filets, rechausser les pieds, donner quelques arrosemens pendant l'été ; ils produiront une seconde récolte abondante en automne ;
ensuite il faudra détruire le plant : le fraisier des
Alpes ne se reproduit bien que de semences.

Quand on désire obtenir des fraises pendant l'hiver et le printemps, on plante en avril, en pleine
terre ou en pots, des pieds forts de fraisier des
bois, de Montreuil, des Alpes, de Virginie. On les
place à l'ombre pendant l'été ; on les effile ; on les
mouille pour les fortifier et les faire taller. Depuis
la fin de septembre jusqu'à la fin de janvier on les
place sur couche et sous châssis ; il ne leur faut

qu'une chaleur modérée, mais autant d'air, surtout
pendant leur fleuraison, qu'il est possible de leur en
donner sans retarder leurs progrès. Lorsque ces
fraisiers cessent de rapporter, il faut les lever en
motte, les replanter en pleine terre, les défendre
du soleil, et les arroser jusqu'à ce qu'ils aient bien
repris vigueur; ils donneront une nouvelle récolte
en septembre et octobre.

Au lieu de couches, quelques cultivateurs se
contentent d'entourer la caisse des châssis de fumier chaud; le renouvelant lorsqu'il en est besoin:
de cette manière les fraisiers peuvent se chauffer
en place.

Le fraisier des Alpes mis en pot réussit très-bien
sur une tablette dans la bâche à ananas. Comme il
craint la chaleur humide des couches, dans les hivers ordinaires il suffira de le garantir des gelées
avec des caisses couvertes de châssis vitrés, et garnies par dehors de grande paille ou de mousse : on
doit donner de l'air lorsqu'il est supportable.

Dans les terrains chauds et légers, où souvent le
ver blanc dévaste les fraisiers, il faut semer çà et là
dans les sentiers, et même dans les planches, dès la
fin de février et en mars, des fèves de marais ou des
féverolles. Cet insecte préfère les racines tendres de
cette plante aux racines presque ligneuses du fraisier. Aussitôt que l'on aperçoit quelque pied de
fève fané, on fouille et l'on tue les vers blancs qu'on
y trouve. C'est l'expédient le plus sûr pour détruire cet ennemi.

Goyavier.

Le goyavier, gouyavier. Poirier des Indes, *psidium pyriferum.* — Est un arbre originaire de l'Inde, cultivé depuis long-temps dans nos colonies d'Amérique, et depuis quelque temps dans les parties méridionales de la France, où il réussit fort bien et donne des fruits qui acquièrent une maturité assez parfaite pour reproduire l'arbre des semences qu'ils fournissent. Dans le climat de Paris il ne peut passer pour un arbre utile, exigeant la serre tempérée, la terre et les soins nécessaires à l'oranger.

C'est un arbre à tige droite, écorce lisse et d'un vert roussâtre. Ses feuilles, persistantes, sont entières, ovales, un peu alongées, obtuses et terminées par une pointe. Ses fleurs, qui paraissent en mai, sont grandes, blanches et solitaires. Le fruit, de forme ovale et couronné par le calice, est de la grosseur d'une petite pomme, jaunâtre dans sa maturité, et parfumé comme la framboise. Sa chair, légèrement acidulée, est de qualité astringente. On le mange cru ou en compote. Il a une variété d'un mérite inférieur, mais qui paraît un peu moins délicate; on la nomme *goyavier à fruit en forme de pomme.*

Grenadier.

Le grenadier, *punica granatum*, est un grand arbrisseau d'Afrique, naturalisé dans nos provinces méridionales, et que l'on peut même conserver en pleine terre aux environs de Paris, en le plantant, comme le figuier, au pied d'un mur au midi, ou mieux, quand on le peut, dans l'angle que forment deux murs dirigés l'un au sud-est, l'autre au sud-ouest; dans cette position on le laisse croître en buisson, et l'hiver on empaille ses branches comme nous l'avons dit pour le figuier, et l'on couvre son pied de litière, ainsi que la terre environnante. Cet arbre forme naturellement un buisson lorsqu'il n'a pas été élevé de semence. Quelques personnes le tiennent en espalier exposé au midi, et se contentent de couvrir son pied de litière et ses branches de paillassons. Dans les climats plus froids, on est obligé de le tenir en caisse, où il donne peu de fruit, qui mûrit rarement; on le serre alors dans l'orangerie pendant l'hiver. Ses fleurs, qui sont du plus beau rouge, paraissent de juillet en septembre, et sont suivies de fruits gros comme une grosse pomme, couverts d'une peau épaisse et coriace, terminés par un ombilic assez grand bordé des échancrures du calice persistantes, et divisés intérieurement en 9 ou 10 loges membraneuses qui contiennent des semences osseuses entourées d'une pulpe rouge, acide, agréable et fondante dans la bouche.

Le grenadier aime une bonne terre substantielle sans être compacte. Les arbres cultivés en pleine terre ont besoin de quelques arrosemens dans les printemps et les étés secs; ceux qui sont en caisse demandent de fréquens arrosemens pendant les chaleurs. Si l'on veut donner aux grenadiers, soit en caisse, soit en espalier, une forme régulière, il faut les tailler après la chute de leurs feuilles ou pendant l'hiver par un temps doux. Cette taille consiste à retrancher les petites branches faibles, incapables de produire des bourgeons assez forts pour donner des fruits; et à tailler les autres à une longueur proportionnée à leur force, afin de leur faire pousser au printemps de jeunes bourgeons capables de produire des fleurs, qui ne naissent qu'à l'extrémité des bourgeons de l'année. Si la taille ne se fait qu'au printemps, la naissance des bourgeons, et par conséquent celle des fleurs, est retardée, ce qui nuit à la maturité des fruits. La régularité de l'arbre décide du reste de la taille.

On multiplie cet arbre de ses graines, par la greffe sur franc, par les drageons enracinés, les boutures et les marcottes strangulées (1). Les marcottes faites dans des pots, tenues constamment humides, seront en état d'être serrées à la fin de l'été.

Dans les départemens méridionaux on l'emploie à faire des haies.

Cet arbre a plusieurs variétés à fruits plus ou moins acides et plus ou moins gros, qui portent le nom de *grenadiers à fruits doux*; leurs branches ne sont pas épineuses. On en cultive encore quel-

____

(1) La marcotte strangulée diffère de la marcotte simple, page 87, en ce que l'on fait à la branche, dans sa partie qui doit être le plus enfoncée en terre, et près d'un nœud ou d'un œil, une ligature avec du fort fil de chanvre ou avec du fil de fer, suivant le temps nécessaire pour obtenir des racines. Il faut avoir soin de ne pas serrer assez fort pour couper l'écorce.

ques espèces, plutôt agréables qu'utiles, dans notre climat, telles que :

Le GRENADIER A FLEURS DOUBLES, qui n'est que d'ornement;

— A FLEURS BLANCHES, dont le fruit mûrit rarement aux environs de Paris. Il est plus délicat que le grenadier à fleurs rouges;

— NAIN A FLEURS ROUGES SIMPLES, dont les fruits sont plus petits, et qui a besoin de l'orangerie et d'une culture particulière si l'on veut obtenir la maturité de ses fruits, etc.

Groseiller.

Le GROSEILLER, *ribes*, est un arbrisseau d'Europe, qui élève une tige de quatre à cinq pieds; on le forme en buisson, en palissade ou en pyramide. Ses fruits sont rouges et en grappe, — *rubrum*, ou gros et blancs, d'un suc beaucoup plus doux; — *album*, couleur de chair; — *carneum*, plus gros et blancs, connus sous le nom de *perlés*. Une variété plus trapue que les autres, à feuilles plus étoffées, à grains rouges, gros et ramassés au bout de la grappe, porte le nom du jardinier qui l'a fait connaître et s'appelle *groseiller gondouin*.

2° GROSEILLER A FRUIT NOIR, CASSIS, POIVRIER, *Nigrum*. — Aromatique dans toutes ses parties et plus grand que les autres espèces. Ses fruits, en grappe de cinq ou six grains, sont gros et noirs, d'un goût austère, et propres à faire de ratafias. Il a, ainsi que le groseiller à fruit rouge, une variété panachée et une autre, qui lui est particulière, à feuilles réniformes et tomenteuses, dont les fruits sont plus petits.

3° GROSEILLER ÉPINEUX OU A MAQUEREAUX, *uva crispa*. — Toujours en buisson; tiges moins fortes et moins élevées; feuilles beaucoup moins grandes, dont le support est armé de trois épines qui subsistent deux ans, et qui rendent ce groseiller très-propre à former des haies impénétrables; fruits ordinairement solitaires, plus gros (depuis la grosseur d'une noisette jusqu'à celle d'un œuf de pigeon), verts ou jaunes, rouges, violets, blancs, etc., couverts d'une peau dure renfermant un suc abondant plus ou moins sucré. Avant leur maturité on les emploie, au lieu de verjus, à assaisonner les *maquereaux*, d'où leur nom vulgaire, *groseilles à maquereaux*.

M. Noisette possède un grand nombre de variétés de cette espèce; voici les principales :

GROSEILLES LISSES. — *Grosse verte longue.* — *Grosse verte ronde.* — *Grosse ambrée.* — *Grosse lobée.* — *Très-grosse jaune*, obtenue de semis; son fruit est assez alongé.

GROSEILLES HÉRISSÉES. — *A fruits ambrés.* — —*A couleur de chair, longs.* —*A couleur de chair, ronds.* — *Blanche.* — *Verte.* — *Grosse ronde.* — — *Grosse jaune.* — *Couleur d'olive*, fruit tardif, le plus gros et le meilleur. — *Nouvelle-Angleterre*, très-grosse, etc.

Les groseilles à grappes, nommées *castilles* dans quelques départemens, mûrissent en juillet; mais on peut en prolonger la durée jusqu'en octobre et novembre en empaillant les arbres lorsque les fruits commencent à prendre de la couleur. Cette opération doit se faire par un beau temps sec, afin de ne pas renfermer l'humidité.

Culture. — Toute terre et toute exposition conviennent au groseiller, qui cependant donne du fruit plus gros et plus doux dans une terre douce, sableuse et fraîche. A la mi-février ou dès l'automne on le taille, c'est-à-dire qu'on retranche tout le bois mort, usé, trop vieux, et les chicots; on supprime les brins faibles s'il est trop touffu; on rabat les jeunes bourgeons qui partent du tronc, à la longueur convenable à la hauteur de la touffe. On taille les forts bourgeons des anciens brins à trois ou quatre yeux, et les moyens à un ou deux yeux.

Après la taille il faut labourer au pied des groseillers, et de temps en temps amender la terre avec des engrais bien consommés ou de bonne terre nouvelle.

Vers la fin de mai, lorsque tout le fruit est bien noué, si le groseiller a poussé des bourgeons forts, il est bon de les pincer ou rabattre sur le quatrième ou cinquième œil pour multiplier les branches et les yeux à fruits.

Les diverses espèces de groseillers se propagent de semences et de boutures en automne ou en février, ou bien de marcottes et d'éclats des vieux pieds. Ces arbrisseaux, tendant toujours à sortir de terre, doivent être remplantés tous les cinq ou six ans; sans cette opération, leurs fruits dégénèrent et leur fécondité diminue.

Mûrier.

Mûrier noir, *morus nigra*, de l'Asie-Mineure.

— Est un arbre de 25 à 30 pieds, mal fait et sans régularité. On le place la plupart du temps dans les basses-cours, où il réussit très-bien, parce qu'il y trouve une terre mêlée de décombres qui lui est favorable, et un abri contre le vent du nord. Ses feuilles, qui paraissent en mai, sont grandes et donnent une ombre épaisse qui convient à la volaille. On mange ses fruits depuis juillet jusqu'en septembre. Ceux qu'on ne consomme pas sont très-propres à nourrir les animaux de la basse-cour.

MÛRIER ROUGE, *M. rubra*, de l'Amérique septentrionale. — S'élève à 40 pieds et plus. Feuilles grandes et rudes; fruit mangeable, d'un rouge foncé.

— BLANC, *M. alba*. — Cultivé pour la nourriture des vers à soie, ne trouve point de place dans un jardin comme arbre fruitier. Les volailles et les cochons sont avides de ses fruits. Il y a beaucoup de traités spéciaux sur sa culture en grand.

CULTURE. — On propage le mûrier de semences, de marcottes strangulées (1) et de boutures. Les semis et les boutures se font au printemps, dans une terre très-légère, substantielle et un peu ombragée; les marcottes, lorsque la pousse est arrêtée. On tient la terre fraîche par des arrosemens dans les grandes chaleurs, et on couvre les semences, les boutures et les marcottes dans les temps de gelée. Ces deux dernières sont bonnes à lever au printemps suivant. Lorsque le plant de semences est en place dans la pépinière, on continue de le garantir du froid les deux ou trois premières années, parce que le mû-

(1) *Voyez* la note page 232.

rier est sensible à la gelée dans sa jeunesse, ses racines surtout. Cet arbre est fort lent à croître, et il lui faut au moins six ou sept ans avant qu'il soit assez fort pour être mis en place. On ne le taille, lorsqu'il est encore en pépinière, que pour faire grossir sa tige. On coupe les branches à 5 ou 6 pouces du corps, ce qui forme une quenouille, et on les rabat ensuite près du corps lorsque le tronc est assez haut pour servir de tige et soutenir une tête. Il ne faut pas négliger de lui mettre toujours de bons tuteurs pour le redresser, parce que la pousse n'est jamais droite. On emploie de la paille pour les liens; l'écorce du mûrier est tendre, l'osier la blesserait. Il faut mettre de la paille ou de la mousse entre la tige et le tuteur. Quand les fruits dégénèrent on rabat les grosses branches à quelque distance du tronc; par ce moyen l'arbre se renouvelle et donne des fruits plus gros et en plus grande quantité; du reste, il n'a besoin que d'être débarrassé de ses bois morts.

On peut le greffer de toutes manières, soit sur franc, soit sur le mûrier blanc.

Néflier.

NÉFLIER, MESLIER, *mespillus germanica*. — Arbrisseau indigène de moyenne grandeur, dont le fruit, de médiocre qualité, n'est comestible que lorsqu'il est resté quelque temps sur la paille pour s'y amollir. On le cueille au commencement d'octobre. La culture l'a beaucoup perfectionné et a fourni plusieurs variétés dont les principales sont le *néflier* à gros fruit, à fruit alongé, à fruit précoce, et celui à fruit sans noyaux (*mespillus abortiva*).

CULTURE. — Le néflier s'accommode de tout terrain qui n'est pas marécageux et de toute exposition. On le multiplie de semences qui mettent deux ans à lever, et plus ordinairement par marcottes ou par la greffe en fente, ou en écusson sur l'épine, le néflier des bois, l'azerolier, le poirier, le cognassier. Il ne demande aucune taille et veut être abandonné à lui-même, quoiqu'il affecte souvent une forme bizarre. Les fruits viennent à l'extrémité des rameaux.

Nous ne terminerons pas cet article sans parler de l'azerolier, *mespillus azarolus*, arbrisseau du Levant naturalisé dans le Midi de la France, où l'on mange son fruit que l'on y nomme *pommette*, ainsi que l'arbre. Il est à peu près de même grandeur que l'aubépine; ses fleurs, qui s'ouvrent vers la mi-mai, sont en bouquet de douze à quinze. Son fruit est gros comme une petite nèfle, rond ou turbiné, quelquefois à côtes peu saillantes, terminé par un ombilic large et ouvert. Sa peau, très-lisse, blanche d'un côté, lavée de rouge de l'autre, quelquefois toute d'un blanc de cire ou d'un beau rouge, selon la variété, renferme une chair pâteuse, sèche, d'un goût aigrelet. Ce fruit de fantaisie a besoin pour mûrir, vers la mi-octobre, d'une bonne exposition méridienne et abritée. L'arbre demande une terre substantielle et légère; il se multiplie de semences ou par la greffe sur aubépine, cognassier ou néflier.

Noyer.

Noyer cultivé, *juglans regia*, d'Asie. — C'est un grand arbre dont la tête est fort étendue et le port très-majestueux. Il a plusieurs variétés. Leurs fleurs paraissent en avril ou en mai; leurs fruits diffèrent par la forme, la grosseur et la qualité.

1° Noyer commun. — Est le plus productif. Ses fruits sont ronds, l'amande qui remplit bien la coque est bonne et donne beaucoup d'huile.

2° — A coque tendre, ou *noyer mésange.*— Ainsi appelé parce que le petit oiseau de ce nom en perce la coque à coups de bec pour manger l'amande. Ses fruits, d'une forme oblongue, sont bien pleins et supérieurs en qualité à ceux de l'espèce précédente; ils fournissent beaucoup d'huile.

3° — tardif, noyer de la Saint-Jean. *J. serotina.* —Cette variété, ne fleurissant qu'à la fin de juin, est précieuse dans les cantons où les gelées sont tardives. L'amande est de bonne qualité, donne assez d'huile, et peut se manger en cerneaux sur la fin de septembre.

4° — A gros fruits, *J. maxima.* — Noix très-grosses, qu'il faut manger fraîches, car elles diminuent de moitié en séchant. Elles donnent peu d'huile, et l'arbre n'est pas productif. On les appelle *noix de jauge.* Il a une sous-variété dont les fruits, presque carrés, servent d'étui pour loger de petits instrumens ou bijoux, une paire de gants, etc. Son amande n'est pas préférable à celle de la noix de jauge; elle rancit promptement.

5° Noyer a fruit anguleux ou a noix anguleuses, *J. angulosa.* — Amande très-bonne, mais logée dans des cellules osseuses et enfermée dans une coque très-dure et fort épaisse. Elle fournit une huile excellente et en plus grande quantité que les autres. Cet arbre doit être cultivé principalement pour son bois, qui est le plus dur, le plus fort, le mieux veiné, le plus beau, et par conséquent le meilleur de son espèce. Il végète avec vigueur et devient un des plus grands du genre.

6° — a gros fruits longs. — L'arbre produit beaucoup. Une amande d'un bon goût remplit bien la coque, qui n'est pas dure.

7° — a grappe, *J. racemosa.* — Ses fruits réunis ensemble, au nombre de 15 à 20, forment une espèce de grappe.

8° — pacanier, *J. olivæ formis,* de l'Amérique septentrionale. — Ses feuilles, à treize folioles lancéolées, diffèrent un peu de celles des autres espèces. Ses fruits oblongs, presque cylindriques, ont la forme et la grosseur d'une belle olive ; l'amande est d'un goût excellent ; mais il ne fructifie pas avant l'âge de 20 ans.

On cultive encore plusieurs espèces de noyers d'Amérique plus propres à la décoration ou plus convenables dans les arts qu'utiles par leurs fruits. Leurs produits sous ce rapport étant de peu de valeur, nous ne ferons que les indiquer par leur nom ; ils sont encore assez rares : Noyer noir, *J. nigra.* — blanc ou ikori, *J. alba.* — cendré, *J. cinerea.* — amère, *J. amara.* — purgatif, *J. cathartica.*

— A COCHON, *J. porcina;* — A ÉCAILLES, *J. squamo-sa.* Ils se greffent sur le noyer commun. La greffe en cusson est celle qui paraît le mieux réussir.

CULTURE. — On cultive le noyer pour son bois, son fruit et l'huile qu'on en tire, ce qui introduit quelque différence dans la manière de le traiter dans sa jeunesse, et dans les espèces que l'on doit pré-férer.

Si on tient à la qualité du bois, on choisit de préférence le n° 5. On le sème en place s'il est possible, afin de ne pas endommager le pivot, qui pénètre profondément en terre et donne à l'arbre une force et une vigueur de végétation qui, à la vérité, re-tarde la fructification, mais produit un arbre plus droit, plus haut et moins sensible aux gelées. Dans ce cas on ne se sert jamais de la greffe, qui nuit tou-jours au développement de l'arbre.

Les personnes qui cultivent le noyer pour l'huile doivent donner la préférence aux n°⁵ 1, 2 et 6.

Si l'on veut manger les noix, soit en cerneaux, soit lorsqu'elles sont parvenues à leur maturité, il faut supprimer le pivot du sujet, se servir de la greffe sur le noyer commun, pour y établir les n°⁵ 2, 3 et 6. Ce dernier fournit des cerneaux très-tard.

Toutes les espèces de terre conviennent au noyer, excepté celles qui sont argileuses. Les arbres aux-quels on conserve le pivot préfèrent un terrain sa-blonneux et même pierreux, pourvu qu'il ait assez d'humidité; ceux auxquels on le retranche ont be-soin d'une terre moins légère, moins sablonneuse et plus substantielle, parce que l'arbre ne peut plonger ses racines aussi profondément.

Pour les arbres dont on veut conserver le pivot et qui ne sont pas destinés à être greffés, on choisit des fruits parvenus à leur maturité dans les espèces qu'on veut cultiver, et on les sème en place, ayant l'attention de mettre deux noix à 3 pouces l'une de l'autre et à 2 pouces de profondeur, dans une terre qu'il suffit d'avoir bien ameublie et défoncée sans aucune addition de fumier. Les noix que l'on sème ainsi doivent avoir été stratifiées pendant l'hiver, pour ne se mettre en place qu'au printemps et lorsqu'elles sont germées.

Lorsque l'on cultive le noyer pour la consommation de son fruit, on a coutume de semer au printemps, après les avoir fait stratifier, les fruits du noyer commun ou mieux du noyer anguleux, pour avoir des arbres plus vigoureux, dans des rayons espacés de deux pieds. On place chaque noix, dont on pince le pivot, à un pied d'intervalle. La terre doit avoir été préalablement labourée à deux fers de bêche. Dans le courant de l'été, on donne les soins ordinaires aux arbres en pépinière. Au mois de novembre, dans les terres légères, et au printemps, avant la sève, dans les terres plus fortes et humides, on lève un plant entre deux, de manière à alterner avec les plants des deux rayons voisins, ce qui établit une distance de 2 pieds en tous sens entre les arbres. On examine ceux qui doivent rester dans les rayons, et l'on remplace ceux qui manquent ou sont mal venus. On plante les autres de la même manière, dans un terrain préparé d'avance pour cela. Comme il est facile de lever les plants en motte, il n'y a rien à retrancher après cette opération.

Les années suivantes, on donne des binages et de légers labours; on taille les branches latérales en crochet, ménageant avec soin la pousse verticale. A l'âge de 2 ou 3 ans, on coupe, entre les deux sèves, avec une bêche tranchante, autour de chaque plant, les racines qui, prenant trop de force, empêcheraient l'arbre de former un chevelu utile à sa reprise lors de sa transplantation. Lorsque les sujets ont environ 4 pouces de circonférence et 5 à 6 pieds de hauteur, on peut les greffer en flûte, en fente, ou en écusson à œil poussant. Pour cette dernière greffe on coupe les branches lorsque la sève commence à faire grossir les boutons, et on les conserve le pied dans l'eau ou à l'ombre dans de la terre entretenue fraîche, jusqu'à ce que l'écorce puisse se détacher avec facilité. Comme cette greffe est sujette à se décoller lorsque l'arbre est en place et isolé, on doit lier contre le sujet un petit tuteur qui le dépasse d'un pied environ, et contre lequel on liera le jet de la greffe. L'année suivante on peut mettre ces arbres en place, après avoir défoncé le terrain de 2 pieds et demi à 3 pieds. Si la plantation se fait au printemps, on rabat tout de suite la greffe à cinq ou six yeux; mais on ne fait cette opération qu'après les fortes gelées, si l'arbre a été mis en place entre les deux sèves.

Comme le noyer étend beaucoup ses branches, on doit laisser au moins 6 ou 8 toises de distance

entre les arbres greffés, et 10 ou 12 entre ceux qui
ne le sont pas. Cet arbre aime le grand air et se
place toujours isolé ou en avenues; il se plaît beaucoup sur le penchant des coteaux qui forment des
vallées. Il faut l'éloigner des habitations, parce qu'il
répand une odeur forte qui porte à la tête. Les arbres que l'on cultive pour la qualité du bois doivent
être abattus quand l'extrémité de leurs branches
supérieures commence à se dessécher; mais ceux
que l'on cultive pour le fruit peuvent durer encore
long-temps si l'on a soin de couper leurs branches
principales à 2 ou 3 pieds du tronc : ils poussent alors
de jeunes branches qui leur font une nouvelle tête.
On peut profiter de cette occasion pour changer l'espèce d'un noyer par le moyen de la greffe. On établit sur les nouveaux scions, en choisissant les plus
vigoureux et supprimant les autres, l'espèce de
noyer que l'on veut substituer à l'ancien.

La récolte des noix se fait, lorsqu'elles sont mûres, ce que l'on reconnaît à leur brou qui se fendille, au moyen des gaules, avec lesquelles on frappe
légèrement le fruit, qui est toujours placé à l'extrémité des branches. On doit ménager avec soin les
feuilles, ainsi que les boutons à fruit et à bois, car
de leur conservation dépend la récolte de l'année
suivante. C'est une attention que n'ont pas toujours
les gens chargés de cette récolte.

Les noix ainsi cueillies se portent sous un hangar
ou dans tout autre lieu sec et bien aéré; on les étend
sur 2 ou 3 pouces d'épaisseur, et on les remue chaque jour jusqu'à ce que le brou s'en sépare et que

les noix soient desséchées. Ensuite on les porte dans un lieu sec et à l'abri des intempéries de l'air. On les conserve ainsi jusqu'à la nouvelle récolte sans qu'elles rancissent.

Olivier.

OLIVIER cultivé, *olea Europæa.* — Arbre de 25 à 30 pieds de hauteur, originaire de l'Asie, et cultivé en grand dans la Provence, le Languedoc et une partie du département des Pyrénées-Orientales. Il craint les grandes chaleurs comme les grands froids, et l'on ne peut le cultiver avec succès que entre le 25e et le 45° degré de latitude. Ce n'est même que dans le voisinage de la mer qu'il réussit parfaitement : il est très-commun sur tout le littoral de la Méditerranée, et particulièrement dans les îles de l'Archipel grec, où il croît sans culture. A la latitude de Paris il ne peut être cultivé que par curiosité et à cause de la célébrité attachée à son nom, car son feuillage d'un vert triste, et ses petites fleurs blanches disposées en grappe au bout des rameaux, et qui ne se montrent pas même constamment chaque année, le rendent peu propre au décor; d'ailleurs, quoiqu'il puisse supporter un froid de quatre degrés, on est obligé de le tenir en caisse et de le serrer dans l'orangerie, ce qui ne permet pas d'en attendre quelque profit. Cependant nous pensons que si on le plaçait en pleine terre au pied d'un mur au midi, et qu'on le couvrît de châssis vitrés semblables à ceux destinés aux espaliers précoces, on pourrait espérer d'obtenir des fruits qui parviendraient à maturité. Jusqu'ici sa culture n'ayant offert aucun avantage dans la plus grande partie de la France, nous nous abstiendrons d'en parler, renvoyant ceux de nos lecteurs qui auraient quelque intérêt à le connaître aux ouvrages qui traitent spécialement de l'olivier, ainsi que des nombreuses variétés qu'offrent ses fruits.

Oranger.

ORANGER, *citrus aurantium*. Des Indes et de la Chine. — Moyen arbre qui, par la beauté de son feuillage, l'odeur suave de ses fleurs, le parfum, la couleur et les qualités bienfaisantes de ses fruits, a mérité l'attention de tous les hommes, et a été naturalisé par leur soin dans tous les pays du monde où la température descend peu au-dessous de la congélation, car l'oranger ne résiste pas sans dommage à un froid de 3 ou 4 degrés. Dans les contrées où le thermomètre descend au-dessous de ce terme, on est obligé de cultiver l'oranger en caisse, pour le rentrer l'hiver dans une serre qui le protége contre les intempéries de cette saison; et par conséquent son produit comme arbre fruitier est de nulle valeur. Nous n'entrerons donc dans aucun détail de culture à son sujet, nous contentant d'observer que l'on pourrait peut-être en obtenir de bons fruits et en assez grande quantité, en cultivant les espèces à fruits doux, telles que *le Portugal*, etc., en pleine terre et en espalier au pied d'un mur au midi, les abritant dans la saison froide par des châssis vitrés, etc. On n'a pas fait assez d'épreuves à ce sujet, puisqu'il est prouvé, par les superbes espaliers de cet arbre que l'on voit à Paris chez M. Boursault et chez M. Fion, qu'il ne lui a manqué jusqu'à présent que des soins pour qu'il puisse enrichir nos jardins fruitiers de ses productions agréables et utiles.

Pêcher.

Le PÊCHER, *amygdalus Persica*, est un petit arbre originaire de Perse, recommandable par la beauté de ses fleurs, qui paraissent en mars, et l'excellence de ses fruits, dont nous avons un grand nombre de variétés. Nous nous contenterons de donner la description de celles qui, vu la bonté de leur fruit, sont le plus ordinairement cultivées, et de n'indiquer les autres que par leur nom. Nous suivrons l'ordre de maturité (1).

PÊCHE, *avant-pêche blanche.* — Arbre maigre et délicat. Fleurs très-pâles. Fruit petit, sphérique, quelquefois un peu alongé, terminé par un mamelon couvert d'une peau fine, velue, toute blanche ou très-légèrement lavée de rouge du côté du soleil ; sa chair est toute blanche, peu succulente, très-sucrée, souvent un peu musquée ; son noyau ne se détache pas entièrement de la chair. Mûrit commencement de juillet. N'est cultivé qu'à cause de sa précocité.

— PETITE MIGNONNE. — L'arbre est très-fertile, ses

(1) Toutes les variétés de fruits dont nous faisons mention se trouvent chez M. Noisette, habile cultivateur et pépiniériste, rue du Faubourg-Saint-Jacques, n° 51.

fleurs sont fort petites. Fruit quelquefois rond, quelquefois alongé, blanc un peu jaune, d'un rouge très-foncé du côté du soleil. Sa chair est fine et toute blanche; l'eau est abondante, vineuse, agréable; le noyau est adhérent à la chair. Sa maturité est vers la mi-août, quelquefois au commencement du mois.

PÊCHE POURPRÉE HATIVE, *la vineuse.* — Fleurs grandes, bien ouvertes, teintes de rouge vif. Le fruit est gros, divisé suivant sa hauteur en deux hémisphères par un sillon large et profond; sa peau est veloutée, d'un beau rouge très-foncé du côté du soleil, tiqueté de rouge vif de l'autre; la chair, peu adhérente au noyau, est fine et fondante, d'un rouge vif vers le centre, blanche ailleurs; eau très-abondante, vineuse, relevée, mais sujette en certaines années à devenir cotonneuse. Mi-août. L'arbre souffre le plein vent; en espalier au levant.

— GROSSE MIGNONNE.— L'arbre est vigoureux, se contente de toutes les expositions, vient partout et est très-fertile. Ses fleurs sont grandes et d'un rouge vif. Son fruit est gros, bien arrondi, divisé par une gouttière profonde, mais peu ouverte; la peau, couverte d'un duvet très-fin, est d'un vert clair tirant sur le jaune, très-finement tiquetée de petits points rouges; le soleil teint l'autre côté de rouge très-foncé; la chair, fine, fondante, délicate, blanche, marbrée de rouge vif auprès du noyau qu'elle quitte facilement, est pleine d'une eau sucrée, vineuse, relevée. Ce beau fruit, une des plus excellentes pêches, mûrit après la mi-août.

— VINEUSE DE FROMENTIN.— C'est une variété du

précédent, dont le fruit, un peu moins gros, est d'un rouge très-foncé presque dans toute sa surface, et d'un goût plus vineux. Il mûrit presque en même temps que la *grosse mignonne*.

— PÊCHE GALANDE, *bellegarde*. — L'arbre, vigoureux et fertile, paraît être une variété de l'*admirable*. Son fruit, un peu plus hâtif, est de moyenne grosseur et presque entièrement teint de rouge pourpre, qui devient comme noir du côté du soleil. Sa chair, quittant le noyau, est sucrée et fort bonne. Il mûrit fin d'août. L'arbre demande l'exposition du levant. Ses fruits aiment à rester un peu couverts par les feuilles, et sont peu susceptibles d'être gâtés pas la pluie. Ce pêcher est aussi un de ceux qui craignent le moins la gelée.

— MAGDELEINE BLANCHE. — Ce pêcher est remarquable par la moelle brune de ses bourgeons, par ses grandes fleurs d'un rouge très-pâle, par son fruit très-gros, blanc, et rougissant à peine du côté du soleil. Chair se détachant du noyau, blanche, fine, fondante, agréablement musquée. Mûrit fin d'août.

— DE MALTE, *belle de Paris*. — C'est une variété de la *magdeleine blanche*, mais elle lui est préférable. La moelle de ses bourgeons est brune; ses feuilles sont dentées profondément. Fleurs grandes d'un rouge très-pâle; fruit de moyenne grosseur, sphérique aplati en dessous, marbré de rouge clair et de rouge foncé du côté du soleil; chair quittant le noyau, blanche, fine, remplie d'eau musquée, très-bonne et la plus agréable de toutes quand elle réussit bien. Mûrit en août et en septembre.

Ce pêcher souffre bien le plein vent, où il n'y a que les fruits exposés au soleil qui prennent un peu de couleur ; les autres demeurent blancs. Il se multiplie par les semences sans dégénérer. En espalier il demande le levant.

PÊCHE ALBERGE JAUNE, *pêche jaune, saint-laurent jaune, petite rossanne.* — Arbre très-fertile ; fleurs petites d'un rouge foncé ; fruits moyens, un peu alongés, terminés par un gros mamelon pointu, couverts d'une peau très-veloutée, d'un beau jaune, teinte de rouge très-foncé du côté du soleil ; la chair est fine, fondante, très-jaune à la circonférence, d'un beau rouge autour du noyau, qu'elle quitte facilement, d'un goût sucré et vineux. Mûrit fin d'août, plus souvent commencement de septembre.

Sa variété, *grosse rossanne*, a le fruit un peu plus gros et plus tardif.

— VIOLETTE HATIVE, *petite violette.* — Arbre beau et fertile ; fleurs très-petites d'un rouge très-foncé ; fruits de grosseur à peu près égale à la *petite mignonne*, assez bien arrondis, lisses, d'un jaune pâle d'un côté, d'un violet clair de l'autre ; chair fine, teinte de rouge vif auprès du noyau, auquel elle est adhérente ; eau sucrée, vineuse, relevée, excellente, si on laisse le fruit sur l'arbre jusqu'à sa parfaite maturité. Commencement de septembre. Exposition chaude.

— CHEVREUSE HATIVE. — Arbre vigoureux ; fleurs petites ; fruits gros, de forme un peu alongée, souvent parsemé de petites bosses, surtout auprès de

la queue; la peau est jaune et prend un rouge vif
et clair du côté du soleil; la chair, marbrée de
rouge très-clair auprès du noyau, qu'elle quitte facilement, devient un peu pâteuse dans l'extrême
maturité et aux mauvaises expositions; l'eau est
sucrée et agréable. Sa maturité est au commencement de septembre.

Pêche la chancelière.—Sous-variété de la précédente; en diffère par ses grandes fleurs, et par son
fruit un peu moins alongé, d'un goût plus sucré et
plus agréable, qui mûrit un peu plus tard.

— Magdeleine de courson, *magdeleine rouge,
paysanne.* — Arbre assez vigoureux, fleurs pâles,
fruit gros, sphérique, d'un beau rouge du côté du
soleil, chair non adhérente au noyau, ferme, blanche,
mêlée de veines rouges près du centre; eau abondante, sucrée, relevée, excellente. Mûrit à la mi-
septembre.

— Bourdine. — Fleurs petites, mal faites, pâles,
plus rouges sur les bords; fruits gros, arrondis, quelquefois surmontés d'un mamelon, lavés de rouge
foncé du côté du soleil; chair quittant le noyau,
fondante, sucrée, vineuse, d'un goût excellent. Mûrit à la mi-septembre,

Elle se reproduit de semences sans dégénérer,
souffre le plein vent, et demande le levant en espalier.

— Grosse violette, *brugnon des jardiniers.* —
Arbre très-fertile; fleurs à peu près comme la bourdine; fruit de grosseur moyenne; peau lisse et sans
duvet, d'un violet foncé du côté du soleil; chair

fine et adhérente au noyau, vineuse, excellente.
Mûrit mi-septembre.

PÊCHE ADMIRABLE, *belle de Vitry*.—Arbre grand
et vigoureux, très-productif; fleurs petites et légèrement lavées de rouge; fruit très gros, bien arrondi,
jaune clair, rouge vif du côté du soleil; chair ferme,
fine, blanche, teinte de rouge clair auprès du noyau,
qu'elle quitte aisément; pleine d'une eau douce, sucrée, d'un goût vineux, relevé, admirable. Mûrit à la
mi-septembre. Toute exposition ; souffre le plein
vent dans les lieux abrités.

— CHEVREUSE TARDIVE. — Arbre très-fertile,
fruits très-velus, d'abord alongés, puis arrondis
lorsqu'ils approchent de la maturité; d'une couleur foncée du côté du soleil, pleins d'eau excellente; chair non adhérente au noyau. Mûrissent fin
de septembre.

— NIVETTE, *veloutée tardive*. — Fleurs petites
d'un rouge foncé; fruits gros, sphériques, un peu
alongés. La peau, d'un jaune peu différent du vert,
se lave de rouge vif fouetté de rouge foncé du côté
du soleil; elle est garnie d'un duvet fin et très-épais.
La chair, qui n'adhère point au noyau, est ferme,
veinée de rouge vif près du centre. L'eau est sucrée
et relevée si le fruit a passé quelques jours dans la
fruiterie. Elle ne mûrit bien, fin de septembre, qu'à
une exposition chaude. Elle est amère dans les terres et les expositions froides.

— MAGDELEINE ROUGE TARDIVE, *magdeleine à
moyenne fleur*.—Sous-variété de la *magdeleine
de Courson*; fruits plus petits et moins ronds, très-

rouges, plus vineux, excellens, ne manquant presque jamais : la chair n'adhère pas au noyau. Mûrit
fin de septembre ou commencement d'octobre.

PÊCHE TÉTON DE VÉNUS.—Ses fleurs ressemblent
à celles de la *bourdine* ; ses fruits sont plus gros,
d'un jaune paille qui se lave légèrement de rouge
du côté du soleil, la plupart terminés par un très-
gros mamelon ; la chair, qui se détache facilement
du noyau, est de couleur rose près du centre ; l'eau
est d'un goût très-fin et très-agréable. Mûrit fin de
septembre. Veut un terrain chaud et léger, ainsi que
l'exposition du midi.

—BRUGNON MUSQUÉ.—Fleurs assez grandes; fruits
très-gros, teints d'un beau violet clair du côté du
soleil ; la chair est ferme, très-rouge auprès du
noyau, auquel elle est fort adhérente; très-abondante en eau vineuse, musquée, sucrée, excellente,
lorsque ce fruit n'a été cueilli que dans sa parfaite
maturité, et qu'ensuite il a passé quelque temps
dans la fruiterie. Il mûrit fin de septembre.

— ROYALE.— La force, la fécondité, les feuilles,
les fleurs de ce pêcher le font regarder comme une
variété de l'*admirable* ; son fruit est gros, moins
arrondi, terminé par un mamelon assez saillant,
quelquefois parsemé de petites bosses; le ton des
couleurs de sa peau et de sa chair tient le milieu
entre celui de l'*admirable* et celui de la *galande*. Sa
chair n'adhère point au noyau; l'eau est sucrée, relevée, agréable. Cette pêche ne mûrit qu'au commencement d'octobre.

— ABRICOTÉE, *admirable jaune, grosse jaune,*

pêche de Burai, pêche d'orange, sandalie hermaphrodite. — Arbre très-fécond, même en plein vent; fleur grande et belle, fruit très-gros, sphérique, un peu moins renflé par la tête, de couleur jaune, que le soleil lave légèrement de rouge; chair ferme, quelquefois un peu pâteuse, de la même couleur que celle de l'abricot commun, dont elle a un peu le goût; rouge auprès du noyau, qui est petit, et auquel elle n'est pas adhérente. A besoin d'un automne chaud pour mûrir parfaitement à la mi-octobre. Ce pêcher ne dégénère point par les semences.

Pêche pavie de Pomponne, *pavie monstrueux, gros persèque rouge, gros mélécoton.* — Cet arbre, très-vigoureux, produit de grandes fleurs qui s'ouvrent mal; leur couleur est assez vive; fruit d'une grosseur extraordinaire, d'un côté d'une très-belle couleur rouge, de l'autre d'un blanc tirant sur le vert, souvent terminé par un mamelon; la chair, adhérente au noyau, est rouge près du centre, dure, pleine d'eau musquée, sucrée, vineuse, lorsque ce beau fruit peut parvenir à une parfaite maturité; il est excellent étant cuit; il mûrit fin d'octobre si la saison est favorable, et exige l'exposition la plus chaude et la mieux abritée.

Les autres espèces et variétés de pêches sont inférieures à celles dont nous venons de donner la description; voici leur nom dans l'ordre de leur maturité : *Pêche mignonne hâtive;* commencement d'août; l'arbre souffre le plein vent; en espalier au levant. — *després,* mi-août. — *belle beauce;* commencement de septembre. — *belle beauté*; presqu'en même temps. — *mignonne frisée*; commencement de septembre. — *cerise*; commencement de septembre. — *à fleurs semi-doubles*; mi-septembre. — *d'Ispahan*; mi-septembre; mûrit en plein vent. — *pavie magdeleine*; fin de septembre. — *pavie alberge*; fin de septembre; exposition chaude et abritée, de meilleure qualité que le pavie de Pompone, mais moins tardif. — *persèque*, gros persèque ou persèque alongé; exposition chaude; commencement d'octobre. — *cardinale*; mi-octobre; on le mange cuit. — *jaune lisse, lissée jaune, rossanne*; fin d'octobre, quand la saison est favorable; exposition chaude. — *à feuilles de saule*; en novembre; propre seulement au midi de la France. — *nain*; mûrit en bâche. — *pavie tardif*; en novembre; propre seulement au midi de la France.

CULTURE. — Le pêcher aime un terrain doux, meuble, substantiel, profond, ni sec ni humide. Il se multiplie de semences avec les mêmes soins qui sont indiqués pour les arbres à noyaux. Le semis donne généralement des arbres très-bons, surtout si l'on sème les espèces que nous avons fait connaître dans la description des différentes sortes de pêches. D'ailleurs, c'est le seul moyen d'obtenir des variétés quelquefois précieuses. Plusieurs espèces réussissent bien en plein vent dans notre climat, d'autres exigent l'espalier, quelques-unes le préfèrent. Nous les avons désignées précédemment. Les espèces que l'on tient en espalier sont ordinairement greffées. L'amandier à coque dure, et dont l'amande est douce, est le meilleur sujet pour fixer la plupart des pêchers; cependant l'amandier-pêche paraît plus convenable pour les arbres en plein vent lorsqu'on veut les avoir de greffe. La qualité du terrain doit aussi déterminer le cultivateur sur le choix du sujet à employer, soit pour le plein vent, soit pour l'espalier. Outre cela, plusieurs espèces de pêches réussissent mieux sur certains sujets que sur d'autres.

Il faut greffer le pêcher sur amandier dans les terres sèches, sablonneuses ou cailloutenses; mais dans celles qui sont humides ou peu profondes, on doit le greffer sur prunier ou sur abricotier. Les racines de ces arbres étant traçantes, occupent une couche de terre plus facile à entretenir et à améliorer par la culture. Les pruniers employés pour sujets doivent être venus de semences, parce qu'ils drageonnent moins que ceux provenus de rejetons. Les espèces ordinairement en usage sont le *gros et le petit saint-julien*, *les gros et petit damas*; toutes les pêches lisses et les deux espèces de *chevreuses* ne réussissent point sur ce dernier. On le distingue des autres en observant pendant l'été que l'extrémité de ses pousses est rouge, que celles des autres sont blondes et jaunâtres, et qu'en hiver son bois est moins velouté et plus fort que celui du *gros damas*.

On emploie ordinairement pour le pêcher, la greffe en écusson à œil dormant. L'écusson doit être levé aux nœuds des bourgeons moyens, garnis d'yeux doublés ou triples, bien aoûtés, et être ap-

pliqué sur les sujets au déclin de leur sève : par
conséquent vers la fin de juillet sur le prunier ; un
peu plus tard, sur l'abricotier et le vieil amandier,
vers la mi-septembre, sur le jeune amandier. La
greffe doit s'établir à 4 ou 6 pieds de hauteur si le
sujet est destiné au plein vent ; et à 4 ou 6 pouces
du collet, si l'on se propose d'en faire un espalier.

A ce que nous avons dit dans la première section
sur la manière de planter les arbres, nous ajoute-
rons que, pour établir un espalier de pêcher, on doit
défoncer la plate-bande au-devant du mur, de 3
ou 4 pieds, bien ameublir la terre et y mêler du
fumier bien consommé si elle est maigre, ou la
remplacer par de nouvelle terre si l'ancienne est
mauvaise ou épuisée par une plantation précédente
de pruniers, pêchers ou abricotiers ; faire des trous
proportionnés à la force des arbres le long du mur,
à trois toises de distance si les greffes sont sur prunier, et de 4 à 5 si la greffe est sur amandier à
coque dure (il faudrait un peu moins de distance si
elle était sur franc ou sur amandier à coque tendre).
La plate-bande doit avoir six pieds de largeur, être
tenue propre par des binages et ratissages, et fumée
tous les trois ou quatre ans. A cet effet, on met en
automne 4 ou 5 pouces de fumier sur toute la plate-
bande, on l'y laisse séjourner tout l'hiver, et après
la taille, qui cette année doit être tenue plus longue, on l'enterre avec la fourche. Il est bon de
pratiquer un petit sentier à un pied et demi du
mur, pour soigner les arbres.

Dans les sécheresses on arrose tous les deux ou

trois jours les feuilles et les jeunes pousses, avec
une pompe à main, quand le soleil ne donne plus
dessus, et, faisant une petite fosse au pied de chaque arbre, on y verse un ou plusieurs arrosoirs
d'eau, selon son âge et l'étendue de ses racines. Aussitôt que l'eau est imbibée, on rabat la terre dans
la fosse. Cette précaution est surtout nécessaire
pour les jeunes arbres dont les racines n'ont pas
encore pénétré très-avant, et pour ceux qui sont
greffés sur prunier ou abricotier, dont les racines,
peu profondes, seraient desséchées par le hâle. On
doit cesser tout arrosement environ huit jours avant
la maturité des fruits, afin de ne pas altérer leur
qualité; mais si l'on craignait que la trop grande
sécheresse ne nuisît à l'arbre, on couvrirait la terre
de litière sèche ou de paillassons, et les tiges, avec
des planches, ou de la paille longue fixée par des
liens d'osier.

L'exposition du nord ne convient à aucune variété de pêcher. Celle du midi est destinée aux
variétés précoces et tardives, et à la plupart des
autres dans les terres froides et humides. Le levant
et le couchant suffisent pour un grand nombre
d'espèces.

On peut, à la rigueur, planter la *grosse mignonne*
au nord lorsqu'on veut en avoir des fruits tardifs;
la *magdeleine précoce* et la *petite mignonne* se mettent assez communément au midi; la *belle de Vi-*
try, la *grosse magdeleine*, l'*admirable* et *la galande*,
au levant; *le téton de Vénus*, *la bourdine*, la *Malte*
et la *pêche jaune*, au midi et au couchant; la *petite*

violette et *le brugnon*, opposés au levant et au couchant, mais mieux au couchant, ainsi que la *chevreuse*, etc.

Il est utile de nettoyer pendant l'hiver les pêchers chargés de givre ou de neige. On se sert à cet effet d'un ballet de bruyère peu serré que l'on promène sur les rameaux avec l'attention de ne point blesser les boutons des arbres. Ce soin prévient les ravages que causent souvent les gelées, surtout lorsqu'elles prennent sur l'humidité.

La taille est nécessaire aux pêchers en plein vent, comme à ceux qui sont plantés en espalier. Voyez, à ce sujet, l'article *Taille du pêcher*, page 122.

Pistachier.

Le PISTACHIER, *pistacia vera*, est un arbre originaire de Syrie, naturalisé dans le midi de la France, où il s'élève à la hauteur de vingt pieds. Il donne, en mai, ses fleurs en grappe, mâles sur un individu et femelles sur l'autre, ce qui oblige à les avoir tous deux pour obtenir des fruits. Les pistaches sont de la forme et de la grosseur d'une petite amande, dont le brou, peu charnu, couvre un noyau mince et flexible, cependant peu fragile, dans lequel est renfermée une amande verte, couverte d'une peau cramoisie; son goût est fort agréable; elle est recherchée par les confiseurs et pour l'office. On multiplie le pistachier de ses semences sur couche chaude et sous châssis. On repique les jeunes plants en pots, pour les serrer pendant trois ou quatre ans dans l'orangerie, où ils craignent l'humidité; à défaut de semences, on le multiplie de marcottes strangulées, que l'on rentre également les premiers hivers. On les plante ensuite en espalier, au midi, dans une bonne terre substantielle sans être humide. Les arbres doivent être espacés au moins de douze pieds les uns des autres, ayant soin de placer un individu mâle entre trois ou quatre femelles, ou mieux de greffer une branche mâle au milieu des branches de chaque individu femelle. L'hiver, on couvre les pieds de litière sèche et les branches de paillassons que l'on double dans les grands froids. Si le semis avait donné beaucoup d'individus mâles, ce que l'on reconnaîtrait au moment de la fleur, on les transformerait en femelles par le moyen de la greffe, n'épargnant que ceux qui seraient nécessaires à la fécondation des pieds femelles.

On voit, depuis un grand nombre d'années, des pistachiers en espalier dans la pépinière du Roule et du Luxembourg; ils y donnent de très-bons fruits qui acquièrent une maturité assez parfaite pour propager l'arbre de semences.

Poirier.

Le POIRIER, *pyrus*, est un arbre indigène, à racines pivotantes, s'élevant à la hauteur de 20 à 40 pieds; ses fleurs paraissent en avril. Il a un grand nombre de variétés obtenues par la culture. Nous en ferons la description en suivant l'ordre de maturité.

POIRE PETIT MUSCAT, *sept-en-gueule*. — Fruits

très-petits, en bouquets, teints de vert clair et de rouge brun, demi-beurrés, d'un goût musqué ; fin de juin. On l'élève en tige ou en espalier, au levant ; les vieux pieds en plein vent sont quelquefois très-fertiles.

POIRE AMIRÉ-JOANNET, *petit saint-jean*. — Fruit petit, régulièrement pyriforme, lisse, jaune citron ; chair blanche et tendre, goût peu relevé. Mûrit fin de juin.

— AURATE. — Fruit petit, turbiné, jaune très-clair et lavé de rouge, demi-beurré, un peu sec ; mi-juillet. L'arbre est productif, et se greffe sur franc.

— MUSCAT ROBERT, *gros saint-jean musqué, poire d'ambre*. — Fruit de moyenne grosseur, pyriforme, lisse, d'un vert clair un peu jaune ; chair tendre, d'un goût sucré et relevé ; mi-juillet. Se greffe sur franc.

— MAGDELEINE. — Fruit de moyenne grosseur, turbiné, d'un vert tirant sur le jaune, fondant, sans pierres, doux, parfumé, agréable ; mi-juillet, mollissant promptement. En buisson, en éventail, bonne exposition.

— ROUSSELET HATIF, *poire de Chypre, perdreau*. — Fruit petit, pyriforme, peau fine, jaune, et d'un rouge vif tâcheté de gris ; chair demi-cassante, parfumée et sucrée ; mi-juillet.

— CUISSE-MADAME. — Fruit demi-beurré, sucré, un peu musqué, très-alongé, de grosseur moyenne, luisant, vert et rouge brun ou roux ; fin de juillet. L'arbre réussit mal sur cognassier ; est tardif à se

mettre à fruit, ensuite très-fécond. Plein vent, entonnoir, espalier au levant.

Poire épargne, *beau-présent, grosse cuisse-madame.*—Boutons gros, fleurs grandes, fruit de moyenne
grosseur dans les terres de moindre qualité, très-
alongé, renflé vers le milieu, vert, marbré de fauve,
fondant, quelquefois un peu âcre, mollissant promptement; fin juillet. Arbre fort, poussant de gros
bois, difficile à mettre en pyramide; mieux en espalier au couchant; terrain sec et aéré.

— ognonet, *archiduc d'été, amiré roux, poire-
ognon.* — Fleurs petites et souvent presque semi-
doubles; fruit de grosseur moyenne, turbiné, lisse,
brillant, jaune et d'un rouge vif, demi-cassant, un
peu pierreux; d'un goût rosat et relevé; fin de
juillet. Arbre très-fertile, qui se greffe sur franc et
sur cognassier dans les bons terrains.

— bellissime d'été, *suprême.* — Gros fruit, en
forme de calebasse, jaune pâle; chair blanche,
demi-beurrée, parfumée, agréable, surtout lorsque
l'été est chaud; prompte à se cotonner et à mollir;
fin de juillet.

—bourdon musqué, *orange d'été.* — Fruit petit,
rond, un peu aplati, quelquefois turbiné, d'un vert
clair, tiqueté de vert foncé, cassant, musqué; fin de
juillet. L'arbre est très-fertile.

— blanquet, *gros blanquet, roi Louis.* — Fleurs
grandes et bien ouvertes; fruit moyen, pyriforme,
lisse, d'un blanc tirant sur le jaune et lavé de rouge
clair, cassant, d'un goût sucré et relevé; fin de
juillet.

Poirè petit-blanquet, *poire à perle.* — Grandes fleurs; fruit petit, en forme de perle, d'un blanc un peu jaune, demi-cassant, musqué et agréable; fin de juillet. L'arbre est très-fertile.

— Blanquet a longue queue. — Son fruit par bouquet est moindre que le gros blanquet, pyriforme, terminé en pointe aiguë à la queue, qui est longue, lisse, d'un vert presque blanc; demi-cassant, abondant en eau sucrée, parfumée, agréable; commencement d'août; se greffe sur franc.

— Sans peau, *fleurs de guignes.* — Fruit moyen, varie de forme, ordinairement pyriforme, peau fine, d'un vert pâle tâcheté de gris, et jaune tâcheté de rouge pâle; chair fondante et parfumée; commencement d'août. L'arbre se greffe sur franc, et est très-productif.

— Épine rose. — Fruit gros, sphérique, aplati par les extrémités, d'un vert approchant du jaune, tiqueté de brun et lavé de rouge clair; tendre, demi-fondant, musqué sucré. Mûrit en août. Terres fraîches, plein vent ou espalier, greffé sur cognassier.

— Salviati. — Fruit rond de moyenne grosseur, peau jaune de cire lavée de rouge par le soleil et parsemée de grandes taches rousses qui la rendent rude; chair demi-beurrée, sucrée, quelquefois un peu sèche. Mûrit en août. L'arbre se greffe sur franc.

— Orange d'été ou musquée. — Fruit de moyenne grosseur; de la forme d'une orange un peu aplatie, boutonnée, vert, et, dans sa maturité, d'un jaune très-pâle, lavé de rouge clair; cassant, sujet à se cotonner; relevé de musc. Mûrit en août.

Poire orange rouge *d'automne*. — Fruit de même forme que le précédent, un peu plus gros, gris d'un côté, rouge de corail vers le soleil; cassant, sucré et musqué. Mûrit en août.

— robine, *royale d'été*. — Fruit en bouquet, moyen, turbiné, d'un vert blanchâtre tiqueté de vert brun, qui jaunit ensuite; demi-cassant, un peu sec, sucré et musqué. Mûrit en août.

— belle de Bruxelles, *belle d'août*. — Fruit très-gros, de bon goût. Mûrit en août.

— de vallée. — Fruit de médiocre qualité, mais dont l'arbre, très-productif, se greffe sur franc et devient fort grand. Il mûrit fin d'août.

— bon-chrétien d'été. — Fruit moyen, en poire de coing, jaune, et rouge léger du côté du soleil; cassant. Mûrit fin d'août. Se greffe sur franc.

— bon-chrétien musqué. — Arbre très-productif; fruit petit, sucré, musqué; fin d'août.

On doit lui laisser, à la taille, toutes les petites branches entières, parce que ses boutons à fruit se forment mieux à l'extrémité des branches qu'ailleurs.

— gros bon-chrétien, *graciolli d'été*. — Fleurs les plus grandes du genre; fruit gros, pyramidal, tronqué, anguleux et bossu comme le bon-chrétien d'hiver; lisse, d'un vert très-clair, qui jaunit ensuite; demi-cassant ou tendre, très-succulent, sucré; commencement de septembre. Même observation sur la taille que pour le précédent; il pousse même de longs bourgeons qui se terminent par un bouton à fruit. On le greffe sur franc. Il réussit bien dans les cours pavées.

POIRE ROUSSELET DE REIMS, *petit rousselet.* — Fruit petit, pyriforme, d'un rouge brun, et d'un vert que la maturité jaunit un peu; chair fine, demi-beurrée, très-parfumée. Commencement de septembre. L'arbre pousse tard. Bourgeons grêles et bruns, feuilles grandes, yeux plats. Il veut une terre profonde. Ses fruits se font sécher au four ou se mettent à l'eau-de-vie.

— GROS ROUSSELET, *roi d'été.* — Fruit de moyenne grosseur, un peu plus pointu vers la queue; peau rude, d'un vert foncé et d'un rouge brun; chair demi-cassante, peu fine, parfumée. Mûrit au commencement de septembre. L'arbre se met très-bien en pyramide.

— CASSOLETTE, *muscat vert, friolet, lèche-friand.* — Fruit petit, quelquefois de moyenne grosseur, pyriforme, d'un vert clair tirant sur le jaune, et d'un rouge fort lavé, tendre, sucré, musqué. Fin d'août, commencement de septembre. L'arbre est beau et très-fécond.

— ÉPINE D'ÉTÉ, *fondante, musquée, satin vert.* — Fruit de moyenne grosseur, alongé, bien arrondi par la tête, très-lisse, vert-pré, fondant, quelquefois un peu pâteux, très-musqué. Mûrit commencement de septembre.

— FIGUE. — Fruit moyen, très-alongé, d'un vert brun, fondante, douce et sucrée. Commencement de septembre.

Poire cassante de Brest, *chevreau*. — Fruit de grosseur moyenne, turbiné; peau lisse, brillante, d'un vert gai tiqueté de vert brun et légèrement lavée de rouge; chair fine, cassante, sucrée, d'un goût relevé. Commencement de septembre.

— Orange tulipée, *poire aux mouches*. — Fruit moyen, d'une forme qui tient le milieu entre celle de beurré et celle de doyenné, de couleur verte et rouge brun, panaché de petites raies d'un rouge clair, et marbré de gris; chair demi-cassante, quelquefois un peu âcre. Commencement de septembre.

— Bergamotte d'été, *de la beurrière*, *milan blanc*. — Fruit gros, de forme turbinée, rude au toucher, d'un vert gai tiqueté de fauve et quelquefois un peu lavé de roux, demi-beurré, prompt à se cotonner, d'un goût peu relevé, cependant agréable et fondant. Commencement de septembre.

— Jargonelle. — Fruit moyen, turbiné; peau lisse et luisante, jaune, rouge vif du côté du soleil; chair demi-cassante, musquée, de médiocre qualité. Commencement de septembre.

— Noir grain. — Fruit moyen, très-estimé en Flandre. Mûrit en septembre. L'arbre est très-productif.

— Beurré de Coloma. — Fruit moyen, bon. Mûr en septembre.

— Olive. — Fruit moyen en forme d'olive, fondant, très-bon. Mûr en septembre.

— Doyenné blanc, *beurré blanc*, *saint-michel*. — Fruit oblong, gros, de couleur jaune citron (et rouge vif en espalier), très-beurré, prompt à se cotonner, doux, sucré, quelquefois d'un goût très-relevé, mais de très-médiocre qualité dans les terrains glaiseux, froids et mauvais. Mûrit à la mi-septembre. Tailler court toutes les variétés du doyenné pour leur faire pousser du bois, et arrêter l'excès de leur fécondité.

POIRE D'ANGLETERRE, *beurré d'Angleterre.* — Fruit moyen, ovoïde, alongé, pointu vers la queue, lisse, d'un gris tirant sur le vert, tiqueté de roux, tendre, demi-beurré, fondant, prompt à mollir, d'un goût agréable. Mûrit en septembre. L'arbre se greffe sur franc et est très-fécond; il devient fort grand en plein vent; en espalier, le fruit est beaucoup plus gros et bien plus succulent lorsque l'arbre est planté dans une terre sèche, légère et douce.

— GROSSE ANGLETERRE DE NOISETTE. — Variété obtenue par M. Noisette, plus grosse et plus tardive.

— BEURRÉ. — Fruit gros, de forme elliptique, alongée, pointue vers la queue, lisse, fondant, délicat, très-beurré, sucré, d'un goût relevé, fin et fort agréable; sa couleur varie suivant le terrain, l'exposition, le sujet, l'âge et l'état de l'arbre, verte, grise, teinte de rouge du côté du soleil. Mûrit vers la fin de septembre, mais doit se cueillir à la mi-septembre, un peu avant la maturité, ainsi que tous les beurrés. Les bourgeons de ce poirier, très-fertile, sont coudés à chaque nœud. L'arbre se met promptement à fruit sous toutes les formes, entonnoir, espalier, contre-espalier, etc.

Les beurrés, lorsqu'ils sont jeunes, doivent être taillés court, pour les garnir de bois et arrêter une fécondité trop prématurée.

POIRE CAILLOT ROSAT. — Fruit moyen, turbiné, alongé, vert gai et rouge clair, cassant, sucré, relevé, mollissant promptement. Mûrit fin de septembre.

— CALEBASSE. — Fruit gros, cassant, de bon goût. Mûrit en septembre et octobre.

— BEZY DE MONTIGNY. — Fruit moyen, de forme un peu alongée, imitant celle du doyenné, lisse, d'un beau jaune, très-fondant, sans pierre, relevé de musc. Mûrit commencement d'octobre.

— VERTE-LONGUE, *mouille-bouche, muscat fleuri*. — Fruit moyen, alongé, renflé vers le milieu, vert, fondant, délicat, sans pierre, doux, sucré, très-agréable, un peu prompt à mollir. Mûrit au commencement d'octobre. L'arbre est très-fécond et se greffe mieux sur franc.

— VERTE LONGUE PANACHÉE, *culotte de Suisse*. — Les bourgeons et les fruits sont rayés de vert et de jaune. Son fruit est moins gros que le précédent, quelquefois légèrement lavé de rouge, d'un goût très-peu relevé.

— BERGAMOTTE SUISSE. — Bourgeons rayés de vert et de jaune. Fruit gros, turbiné, un peu arrondi, rayé, suivant sa longueur, de vert, de jaune et de rouge, beurré, fondant, sucré. Mûrit en octobre. Ce poirier n'aime pas une exposition trop chaude.

— BERGAMOTTE D'AUTOMNE. — Fruit gros, turbiné, aplati par la tête, lisse, jaune et légèrement lavé de rouge brun tiqueté de gris, beurré, fondant, doux, sucré, un peu parfumé. Mûrit en octobre, novembre et décembre.

POIRE BEURRÉ CAPIEMONT.—Très-bonne. Mûre en octobre.

.— BERGAMOTTE CRASSANE, *crassane, crésane.* — Fruit gros dans les bons terrains, petit dans les terres médiocres ou sèches, rond, d'un gris tirant sur le vert, souvent tacheté de roux, très-fondant et beurré, d'un goût sucré, relevé, quelquefois un peu trop âcre; meilleur en espalier, se conservant mieux en plein vent. Mûrit en novembre, mais se cueille du 8 au 15 octobre au plus tard, et peut se conserver jusqu'en janvier. Ce poirier se greffe mieux sur franc et est très-vigoureux. Il a une jolie variété dont les feuilles sont bordées de blanc; elle craint le trop grand soleil.

— MESSIRE-JEAN, *chaulis.* — Fruit gros, rond, renflé par le milieu, d'un jaune foncé rembruni de grandes taches qui rendent la peau rude, cassant, souvent pierreux, sujet à mollir; eau agréable, très-relevée, abondante. Mûrit en octobre. Greffé sur franc, l'arbre veut le plein vent et une terre profonde et fraîche; greffé sur cognassier, on peut le mettre en buisson ou en espalier au couchant et même au nord.

— JALOUSIE. — Fruit gros, aplati suivant sa longueur, alongé, renflé par le milieu, boutonné et grené, roux, de couleur de noisette, très-beurré, prompt à mollir, sucré, relevé, excellent. Se greffe sur franc.

Poire FRANGIPANE. — Fruit moyen, long, renflé par le milieu, diminuant de grosseur par les deux extrémités, très-lisse, d'un beau jaune citron et d'un rouge vif, demi-fondant, doux, sucré, d'un parfum propre d'où cette poire tire son nom. Mûrit fin d'octobre.

— SUCRÉ-VERT. — Fruits par bouquet de moyenne grosseur, un peu alongés de diamètre, presque égaux dans toute leur longueur, lisses, verts, beurrés, sucrés, d'un goût agréable. Fin d'octobre. L'arbre est vigoureux et très-fécond.

— MANSUETTE, *solitaire*. — Fruit gros de forme peu régulière, alongé en pyramide tronquée, bossu, vert et jaune, tacheté de brun, demi-fondant, sujet à mollir, de médiocre qualité. Se greffe sur cognassier.

— BELLISSIME D'AUTOMNE, *vermillon suprême, petit certeau*. — Fruit très-alongé, de grosseur moyenne, d'un beau rouge foncé, et d'un jaune en partie lavé de rouge clair; cassant, sucré, relevé, demi-fondant. Mûrit vers la fin d'octobre.

— LANSAC, *satin, dauphine*. — Fruit moyen, renflé par le milieu, plus souvent rond, lisse, jaune, fondant, sucré, relevé, agréable. Mûrit depuis octobre jusqu'en janvier.

— PASTORALE, *musette d'automne, petit rateau*. — Fruit gros, fort alongé, renflé vers le milieu, obtus à l'extrémité où s'implante la queue, charnue à sa naissance; d'un gris qui se change en jaune parsemé de roux, demi-fondant, sans pierre, un peu musqué, fort bon. Mûrit en octobre, novembre et décembre. Se greffe sur franc.

POIRE ANGÉLIQUE DE ROME. — Fruit moyen, très-bon. Mûrit en octobre, novembre.

— SIEULLE. — Ainsi nommé de M. Sieulle, qui l'a fait connaître en 1815. Fruit moyen, forme de crassane; peau fine, jaune citron, légèrement lavée de rouge du côté du soleil; chair demi-fondante, eau sucrée, relevée, abondante et agréable. D'octobre en novembre. L'arbre est vigoureux et fertile; il se greffe sur franc et sur cognassier.

— BEZY DE LA MOTTE. — Bois épineux, fruit gros, renflé à sa base, roux, très-coloré du côté du soleil, piqueté de gris, cassant et sucré. Mûrit en octobre et novembre.

— DUCHESSE D'ANGOULÊME. — Fruit gros, ventru, rétréci vers les extrémités, lavé de rouge brun du côté du soleil; chair fondante, vineuse, sucrée, relevée, excellente. Mûrit en octobre et novembre. L'arbre a les rameaux érigés. Se greffe sur franc et sur cognassier. Il nous vient des environs d'Angers.

— FRANC-RÉAL. — Fruit gros, renflé par le milieu, diminuant de grosseur par les deux extrémités, d'un diamètre égal à sa hauteur, verdâtre, tacheté de roux. Cette poire est bonne cuite en octobre et novembre. L'arbre est très-productif en plein vent, en entonnoir ou en espalier au couchant; terre profonde et fraîche.

— BON-CHRÉTIEN D'HIVER, *poire d'angoisse.* — Fruit très-gros variant de grosseur comme de forme, tantôt en poire, tantôt en calebassse, plus souvent en pyramide tronquée ; peau fine, jaune clair et rouge incarnat ; chair fine, tendre quoique cassante; eau abondante, sucrée, plus ou moins vineuse suivant le terrain, l'exposition, l'âge et l'état de l'arbre. En octobre, et se conserve tout l'hiver. Ce poirier, un peu tortu et noueux, est très-productif, mais se met tard à fruit. On le greffe sur cognassier; il demande une terre substantielle, profonde, et un peu fraîche. On le place ordinairement au midi ou au levant; il est moins dévoré par le *tigre* à l'exposition du couchant.

Il a une variété excellente qui donne de plus beaux et de meilleurs fruits; on la nomme *bon-chrétien d'Auch*.

Poire bon-chrétien d'Espagne. — Fruit moins gros que le *bon-chrétien d'hiver*, pyramidal, d'un jaune tirant sur le vert et d'un beau rouge vif tiqueté de brun, dur, cassant, doux, sucré. Novembre et décembre. Bon cuit. Ce poirier aime une terre douce, légère et sèche, et une bonne exposition.

— bon-chrétien de Vernois. — Ressemblant pour la forme et la grosseur au *bon-chrétien d'hiver*. Peau fine et jaune, chair fondante, sans pierre, et de bon goût.

— bon-chrétien spina d'Italie. — Fruit plus court que le bon-chrétien d'hiver; même chair et même peau.

— bon-chrétien de Bruxelles. — Beau et bon fruit, qui mûrit en mars.

— bon-chrétien turc. — Très-gros fruit très-parfumé.

Poire bon-chrétien a bois jaspé.—Fruit singulier, bon. Mûrit en février.

— Beurré d'Arembert.—Fruit très-beau, verdâtre, de même grosseur et de même forme que le *beurré gris*; excellent.

— Doyenné gris.—Fruit moyen, presque rond, lisse, d'un vert tirant sur le gris, beurré, fondant, rarement cotonneux, sucré, et de meilleur goût que le *doyenné blanc*. Mûrit en novembre. L'arbre se met promptement à fruit, se forme en entonnoir, ou se place en espalier au levant, au couchant, même au nord. A cette exposition son fruit est de meilleure garde dans la fruiterie, où l'on doit le laisser mûrir.

— Doyenné galeux.—Fruit presque semblable au précédent, de couleur plus claire, tacheté, sujet à être pierreux.

— Doyenné d'hiver.—Semblable au doyenné gris, mais mûrissant plus tard.

— Épine d'hiver.—Fruit gros, alongé, très-lissé, d'un vert très-pâle; chair fondante, délicate, beurrée, douce, excellente dans les terrains qui lui conviennent; mais l'arbre est très-difficile sur la qualité de terre. Il se greffe sur cognassier. Novembre, décembre et janvier.

— Bergamotte sylvange.—Cette poire, fort estimée dans les environs de Metz, où elle a été trouvée, n'est que de médiocre grosseur; elle est pyriforme, un peu renflée vers la queue; peau lisse, verte, et jaunit très-peu; chair fondante, un peu grenue, d'un goût relevé. Mûrit en novembre et décembre. Se greffe sur franc. L'arbre est délicat et difficile sur le terrain pour la qualité du fruit.

POIRE BERGAMOTTE DE PAQUES OU D'HIVER. — Fruit très-gros, court, turbiné, d'un vert tiqueté de gris; demi-beurré, sans pierre, d'un goût peu relevé. Se mange depuis janvier jusqu'en mars.

— BERGAMOTTE DE LA PENTECOTE. — Fruit gros, ovale, arrondi; peau verte, marquée de points gris saillans, lavée de rouge du côté du soleil. Mûrit de novembre en mai. Une année pluvieuse ou un sol trop humide donnent trop d'âcreté à cette poire.

— BERGAMOTTE DE HOLLANDE, D'ALENÇON. — Fruit très-gros dans un bon terrain, plus rond que turbiné; sa peau, verte, devient d'un jaune clair; sa chair demi-cassante est abondante en eau agréable, assez relevée, approchant de celle du bon-chrétien. C'est la plus tardive des bonnes poires; elle se garde jusqu'en juin.

— ROUSSELINE. — Fruit petit, pyriforme, turbiné, de couleur plus claire que le martin-sec, demi-beurré, délicat, sucré, musqué, très-agréable. Mûrit en novembre. Se greffe sur franc.

— MARQUISE. — Fruit gros, alongé en pyramide, de forme régulière, jaune, et quelquefois très-légèrement lavé de rouge; beurré et fondant, doux, sucré, quelquefois un peu musqué. Novembre et décembre. L'arbre réussit en plein vent, mieux en espalier au levant ou au couchant.

— BEZY DE CAISSOY (forêt de Bretagne), *roussette d'Anjou*. — Fruit rond, un peu aplati par la tête; d'un vert qui jaunit ensuite, recouvert de

grandes taches brunes, tendre et beurré, sucré, excellent. Mûrit de novembre à février. Se greffe
sur franc pour le plein vent, où son fruit, moins gros,
se conserve mieux; sur cognassier pour espalier
et contre-espalier; alors son fruit devient plus gros et
se conserve moins.

POIRE BEZY DE CHAUMONTEL (trouvé à *Chaumontel*,
près de Chantilly), *beurré d'hiver.* — Fruit gros,
varié de forme et de couleur; chair demi-beurrée,
fondante, pleine d'eau sucrée, relevée, excellente.
Mûrit depuis novembre jusqu'en février. L'arbre
ressemble beaucoup au beurré, mais il est moindre
dans toutes ses productions; on le tient en entonnoir, ou en espalier au couchant. Terre légère,
peu humide. On doit le tailler court pour lui faire
pousser du bois.

— MARTIN-SEC, *rousselet d'hiver.* — Fruit moyen,
pyriforme, alongé et pointu vers la queue, de couleur isabelle et rouge vif, cassant, souvent un peu
pierreux, sucré et agréable. Mûrit en novembre,
décembre et janvier. Arbre très-productif, qui s'accommode de tout terrain et de toutes formes.

— ECHASSERY, *bezy de Chassery.* — Fruit de
moyenne grosseur, pyriforme jaune clair, beurré,
fondant, sucré, musqué, d'un goût agréable. Mûrit en novembre, décembre et janvier. Bel arbre,
fertile dans les terres douces et légères.

— AMBRETTE. — Fruit de moyenne grosseur,
ovale, blanchâtre, ou gris dans les terres fortes;
sa chair est fine, fondante, d'un goût sucré, relevé.
Mûrit de novembre à février. Le bois de ce poirier

vigoureux, est épineux ; il aime un terrain sec et chaud.

Poire VIRGOULEUSE (de Virgoulé, village près de St.-Léonard, Haute-Vienne), *poire-glace*. — Fruit gros, alongé, lisse, vert, jaunissant dans sa maturité, teint de rouge en espalier, tendre, beurré, sans pierre, doux, sucré, relevé, d'un goût qui ne plaît pas à tout le monde. Mûrit depuis novembre jusqu'en janvier. Ce poirier, très-vigoureux, lent à donner ses fruits, n'aime pas les terres froides ni les expositions trop chaudes ; il doit être greffé sur franc, parce que la greffe se décolle sur cognassier.

— SAINT-GERMAIN (du nom de la forêt). — Fruit gros, pyramidal, vert tacheté de brun, très-beurré, fondant, excellent, souvent pierreux, surtout dans les terrains secs. Mûrit depuis novembre jusqu'en avril. L'arbre est vigoureux, très-fertile, et fructifie promptement. Il a une variété de même qualité : *saint-germain à fruit strié ou rayé de jaune*.

— LOUISE-BONNE. — Ce fruit, assez ressemblant au saint-germain, est très-lisse, d'un vert qui pâlit dans la suite et blanchit, demi-beurré, sans pierre, doux, relevé dans les terres sèches, insipide dans les fonds humides et froids. Mûrit en décembre et janvier.

— ANGLETERRE D'HIVER. — Fruit moyen, pyriforme, lisse, jaune citron, parsemé de grandes taches de jaune foncé, très-beurré, prompt à mollir, doux et agréable, mais un peu sec. Mûrit en décembre, janvier et février.

— SPINGOLA. — Fruit de Florence, même forme

que le beurré d'Angleterre; chair d'un goût agréable.

POIRE BONNE ENTE.—Fruit moyen, très-bon. Mûrit en décembre. L'arbre veut être planté au midi, à l'abri d'une muraille.

— DE JARDIN. — Fruit gros, rond, boutonné, jaune rayé de rouge clair, et teint d'un beau rouge foncé tiqueté de jaune, cassant, un peu pierreux, sucré, fort bon. Mûrit en décembre.

— ROYALE D'HIVER. — Fruit gros, pyriforme, obtus, très-renflé vers la tête, où l'œil est enfoncé dans une large cavité, lisse, jaune clair et d'un beau rouge, demi-beurré, sans pierre, fondant, sucré dans les terres sèches et chaudes, insipide dans les terrains froids. Mûrit depuis décembre jusqu'en février. L'arbre est vigoureux et se greffe mieux sur franc que sur cognassier. On le tient en entonnoir ou en espalier au midi.

— DE RATEAU. — Fruit très-gros, turbiné, blanc verdâtre d'un côté, rougeâtre de l'autre, parsemé de points roussâtres; chair ferme, cassante, un peu sucrée, assez parfumée; bon cru, meilleur cuit. Mûrit fin de décembre.

— SABINE. — Obtenue de graine, aux environs de Metz, par M. Jaminet, dédiée à M. Sabine, secrétaire de la Société horticulturale de Londres. — Fruit de moyenne grosseur, renflé vers la base; peau verdâtre, tiquetée de points gris; chair tendre, d'un parfum agréable. Mûrit de décembre à février. Se greffe sur franc et sur cognassier; convient à toutes les formes.

— LIVRE. — Fruit très-gros, pyriforme, aplati

dans sa longueur, vert, presque tout couvert de taches rousses ; bon à cuire en décembre, janvier et
février. Arbre vigoureux qui se greffe sur franc et
se tient en entonnoir ou en espalier au couchant, vu
le poids de son fruit. Il demande une terre profonde,
substantielle et fraîche.

POIRE PASSE-COLMAR.—Fruit gros, un peu alongé ;
peau jaune citron, piquetée ; chair succulente, fondante, beurrée, très-sucrée. Mûrit depuis décembre
juqu'en février.

— COLMAR, *poire manne*. — Fruit très-gros, pyramidal tronqué, d'un vert qui jaunit un peu,
très-légèrement lavé de rouge, beurré, fondant,
sans pierre, doux, sucré, relevé, excellent. Mûrit
depuis janvier jusqu'à la fin de mars. Les terres
froides et humides ne conviennent point à ce poirier et rendent la chair du fruit un peu grossière.
On le tient en entonnoir ou en espalier au levant.

— COLMAR DORÉ. — Fruit pyramidal, plus alongé
que le précédent, fondant, très-bon. Ne mûrit qu'en
mars.

— TRÉSOR D'AMOUR. — Fruit très-gros, renflé par
le milieu, diminuant presqu'également de grosseur
par les deux bouts, qui sont obtus, jaune citron,
tendre, doux ; très-bon à cuire depuis décembre jusqu'en mars. L'arbre se greffe sur franc et se tient
en entonnoir ou en contre-espalier sur un treillage,
vu le poids de ses fruits.

— MARTIN-SIRE, *Rouville*. — Fruit moyen, bien
fait, pyriforme, alongé, couvert d'une peau très-
lisse, d'un vert que la maturité change en jaune ;

chair cassante, quelquefois pierreuse, douce, sucrée. Mûrit en janvier.

POIRE ANGÉLIQUE DE BORDEAUX, *saint-marcel, gros
franc réal*. — Fruit gros, turbiné, à longue queue,
de même couleur que le *bon-chrétien d'hiver*, mais
plus pâle, lisse, cassant, quelquefois tendre, doux
et sucré. Mûrit en janvier, février. Ce poirier, fort
délicat, ne se greffe que sur franc.

— CATILLAC. — Fruit très-gros, pyriforme, obtus,
d'un gris qui devient jaune pâle teint de rouge brun,
bon à cuire depuis novembre jusqu'à la fin d'avril.
Souvent d'une âcreté que le sucre peut à peine corriger. L'arbre se greffe sur franc, se tient en entonnoir ou en contre-espalier, attaché sur un treillage,
cause du poids de son fruit.

— ROUSSELET D'HIVER. — Fruit petit, pyriforme,
vert foncé et rouge très-brun, demi-cassant. Bon à
cuire en février et mars. Ce poirier vigoureux donne
beaucoup de bourgeons.

— ORANGE D'HIVER. — Fruit en forme d'o-
range aplatie par les deux extrémités, de moyenne
grosseur, boutonné, d'un vert brun, cassant, sans
pierre, d'un goût musqué et agréable. Mûrit en
février, mars, avril.

— BELLISSIME D'HIVER, *téton de Vénus*. — Fruit
gros, presque rond, lisse, jaune et rouge, tendre,
sans pierre, doux, moelleux. Excellent à cuire depuis janvier jusqu'en mai. L'arbre se tient en quenouille et en contre-espalier.

— DOUBLE FLEUR OU ARMÉNIE. — Fruit gros, rond,
aplati par les extrémités, rouge, et d'un vert qui

jaunit ensuite; sans pierre, succulent; sa chair
prend beaucoup de couleur au feu. Il se mange
cuit en février, mars et avril.

Il a une variété, la *double fleur panachée*, dont
les bourgeons sont rayés de rougeâtre, de vert foncé
et de jaune; les fruits panachés de vert et de jaune
et parsemés de taches rouges du côté du soleil.

POIRE DE TONNEAU. — Fruit très-gros, renflé par le
milieu, diminuant presque également de grosseur
par les deux bouts, qui sont obtus; jaune et d'un
beau rouge vif. A cuire en février et mars. L'arbre
se tient en entonnoir ou en contre-espalier sur un
treillage.

— NAPLES. — Fruit moyen, en forme de calebasse, lisse, jaune, légèrement lavé de rouge brun,
demi-cassant, sans pierre, doux et assez agréable.
En février et mars. L'arbre est vigoureux et fécond.

— CHAT BRULÉ. — Fruit moyen, pyriforme, un
peu alongé, bien arrondi par la tête, très-lisse,
brillant, jaune citron et d'un beau rouge clair et
vif, sans pierre. Très-bon à cuire en février et
mars.

— DE SAINT-PÈRE. — Fruit moyen, pyriforme,
peu pointu, rude au toucher, tendre et sans pierre,
succulent. Excellent cuit depuis mars jusqu'en
mai.

— IMPÉRIALE A FEUILLE DE CHÊNE. — Fruit de
moyenne grosseur, ressemblant à une petite virgouleuse, inférieur en qualité, quoique très-bon en
mars et avril. Ce poirier, très-vigoureux, s'étend
beaucoup; ses feuilles sont très-grandes et larges,

froncées, ondées par les bords, plus semblables à de petites feuilles de chou frisé qu'à des feuilles de chêne.

POIRE CHAPTAL. — Fruit gros, pyramidal, vert jaunâtre, excellent cuit. Se garde jusqu'en avril.

— SANGUINE D'ITALIE. — Fleurs rouges, fruit petit, grisâtre, rugueux; chair cassante, marbrée de carmin.

— MUSCAT L'ALLEMAND. — Très-gros, ventru, gris et rouge, beurré, fondant, musqué, d'un goût relevé. Mûrit depuis mars jusqu'en mai. Se greffe sur franc, et se tient en entonnoir ou en espalier au couchant.

— SARRASIN. — Cette poire, la plus tardive de toutes, est de moyenne grosseur, de forme peu régulière, alongée, renflée par le milieu, jaune pâle et lavée de rouge brun tiqueté de gris, tendre, sans pierre, d'un goût sucré et un peu parfumé. Se garde d'une année à l'autre.

CULTURE. — Les terrains de sable gras et frais qui ont de la profondeur sont les meilleurs pour les poiriers. Ils réusissent très-mal dans les terres compactes, froides, glaiseuses, ou dans celles qui n'ont pas de profondeur. Les racines de cet arbre étant pivotantes ne tardent pas à atteindre l'eau ou le tuf; et de ce moment les feuilles jaunissent et séchent. Les pousses sont faibles et grêles; les fruits se fendillent, sont pierreux, et souvent tombent avant la maturité. Dans les terrains humides, le tronc et les branches se couvrent de lichens et de mousses. On en débarrasse les arbres comme nous l'avons dit à l'article *Maladie des arbres.*

Les variétés du poirier se perpétuent par les greffes en écusson, en fente, en couronne. On greffe en écusson à œil dormant sur de très-jeunes sujets, si l'on veut des arbres d'une taille médiocre et qui rapportent promptement du fruit; sur des sujets plus âgés, si on désire des arbres plus vigoureux et plus étendus. Lorsqu'on emploie la greffe en écusson, on prépare les sujets quelques jours d'avance, en les débarrassant des branches qui peuvent gêner la greffe. Les grands plein-vents se greffent dans des sols très-profonds, sur le poirier sauvage; mais les fruits sont moins beaux, et leur saveur se ressent quelquefois de celle du sujet. Dans les terrains médiocrement profonds, les plein-vents et les espaliers qui ont une grande hauteur, se greffent ordinairement sur le cognassier de Portugal; les espaliers, contre-espaliers, etc.; sur le petit cognassier. Quelques variétés de poires fondantes réussissent sur l'azerolier, l'aubépine, le néflier et le cormier. En quelque forme que l'on élève le poirier, il peut être greffé sur franc lorsque le terrain a assez de profondeur. Nous devons observer que dans les pays où l'on éprouve de fortes gelées, le cognassier de Portugal convient peu pour sujet, parce qu'il est sensible au froid.

Toutes les espèces de poiriers ne réussissent pas sur cognassier. Les arbres qui végètent avec vigueur sont généralement de ce nombre.

Les greffes doivent être prises sur des sujets bien sains; car sans cette précaution on risque de communiquer au nouvel arbre la maladie qui altérait l'ancien.

Il n'y a aucune exposition où l'on ne puisse planter quelque variété de poirier; mais généralement l'exposition du levant convient aux fruits précoces, et même aux fruits d'été, qui réussissent cependant aussi à celle du couchant. Les fruits d'hiver exigent l'exposition du midi. S'ils sont greffés sur cognassier, il faut mettre une petite planche ou quelque chose d'équivalent devant le tronc, pour le préserver des rayons brûlans du soleil pendant les grandes chaleurs. Les arbres greffés sur cognassier se placent ordinairement au levant ou au couchant, et l'on greffe sur franc ceux qui doivent être mis à l'exposition du midi.

Les poiriers en espalier ou contre-espalier doivent être labourés tous les ans à l'automne dans les terres légères, et au printemps, quinze jours au moins avant l'épanouissement des fleurs, dans les terres plus fortes (1). On les sarclera et binera plusieurs fois dans le courant de l'été pour entretenir la terre propre et exempte de mauvaises herbes. Tous les quatre ou cinq ans il est bon de fumer la plate-bande comme nous l'avons dit à l'article *Pêcher*.

Nous ne saurions trop recommander, comme article essentiel, de tenir les arbres bien propres, les murs bien crépis, et de détruire au printemps tous

(1) On ne doit jamais labourer pendant la fleuraison, parce que la terre nouvellement remuée exhale des vapeurs humides que le froid de certaines nuits peut fixer en gelée blanche sur les fleurs.

les œufs d'insectes que l'on peut apercevoir. C'est un moyen sûr d'éloigner ces ennemis destructeurs.

Pommier.

Le pommier, *malus*, est un arbre qui élève peu sa tige, et forme une tête fort étendue; il fleurit en mai. Sa grandeur est différente, suivant ses variétés, qui sont plus nombreuses que celles d'aucun arbre fruitier. On n'admet dans les jardins que celles qu'on nomme pommes à couteau. Les autres se cultivent pour le cidre dans des vergers destinés à cet usage, ou le long des routes. Les soins qu'elles demandent n'entrent point dans le plan de cet ouvrage.

Les meilleures espèces de pommes à couteau, en suivant l'ordre de leur maturité, sont :

POMME CALVILLE D'ÉTÉ, *passe-pomme blanche, grosse pomme-magdeleine.* — Fruit petit, un peu conique, relevé de cinq côtes, d'un beau rouge foncé, et blanc de cire, lavé en partie de rouge clair, prompt à se cotonner, un peu sec, de peu de saveur. Mûrit fin de juillet, et s'emploie en compote quinze jours ou trois semaines plus tôt. Il s'en conserve sur l'arbre jusqu'en septembre.

— PASSE-POMME ROUGE. — Fruit petit, aplati, lavé de rouge léger et d'un beau rouge vif, prompt à se cotonner, d'un goût agréable, mais peu relevé. Juillet, en compote. Mûrit fin d'août.

— RAMBOURG FRANC, *gros rambourg.* — Fruit très-gros, fort aplati par les extrémités, relevé de bosses et de côtes qui rendent sa forme peu régulière; d'un jaune très-pâle et rayé de rouge, sur un fond blanchâtre, léger, aigrelet. Très-bon à cuire en septembre et octobre. L'arbre est vigoureux et fécond.

Pomme PIGEONNET, *cœur de pigeon, museau de lièvre.*—Fruit moyen, alongé, très-renflé vers la queue, rouge et rayé de rouge foncé; chair fine et d'un goût fort agréable. Rarement il se conserve jusqu'à la fin de décembre.

— REINETTE JAUNE OU HATIVE. — Fruit moyen, cylindrique, aplati par les extrémités; d'un jaune clair, tiqueté de brun, tendre, sujet à se cotonner, médiocrement relevé. Mûrit vers le commencement d'octobre. L'arbre, de taille médiocre, est fécond.

— REINETTE DE BRETAGNE.— Fruit moyen, quelquefois aplati, plus souvent alongé, rude au toucher, rouge foncé et vif, tiqueté de jaune, ferme, presque cassant, sucré, peu acide, excellent. Il va rarement au-delà de décembre.

— FENOUILLET JAUNE, *drap d'or.* — Fruit moyen d'un beau jaune, relevé par un gris fauve très-léger, ferme, délicat, doux et fort agréable. Mûrit en octobre et dure jusqu'en février.

— REINETTE TENDRE, *blanc d'Espagne.* — Fruit très-gros, lisse, d'un vert très-clair, presque blanc, et devient d'un jaune clair lors de la maturité, lavé très-légèrement de rouge. Elle est de qualité médiocre; on peut la manger crue, mais elle vaut beaucoup mieux cuite. Mûrit en octobre.

— REINETTE ROUSSE OU DES CARMES. — Fruit de moyenne grosseur et de bonne qualité. Mûrit fin d'octobre.

Pomme Calville rouge d'automne. — Fruit moyen, conique, rouge foncé; chair teinte de rose, sucrée, parfumée de violette. Se cueille en septembre, octobre; devient cotonneux vers le mois de février.

— Calville rouge d'hiver. — Fruit très-gros, alongé, cylindrique ou un peu conique, lisse, relevé de côtes peu saillantes, teint de rouge foncé; il s'éclaircit au temps de la maturité; chair fine, légère, grenue, presque toute rose, vineuse, agréable. Mûrit en novembre, décembre, janvier; se conserve quelquefois jusqu'à la fin de mars. L'arbre est peu touffu, et soutient mal ses branches.

— Calville blanc d'hiver, *bonnet carré*. — Fruit très-gros, à côtes relevées, le plus souvent raccourci, d'un jaune pâle; chair grenue, fine, tendre, légère, pleine d'eau relevée sans acidité. Se cueille avant le 15 octobre et mûrit depuis décembre jusqu'en avril. L'arbre est beau, vigoureux et fécond.

— Chataignier. — Fruit gros, alongé, d'un rouge vif. La cavité dans laquelle est implantée la queue est grise. Bon cru, meilleur cuit. On le cueille en octobre. Mûrit en novembre, décembre. Se greffe sur franc, et se tient en plein vent, où il charge beaucoup.

— Des quatre gouts. — Fruit moyen qui mûrit en octobre et novembre.

— Reinette de Hollande. — Fruit gros, très-bon. Mûrit en octobre et novembre. L'arbre est très-productif.

— Fenouillet gris, *anis.* — Fruit petit, bien fait,

rond sur son diamètre, gris presque ventre-de-biche, tendre, sucré, parfumé de *fenouil ou d'anis*, sans odeur. Mûrit depuis décembre jusqu'en février. L'arbre est délicat et de grandeur médiocre.

• POMME FENOUILLET ROUGE, *bardin*, *azerolli*. — Fruit moyen, un peu raccourci, gris foncé et rouge brun, plus ferme, plus sucré, plus relevé que le *fenouillet gris*. Il se conserve jusqu'à la fin de février.

— PIGEON, *Jérusalem*. — Fruit petit, conique, lisse, brillant, ferme, de couleur de rose un peu changeante, fine, délicate, grenue, légère, d'un goût propre, très-agréable. Mûrit en décembre, janvier, février. L'arbre, de moyenne grandeur, est très-fécond.

— REINETTE DORÉE, ou *rousse*, ou *jaune tardive*. — Fruit de moyenne grosseur, raccourci, aplati par les extrémités, lisse, tiqueté de gris clair sur un beau jaune foncé; chair ferme, sucrée, relevée, peu acide. Mûrit depuis décembre jusqu'en mars.

— REINETTE D'ANGLETERRE, *pomme d'or*. — Fruit moyen, d'un beau jaune, rayé de rouge, ferme, sucré, très-relevé. Mûrit depuis décembre jusqu'en mars.

— REINETTE DE CANADA. Fruit fort gros, relevé de côtes, d'un vert clair qui jaunit ensuite, lavé de rouge; chair caverneuse, un peu sujet à se cotonner, sans acide; très-bonne, mais d'un goût moins relevé que celui des bonnes reinettes. Mûrit en décembre, janvier et février.

— REINETTE BLANCHE. — Fruit moyen, très-lisse, jaune très-pâle, tendre, très-odorant, un peu sujet à se cotonner, agréable; se conservant avec peine jusqu'en mars. L'arbre est petit, se greffe ordinairement sur paradis, et charge beaucoup.

Pomme reinette de caux. — Fruit très-gros, comprimé, de forme irrégulière; vert jaunâtre; peu acide, agréable. Mûrit de décembre en février. L'arbre se tient en quenouille, greffé sur doucin ou sur paradis.

— reinette princesse noble. — Fruit très-beau, gros, comprimé, excellent. L'arbre est très-fécond.

— reinette d'Espagne. — Fruit gros, alongé, à côtes relevées, excellent. Mûrit en décembre jusqu'en mars. Se greffe sur paradis et se tient en entonnoir.

— coeur de boeuf. — Fruit rouge, excellent en compote. Mûrit en décembre.

— coing. — Fruit gros, de la forme du coing de Portugal, et de médiocre qualité. Mûrit en décembre.

— culotte suisse. — Bois et fruit rayé de vert, de jaune et de rouge. Pomme de grosseur moyenne, qui mûrit en décembre.

— reinette rouge. — Fruit gros, raccourci, renflé vers la queue, très-lisse, blanc ou jaune très-clair et teint d'un beau rouge, ferme, abondant en eau relevée d'aigrelet, tardif. Il y a une autre *reinette rouge* dont le fruit, moins gros et tiqueté, est fort bon. Il mûrit en février.

— violette ou des quatre goûts. — Fruit de moyenne grosseur, qui mûrit en février.

Pomme postophe d'hiver, d'Allemagne. — Fruit gros, aplati par les extrémités, anguleux, lisse, jaune, rouge clair, et rouge cerise foncé, d'un goût agréable relevé d'aigrelet. Mûrit en décembre, et se conserve jusqu'en mars.

— A feuilles d'aucuba. — Fruit bon, rapproché du *châtaignier,* mais plus alongé. Mûrit en mars.

— Figue sans pépin. — Fruit petit, ovale, jaune tiqueté de rose, bon et mûr en mars.

— D'astracan, *transparente de Moscovie.* — Plus curieuse qu'utile, de qualité médiocre, et qui n'est remarquable que par une transparence extraordinaire. Mûrit en août.

— Rambour d'hiver. — Mêmes forme et couleur que le *rambour franc.* Quoique cette pomme ait un peu d'âcreté, elle est fort bonne cuite depuis janvier jusque vers la fin de mars.

— Court-pendu, *capendu.* — Fruit petit, conique, d'un rouge pourpre et d'un rouge très-brun, tiqueté de fauve; sa chair imite celle de la reinette; son eau est aigrelette et agréable. Il se conserve jusqu'à la fin de mars.

— D'api. — Fruit fort petit, raccourci, lisse, brillant, d'un jaune très-pâle, presque blanc et d'un beau rouge vif éclatant, ferme, croquant, sans marc, sans odeur et presque sans saveur, mais d'une fraîcheur très-agréable. Se conserve jusqu'en avril. L'arbre est de moyenne taille, pousse des bourgeons longs et redressés, et est très-productif. Il est bon de découvrir les fruits quelque temps avant la maturité, pour que le soleil leur donne ce beau coloris qui en fait le charme.

Il a une variété : — *api noir*, à fruit d'un rouge très-brun ; et une autre : — *gros api*, pomme rose, dont le fruit est plus gros, sent la rose, mais est inférieur à l'api ordinaire.

POMME REINETTE GRISE, *haute bonté*.—Fruit gros, aplati, gris, ferme, sucré, fin, excellent. Mûrit et se garde jusqu'en juillet.

— REINETTE GRISE DE GRANVILLE. — C'est une pomme d'excellente qualité, qui se conserve long-temps.

— REINETTE FRANCHE. — Fruit très-gros, aplati par les extrémités, relevé de quelques côtes souvent assez saillantes, lisse, d'un vert clair qui se change en jaune pâle, quelquefois légèrement lavé de rouge, ferme, sucré, relevé, d'un goût très-agréable. Elle se conserve jusqu'en août, et même d'une année à l'autre.

— DOUX D'ANGERS. — Fruit moyen d'un vert roussâtre du côté du soleil ; chair très-blanche ; eau aigrelette, agréable. Cette pomme se conserve très-long-temps.

— DE LETTRE. — Fruit très-estimé, trouvé en 1813 dans le département de la Vienne, et cultivé depuis cette époque chez les amateurs. Cette pomme se conserve pendant trois ans.

CULTURE. — Le pommier aime une terre franche, douce et un peu humide. Quoique ses racines soient plus traçantes que pivotantes, il ne subsiste cependant pas long-temps dans les terres

qui ont très-peu de profondeur. Il n'est pas difficile sur l'exposition.

Les variétés précieuses du pommier se conservent et se perpétuent par les greffes en écusson,
en fente, en couronne, sur des sujets de la même
espèce. Les sujets élevés de pepins de fruits sauvages sont très-vigoureux et donnent des arbres
de la plus forte taille ; ceux provenus de pommes
à cidre ne laissent pas que d'être vigoureux, quoiqu'ils le soient moins et produisent de beaux arbres
pour le plein vent ou les grandes pyramides. Les
pepins des bons fruits à couteau donnent des sujets
moins vigoureux et propres à établir des arbres de
troisième grandeur, soit en pyramides, gobelets ou
grands éventails. C'est aussi par leur moyen que
l'on obtient de nouvelles variétés, comme nous
l'avons dit à l'article *Poirier*. La greffe sur doucin
(variété de pommier de grandeur très-médiocre)
fournit les arbres de quatrième grandeur propres
pour les gobelets, contre-espaliers et pyramides
moyennes ; enfin les sujets de paradis (variété de
pommier dont la grandeur n'excède pas celle d'un
arbrisseau) servent pour les petits buissons, les
petits vases en entonnoirs connus sous le nom de
paradis, pour les petites quenouilles et contre-espaliers de quatre pieds. Lorsqu'on emploie la greffe
en écusson on doit préparer le sujet comme nous
l'avons dit à l'article *Poirier*.

Les pepins de pommes demandent pour la conservation, le semis et la culture, les mêmes soins
que nous avons indiqués pour les pepins de poires.

La plantation du pommier se fait comme celle
du poirier, avec l'attention de ne pas enterrer la
greffe. Les plein-vents se plantent à 24 pieds de
distance dans les sols de médiocre qualité, et
à 36 dans les bons fonds de terre; 18 pieds suffisent pour les buissons et les contre-espaliers, 12
pour les grandes pyramides, 6 ou 8 pour les petites, et 4 ou 5 pour les paradis, que l'on dispose
souvent en quinconces ou en massifs. Mais la
distance entre les grands buissons, les contre-espaliers et les pyramides peut être beaucoup plus
grande si l'on veut placer des nains entre ces arbres; par exemple, de trois toises pour les pyramides de pommiers et de poiriers, mettant deux
paradis entre chaque pyramide et un groseiller entre deux.

On laboure le pied des pommiers une fois chaque
année à l'automne, mais avec la précaution de se
servir d'une bêche en fourche pour ne pas blesser les
racines, qui sont peu enfoncées en terre. Tous les
3 ou 4 ans on enlève à l'automne, jusqu'à la distance
de 5 à 6 pieds de chaque arbre, une couche de terre
d'environ six pouces d'épaisseur, que l'on remplace
après les gelées par une nouvelle terre bien substantielle et bien amendée avec de bon terreau gras,
si le terrain est sec, ou, s'il est humide, avec de la
marne calcaire mûrie pendant 2 ou 3 ans; c'est le
moyen de soutenir la vigueur de l'arbre, et de détruire un grand nombre d'insectes qui se cachent
dans la terre à l'approche de l'hiver.

Le pommier est plus que tout autre arbre frui-

tier exposé au ravage des chenilles et autres insectes : le meilleur moyen pour l'en préserver, ou
du moins pour diminuer le nombre de ces ennemis,
est de détruire les œufs de ces insectes à l'époque de
la taille, de tuer les chenilles, et de tenir la tige et
les grosses branches des arbres très-propres en les
débarrassant des vieilles écorces crevassées, ainsi
que des mousses et lichens qui s'y fixent, et qui
souvent servent de retraite à ces petits animaux.

Prunier.

Le prunier, *prunus*, est un arbre de médiocre
grandeur, droit, bien fait et régulier dans sa jeunesse, difforme et dégarni dans sa vieillesse, et
dont les racines traçantes poussent des rejetons de
toutes parts. Il fleurit en mars. Voici ses principales variétés par ordre de maturité.

PRUNE DE CATALOGNE, *de saint-barnabé, jaune
hâtive.* — Fruit petit, alongé, un peu renflé par la
tête, jaune, molasse, sucré, quelquefois un peu
musqué, souvent insipide. Arbre de grandeur médiocre, très-fertile en espalier au midi. Mûrit au
commencement de juillet.

— ROYALE HATIVE. — Fruit gros, de bonne qualité, violet. Mûrit au commencement de juillet.

— PRÉCOCE DE TOURS, *prune noire hâtive.* —Fruit
petit, ovale, noir, très-fleuri, un peu parfumé.
Mûrit mi-juillet. Arbre vigoureux et fécond.

— MONSIEUR. — Fruit gros, sphérique, bien
fleuri, d'un beau violet ; chair jaune, fondante,
d'un goût un peu relevé dans les terrains chauds.

et secs, quittant bien la peau et le noyau. Mûrit vers la fin de juillet. Il a une variété : — *monsieur hâtif*, qui n'en diffère que par la couleur plus foncée et par le temps de sa maturité, qui est plus hâtive d'environ quinze jours. Le prunier de monsieur est vigoureux et productif.

PRUNE PÊCHE. — Fruit très-gros, chair de la prune de monsieur, de qualité inférieure. Mûrit à la même époque.

— ROYALE DE TOURS. — Fruit gros, aplati par la tête et sur son diamètre, divisé par une large gouttière, très-fleuri, d'un violet peu foncé et d'un rouge clair; chair fine, pleine d'eau sucrée, assez relevée. Mûrit vers la fin de juillet. C'est un arbre fort et fécond.

— BIFÈRE. — Fruit alongé, vert tirant sur le jaune, saveur agréable. Il mûrit vers la mi-juillet, et donne une seconde récolte à la mi-septembre.

— DIAPRÉE VIOLETTE. — Fruit moyen, alongé, violet, très-fleuri, ferme, délicat, sucré, agréable; la peau et le noyau ne quittent pas facilement la chair. Mûrit au commencement d'août. L'arbre produit des bourgeons dont les yeux sont triples et qua-druples.

— DAMAS MUSQUÉ. — Fruit petit, aplati sur son diamètre et par les extrémités, divisé en une gouttière fort profonde, d'un violet approchant du noir, très-fleuri; chair jaune, ferme, d'un goût relevé et musqué. Mûrit à la mi-août. Arbre moyen, peu fécond, originaire de Damas en Syrie.

PRUNE PETITE MIRABELLE.—Fruit petit, rond, un peu oblong, jaune ambré, ferme, fort sucré. Mûrit à la mi-août. L'arbre est petit, touffu, très-fécond.

— GROSSE MIRABELLE. — Fruit petit, rond, un peu alongé, d'un jaune tirant sur le vert, qui devient couleur d'ambre, quelquefois tiqueté de rouge, ferme, un peu sucré. Il mûrit vers la mi-août. L'arbre est fort touffu, très-fécond et de grandeur médiocre.

— IMPÉRIALE VIOLETTE, *prune d'œuf.* — Gros fruit de la forme et quelquefois de la grosseur d'un œuf, d'un violet clair, très-fleuri, ferme, un peu sec, sucré, relevé; sa chair quitte bien le noyau et difficilement la peau. Dans les terres froides il est souvent gommeux et verreux. L'arbre est très-vigoureux.

— IMPÉRIALE BLANCHE. — Ce fruit n'a d'autre mérite que d'être quelquefois de la grosseur d'un œuf de poule d'Inde; sa peau est coriace, et sa chair blanche, ferme, et adhérente au noyau. Mûrit dans le même temps.

— DAME-AUBERT. — Fruit au moins aussi gros que le précédent, de qualité médiocre, de forme plus alongée, dont la chair quitte bien la peau et le noyau.

— DAMAS VIOLET. — Fruit moyen, alongé, violet, très-fleuri; chair jaune, ferme, sucrée, un peu aigre, peu adhérente à la peau et au noyau. Mûrit fin août. L'arbre est vigoureux, mais peu fécond.

Prune Damas d'Espagne. — Fruit médiocre, ovale, très-fleuri, violet et taché de rouge du côté du soleil; chair sucrée, parfumée, se détachant du noyau. Fin d'août, commencement de septembre.

— Surpasse-monsieur. — Nous sommes redevables de cet excellent fruit à M. Noisette, qui l'a obtenu de semis. Cette prune est plus belle et plus parfumée que celle de monsieur. Les rejetons que fournit l'arbre ont le précieux avantage de donner des fruits qui ne le cèdent point en beauté et en qualité à ceux du pied mère. Ils mûrissent fin d'août.

— Perdrigon violet. — Fruit de moyenne grosseur, un peu alongé, renflé par la tête, très-fleuri, d'un beau violet clair, tirant sur le rouge, finement tiqueté de jaune foncé; chair fine, sucrée, relevée, parfumée, adhérente au noyau. Il mûrit fin d'août. L'arbre veut l'espalier au midi.

— Impératrice blanche. — Fruit moyen, oblong, jaune clair, chargé de fleur qui le fait paraître blanc; chair ferme, jaune, sucrée, agréable, quittant bien le noyau. Mûrit fin d'août.

— Reine-claude, *abricot vert, verte bonne*. — Fruit gros, sphérique; peau adhérente à la chair, fine, verte, semée de taches grises et rouges, peu fleurie; chair un peu adhérente au noyau, d'un vert clair, très-fine, délicate, fondante, sucrée, excellente. Mûrit en août. L'arbre, vigoureux et fécond, donne, en se reproduisant de graines, des variétés souvent médiocres, qu'il faut détruire pour ne perpétuer que les bonnes. Cette prune, qui est une des

meilleures, devient excellente et d'une grosseur remarquable, en espalier au midi.

- PRUNE PETITE REINE-CLAUDE. — Fruit de moyenné
grosseur, d'un vert tirant sur le blanc, très-fleuri;
chair blanche, un peu grossière, quelquefois sèche, sucrée. Mûrit au commencement de septembre. Quoique inférieure à la grosse reine-claude,
elle est cependant préférable à la plupart des autres
prunes. Elle a une variété à fleurs semi-doubles.

— REINE-CLAUDE VIOLETTE. Elle ne diffère de la
précédente que par sa couleur et par sa durée. Elle
se garde quelquefois jusqu'en octobre.

— ABRICOTÉE. — Fruit gros, plus long que rond,
d'un vert blanchâtre, légèrement lavé de rouge;
chair ferme et jaune, pleine d'eau musquée et
agréable, souvent relevée d'un petit goût de sauvageon; quitte le noyau. Ce fruit, peu inférieur en
bonté à la reine-claude, mûrit au commencement
de septembre. Il ne faut pas la confondre avec la
prune d'abricot, qui lui est bien inférieure.

— DIAPRÉE ROUGE. — Fruit moyen, long, d'un
rouge cerise terni par des points bruns; chair
jaune, ferme, fine, sucrée, relevée, quitte bien la
peau et le noyau. Il mûrit au commencement de
septembre.

— ILE VERTE. — Fruit gros, très-alongé, pointu
par les extrémités, vert peu fleuri; chair adhérente
à la peau et au noyau, verte, mollasse, grossière.
Son eau est d'un goût de sauvageon aigre et désagréable; mais cette prune est estimée pour faire
des confitures.

13.

PRUNE PERDRIGON BLANC. — Fruit petit, longuet, un peu renflé par la tête, d'un vert presque blanc, tiqueté de rouge, très-fleuri, fin, fondant, très-sucré, d'un parfum propre ; sa chair quitte le noyau. Il mûrit au commeucement de septembre. L'espalier est nécessaire à ce prunier sujet à couler.

— PERDRIGON ROUGE. — Ce prunier, plus fécond et moins sujet à couler que le perdrigon blanc, donne des fruits de mêmes forme et grosseur, d'un beau rouge tirant sur le violet, finement tiquetés de fauve, très-fleuris, fins, fermes, sucrés, relevés, dont la chair quitte le noyau. Ils mûrissent en septembre.

— D'AMAS DE SEPTEMBRE. — Fruit petit, un peu alongé, d'un violet foncé, bien fleuri ; chair jaune et cassante, adhérente à la peau, d'un goût relevé et agréable, sans acide ; quitte le noyau. Mûrit vers la fin de septembre. Arbre vigoureux et très-productif.

— MONSIEUR TARDIVE, *altesse.* — Fruit ressemblant au monsieur, mais plus gros, plus sucré ; tardif. Mûrit de septembre en novembre. Arbre de moyenne taille.

— SAINTE-CATHERINE. — Fruit de moyenne grosseur, alongé, renflé par la tête, d'un jaune de cire bien fleuri ; chair jaune, fondante, délicate ; quitte le noyau et est adhérente à la peau ; l'eau est sucrée et excellente lorsque le fruit est très-mûr, vers la mi-septembre ; excellent pour faire des pruneaux. Dure jusqu'en octobre.

PRUNE QUETSCHE. — Fruit violet, médiocre, très-alongé, pointu par les deux extrémités ; chair douce et agréable en pruneaux.

— SAINT-MARTIN. — Fruit gros, de bonne qualité, violet ; très-tardif.

On cultive encore, mais seulement pour servir de sujets au prunier, à l'abricotier et au pêcher, les espèces suivantes :

— CERISETTE, blanche et rouge. Pour prumiers et abricotiers. — SAINT-JULIEN, gros et petit. Le meilleur des trois, pour pruniers, abricotiers, pêchers.

— DAMAS NOIR, gros et petit. Pour abricotiers, pruniers et pêchers. Ce dernier se place mieux sur le gros damas.

Quelques autres variétés de prunes peuvent être cultivées avec avantage.

— DE JÉRUSALEM. — Très-beau fruit adhérent au noyau : goût de la prune de monsieur ; chair de l'abricot. — SANS NOYAU. Petit fruit de qualité médiocre, plus curieux qu'utile. — BRIGNOLE. Prune oblongue, médiocre, d'un jaune pâle, rougeâtre du côté du soleil ; chair jaune très-sucrée. On en fait les pruneaux de *Brignole*. — DE BRIANÇON. Fruit qui tient de la prune et de l'abricot. — PETITE BRICETTE. Fruit tardif, jaune, et qui a la chair de la sainte-catherine. — ROUGE ET BLANCHE. Très-sucrée et tardive.

CULTURE. — Le prunier réussit dans tout terrain, mais mieux dans les terres légères et sableuses, pourvu qu'elles ne soient pas arides : il n'aime pas l'abri des grands arbres ou des bâtimens. L'exposi-

tion du levant ou du couchant lui convient mieux
que celle du midi.

Le prunier se multiplie de semences et de rejetons. Les semences ou noyaux de prunes se font
stratifier comme ceux d'abricots et de pêches, et
demandent les mêmes soins. Les sujets provenus
de semences, plus lents à croître les premières
années, deviennent plus vigoureux et vivent plus
long-temps que les rejetons. C'est pourquoi on doit
les préférer pour établir les greffes des arbres destinés au plein vent, aux grands espaliers ou aux
grandes pyramides. Les rejetons servent à recevoir
les greffes des arbres que l'on destine aux petits espaliers, contre-espaliers et moyennes pyramides.

Les variétés intéressantes de pruniers se greffent
en écusson sur les jeunes plants, en fente sur les
vieux pieds de leur espèce venus de rejetons ou
de noyaux des pruniers de damas noir, de cerisette et de saint-julien; ce dernier est préférable.
Elles peuvent aussi se greffer en écusson sur l'a-
bricotier et sur le pêcher. Il faut, dans la saison,
saisir le moment favorable pour établir la greffe
en écusson sur le prunier, et opérer de suite, car,
dès que la terre se dessèche, l'écorce se colle contre l'aubier, la greffe devient difficile à faire et
réussit rarement. Quelques arrosoirs d'eau répandus
au pied des plants que l'on veut greffer remédie-
raient à cet inconvénient. Il faut préparer les sujets
deux ou trois semaines avant de les greffer, comme
nous l'avons dit pour le poirier.

On met le prunier en place l'année qui suit la

première pousse de la greffe, que l'on rabat à quatre, à six yeux ou plus, selon la vigueur du sujet et l'état des racines. On ne doit pas négliger de couper jusque sur la racine les rejetons que le prunier pousse de tous côtés, et qui l'épuisent inutilement lorsqu'on n'a pas besoin de jeune plant.

Sorbier.

Le SORBIER DOMESTIQUE (cormier, cochêne), *sorbus domestica*, est un arbre indigène dont les feuilles sont ailées avec impair, et qui s'élève à cinquante pieds. Il convient parfaitement aux jardins d'ornement, qu'il décorera, au mois de mai, de ses fleurs blanches en bouquet terminal ; et à l'automne, de ses fruits pyriformes, d'un jaune verdâtre teint de rouge. Nous n'en faisons mention que parce que plusieurs personnes mangent ses fruits comme les nêfles, après les avoir fait mollir sur la paille ; c'est un fruit de fantaisie. On en fait aussi, par la fermentation, une boisson d'une médiocre bonté, plus forte et plus piquante que le cidre de pomme.

Il se multiplie par les semences, et plus promptement par la greffe, sur le poirier, le cognassier et les néfliers. Il aime les bons terrains qui ont de la profondeur, et médiocrement le soleil.

Vigne.

La VIGNE, *vitis*, est un arbrisseau sarmenteux qui s'élèverait au-dessus des plus grands arbres s'il n'était contenu. Sa fleur paraît en mai ou juin sur les nouvelles pousses. Ce que nous allons en dire ne s'applique qu'aux espèces ou variétés recherchées pour la table ou pour l'office. Voici celles qui sont cultivées dans les jardins :

RAISIN PRÉCOCE, *raisin de la magdeleine, morillon hâtif.* — Petites grappes, grains petits, alongés; peau dure, d'un violet noir, de peu de goût, n'ayant d'autre mérite que sa précocité. Il faut le placer au midi pour hâter sa maturité. Il a une variété à fruit blanc qui ne lui est pas supérieure.

— CHASSELAS DORÉ, *bar-sur-aube blanc, raisin de Champagne.* — Très-commun dans les jardins, parce que son fruit y mûrit facilement aux expositions du levant, du midi et du couchant. Grande grappe, grains inégaux en grosseur, ronds, couverts d'une peau un peu dure, d'un vert très-pâle, qui jaunit ensuite, et s'ambre; chair fondante, pleine d'eau très-douce et sucrée. Il a une variété moindre dans toutes ses parties, dont les grains se lavent légèrement de rouge sur un côté.

— CHASSELAS DE FONTAINEBLEAU.—Grande grappe peu serrée, à gros grains, d'un jaune verdâtre qui se dore au soleil; excellent. Il a plusieurs variétés : *chasselas noir;* — *chasselas violet;* — *chasselas rouge,* se colorant dès qu'il est noué; — *chasselas rosé;* — *petit chasselas hâtif.*

— CHASSELAS MUSQUÉ. — Grappe moins forte, fruits plus petits, verts, sucrés, relevés de musc. Ils sont plus tardifs.

— CIOUTAT, *raisin d'Autriche.* — Variété du chasselas, dont les grappes sont moins nombreuses, moins grosses et moins garnies de grains. Fruit assez bon. La feuille est palmée, laciniée en cinq pièces profondément découpées et garnies par les bords de dents très-longues. Il a une sous-variété *à feuilles de persil.*

Raisin de Corinthe blanc. — Petite grappe très-alongée, bien garnie de très-petits grains ronds, jaunes, succulens, sucrés, sans pepins. Mûrit vers la mi-septembre. Il a deux variétés moins estimables, l'une *rouge* et l'autre *violette.*

— Saint-Pierre. — Grappe forte, grains nombreux, ronds, blancs, serrés, excellens.

— Verdal. — Du Languedoc. Ne mûrit sous le climat de Paris que dans les années très-chaudes. Ses grappes sont belles; ses fruits, très-gros et verts, à peau mince, ne contiennent qu'un ou deux pepins. Il faut le tenir en treille, aux expositions les plus chaudes. Quelques-unes de ses branches, introduites dans un châssis d'espalier précoce, pourraient fleurir de bonne heure ; le soleil de juillet et d'août achèverait d'en faire mûrir les grappes.

— Muscat blanc ou de Frontignan. — Grappe grosse, très-longue, conique, grains très-serrés, un peu alongés, renflés par la tête, croquans; peau blanche ; eau sucrée, musquée. Rarement cet ex-cellent raisin mûrit bien, même à l'exposition du midi.

— Muscat rouge. — Grains moins serrés, moins gros, ronds; peau moins cassante, d'un rouge vif, eau musquée. Inférieur au précédent, mais mûris-sant mieux. Le violet et le noir sont moins bons. Ce dernier mûrit mieux que les autres.

Raisin muscat d'Alexandrie, *passe-longue mus-quée*. — Grappe alongée, peu garnie de grains ovales, un peu renflés par la tête, couverts d'une peau dure, d'un vert clair qui se change en jaune ombré lorsque le fruit acquiert sa maturité, ce qui arrive rarement. Dans notre climat son principal usage est pour des confitures, qui sont excellentes, le feu y développant un goût très-musqué.

Les muscats se taillent plus long que les autres espèces de raisins, et se mettent au midi en treilles qui ne doivent pas excéder trois ou quatre pieds de hauteur au-dessus du sol. Ils seraient encore plus convenablement placés dans l'angle de deux murs exposés au levant et au midi. Il est bon d'éclaircir la grappe pour hâter la maturité et prévenir la pourriture des grains.

— Cornichon blanc. — Grappe mal garnie de grains très-longs, enflés par le milieu, courbés, de la forme d'un cornichon, blancs, doux, sucrés, très-bons. Ce raisin mûrit difficilement, et sa variété, de couleur *violette*, parvient encore plus rarement à maturité. Même exposition que les muscats.

— Verjus, *bourdelas, bordelais*. — Grappe fort grosse, bien garnie de gros grains ovales ou oblongs, un peu renflés par la tête, couverts d'une peau très-dure, d'un blanc qui jaunit dans la suite, très-remplis d'eau agréable. Comme le verjus, s'emploie rarement dans son état de maturité; on en exprime le jus avant que le grain ait acquis toute sa gros-seur, pour l'usage de la cuisine, ou bien l'on en fait d'excellentes confitures. Le verjus se taille long et se place ordinairement au couchant, et même au nord ; au midi pour mûrir.

Il y a trois variétés : l'une à *très-gros grains*, qui est préférable ; une à *fruit noir*, et une à *fruit rouge*.

Culture. — La vigne aime les terrains chauds, légers, profonds, un peu graveleux. Dans les terres froides, humides, compactes, le fruit mûrit difficilement, et souvent le plant jaunit et languit ; des fumiers et engrais chauds sont alors nécessaires pour corriger un peu le défaut de ces terres. Dans les terrains chauds il vaut mieux, tous les deux ou trois ans, déchausser le pied de la vigne et le regarnir de terre neuve que de fumier. Elle réussit très-bien dans les cours pavées, pourvu que sa tête soit exposée au soleil.

Dans le climat de Paris, on a coutume de propager la vigne par les marcottes, les boutures et quelquefois la greffe en fente.

Les marcottes se font en abaissant le milieu d'un sarment dans une fosse et en le recouvrant de terre. On peut aussi marcotter dans un pot à fleur, dans un panier, afin que le plant n'éprouve aucun retard lorsqu'on le mettra en place.

Pour faire les boutures on emploie des bourgeons forts et bien garnis d'yeux. Ils doivent en contenir cinq ou six, et être enfoncés en terre jusqu'au-dessus du second œil ; mais les crossettes sont préférables. Ce sont des boutures qui contiennent les cinq ou six yeux inférieurs des bourgeons et environ un pouce de la branche d'où sortent les bourgeons. Les rides ou anneaux qui sont à leur partie inférieure produisent plus facilement des racines que les parties lisses, unies, moins aoûtées. Ces boutures et crossettes se plantent en février dans une terre fraîche ou entretenue telle par des arrosemens. Il faut les préserver du soleil. On peut les planter dans des pots ou des paniers que l'on place dans une couche pour avancer leur enracinement. Quelques personnes les lient par faisceaux et les laissent tremper par le gros bout dans une eau vive (bassin ou ruisseau) jusqu'à ce qu'elles soient garnies de racines, on au moins de mamelons de racines.

La greffe en fente se pratique, comme à l'ordinaire, sur du bois de plusieurs années, quatre ou cinq ans et plus, ayant soin de fendre le sujet sans endommager l'étui médullaire, et de bien faire coïncider les libers; il faut aussi enfoncer la greffe beaucoup plus avant que pour les autres arbres, parce que le bout du sujet meurt toujours jusqu'à une certaine longueur. Après la reprise on coupe jusqu'au vif tout ce qui est desséché.

Il faut à la vigne, dans le climat de Paris, une exposition chaude pour que le raisin mûrisse parfaitement; c'est pourquoi on la place en contre-espalier bien abrité, ou en espalier au pied d'un mur exposé au levant ou au midi; et lorsque le raisin est près d'atteindre sa grosseur, on le découvre peu à peu en coupant les feuilles à moitié de leur pétiole, pour l'exposer au soleil, lui faire prendre de la couleur et augmenter sa qualité. On peut conserver du raisin sur les treilles jusqu'aux fortes gelées en enfermant les grappes dans des sacs de papier ou de crin, huit ou dix jours avant leur parfaite maturité.

Espaliers précoces.

On peut par le moyen d'une chaleur artificielle forcer plusieurs espèces de nos arbres indigènes à nous donner long-temps avant leur saison des fruits mûrs et de bonne qualité.

Contre un mur exposé au midi, construit solidement, haut de 9 à 10 pieds sous le larmier, épais de 18 à 20 pouces, bien ravalé, couronné par un larmier saillant de 5 à 6 pouces et un bon chaperon, et garni, comme nous l'avons dit à l'article *des châssis*, de forts crochets distans entre eux d'environ 4 pieds, et du larmier de 5 à 6 pouces, on plante dans une plate-bande de bonne terre, à des distances proportionnées à leur nature, des arbres fruitiers des espèces les plus hâtives, telles que le cerisier hâtif, celui de may-duke, celui de Prusse; l'abricotier commun, celui de Hollande; le pêcher de petite mignonne ou double de Troyes, de magdeleine, de pourprée hâtive, de Chevreuse hâtive; le prunier de Catalogne, de monsieur, de mirabelle; le figuier à fruit blanc, etc.

Ces arbres, cultivés et traités comme nous l'avons expliqué ailleurs, ayant acquis une belle étendue, étant garnis de bon bois, ayant déjà rapporté plusieurs années, promettant et étant en état de donner de bonnes récoltes, peuvent commencer à être employés à l'usage auquel ils sont destinés.

Vers la fin de l'automne ou en janvier, par un temps doux, on taille ces arbres suivant les règles;

mais on raccourcit un peu plus la taille, on les charge moins, et on ne laisse que du bois bien sain et bien aoûté; car, étant renfermés, ils n'auront pas la même vigueur que s'ils jouissaient du plein air, et étant exposés à l'étiolement, il faut espacer davantage leurs branches. Après qu'ils sont palissés, on donne un labour à la plate-bande, sur laquelle on peut planter en motte des fraisiers des bois, des Alpes, de Virginie, de Gaillon; semer des pois bas; mettre diverses plantes ou arbrisseaux en pots ou en caisses, comme cerisiers nains précoces, groseillers, etc.

Si, pour recueillir des fruits très-précoces, on renferme ces arbres sous les vitrages (*Voyez* l'article *Châssis*, page 18) dès le commencement ou le milieu de janvier, tant pour les accoutumer peu à peu à la privation du plein air, que pour les préparer à la végétation en les défendant des fortes gelées et des verglas de ce mois; et si, environ quinze jours après, on commence à leur faire sentir une chaleur artificielle, ils seront tellement fatigués de leur travail anticipé, qu'il leur faudra deux ans pour se rétablir et recouvrer une vigueur capable de soutenir le même traitement. Ainsi il faut une grande étendue d'espaliers pour en employer successivement un tiers à cet usage. Mais si l'on diffère d'un mois, et qu'on ne place les châssis que du 1er au 15 février, et qu'on n'échauffe les arbres que quinze jours après, le progrès et la maturité de leurs fruits étant plus tôt avancés que leur végétation hâtée et forcée, on jouira un peu plus tard, mais leurs forces seront peu alté-

rées, et ils pourront souffrir le même traitement
tous les ans, ou du moins plusieurs années de suite.

La chaleur qui convient à ces arbres doit être
analogue à celle qui leur suffit dans l'air libre pour
faire successivement toutes leurs productions ; seulement elle est anticipée de quelques mois ; par exemple, en février, égale à celle qu'ils éprouveraient en
avril ; en mai, égale à celle qu'ils éprouveraient en
juillet, etc. Mais ce n'est pas seulement par cette
anticipation de chaleur que ces arbres prennent de
l'avance, c'est bien plus par sa continuité, qui les
fait profiter constamment, et sans que leurs progrès
soient interrompus par les vicissitudes de la saison.
Ce n'est donc pas d'une grande chaleur que dépend
leurs succès, c'est d'une chaleur soutenue et graduée
sur leurs progrès. Mais si la chaleur est nécessaire
pour les avancer, l'air ne l'est pas moins pour entretenir leur vigueur ; et il faut leur en donner en
ouvrant les châssis, ou du moins les portes, toutes
les fois qu'il n'est pas trop foid.

Quelques degrés au-dessus de o pendant la nuit,
et 5 ou 6 degrés pendant le jour de plus que pendant la nuit, mettront bientôt la sève en mouvement ; les yeux se développeront et les fleurs paraîtront. Pendant la fleuraison il faut donner autant
d'air que la température pourra le permettre ; car
les fleurs, dans un air renfermé, stagnant et inerte,
nouent rarement et difficilement. Aussi les arbres
qu'on force dès le commencement ou même la fin
de janvier donnent ordinairement peu de fruit,
parce que, dans le temps où ils sont en fleur, l'air

extérieur est rarement assez doux pour qu'on puisse sans danger l'introduire sous les vitrages. Lorsque le fruit commence à grossir, il faut faire monter la chaleur à 10 degrés pendant la nuit, et à 14 ou 15 pendant le jour. Étant enfin parvenu à sa grosseur, 15 degrés pendant la nuit, et au moins 20 pendant le jour, sont nécessaires pour le faire mûrir. Depuis que les fruits ont acquis la moitié de leur grosseur jusqu'à leur maturité, s'il fait quelques pluies douces par un vent de sud ou d'ouest, il sera très-avantageux pour les arbres et pour les fruits de les leur procurer en ouvrant tous les panneaux supérieurs.

Après la récolte des fruits, on enlève les châssis et on les met à couvert des injures du temps. Si la plate-bande est garnie de fraisiers, on retranche tous les filets qu'ils ont produits ; on donne un petit labour par un temps pluvieux ; on continue à les effiler pendant l'été. Vers la mi-juillet on commence à leur donner des arrosemens assez fréquens, pour les faire fleurir et produire une seconde récolte en septembre, après laquelle on les détruit.

TROISIÈME SECTION.

CULTURE DES PLANTES POTAGÈRES.

Ail.

L'AIL, *allium sativum*, est une plante bulbeuse, vivace par ses tubercules; on le croit originaire de Sicile. Peu difficile sur le terrain, l'ail se recueille à peu près partout, mais il préfère une terre douce, sablonneuse et chaude; dans les terrains compactes et argileux il dépérit et finit par pourrir.

L'ail se multiplie de graines, que l'on sème au printemps dans une terre bien ameublie, où le plant demande peu de soins, et doit rester deux ans en place sans être relevé. Mais il est plus expéditif d'éclater les tubercules de quelques bulbes, et de les planter en mars, en bordures ou en planches, à 4 pouces de distance et 1 ou 2 pouces de profondeur : chaque tubercule fait une bulbe. On le récolte quand ses fanes pendent et jaunissent. On le laisse sur le terrain pendant douze ou quinze jours; la terre s'en détache, il se sèche; ou en forme des bottes, qu'il faut suspendre en lieu sec.

— D'ESPAGNE OU ROCAMBOLE, *A. scoro dopra-sum.* — Même culture. Se multiplie par ses caïeux

ou par les bulbes qui naissent au sommet de sa tige.
Il est moins répandu que le précédent.

Ananas.

L'ANANAS A COURONNE, *bromelia ananas*, a plusieurs variétés, dont voici les principales : *l'ananas
à feuilles panachées; — à fruit blanc; — à fruit
jaune; — à fruit rouge; — sans épine; — à gros
fruit violet; — à fruit noir; — à fruit vert; — à
fruit en pain de sucre; — de monserrat; — pomme
de reinette*, et celui que les Anglais appellent *pro-
videntialis*.

L'ananas se propage par les couronnes du fruit
éclatées lorsqu'on le mange, et par les œilletons détachés du pied des plantes. Mais, pour le cultiver
avec succès, il faut avoir une bâche pour l'hiver,
des châssis pour l'été, des pots ordinaires avec trois
fentes, de la terre convenable, et des couches faites
exprès.

Les couronnes, ne tirant plus de sève depuis que
le fruit a acquis sa maturité, cicatrisent leurs plaies
très-promptement. Quelques cultivateurs les plantent
à mesure qu'ils les recueillent, dans la tannée de la
bâche, ou même dans des pots, lorsqu'il n'y a pas
d'humidité; mais il est plus prudent de les garder
dans un endroit sec et à l'ombre pendant huit ou
dix jours avant de les planter.

Quant aux œilletons, après les avoir séparés des
vieux pieds lorsqu'ils sont forts, bien garnis de feuilles, longs de 5 à 6 pouces, on en retranche les feuilles
inférieures, afin que la partie de la petite tige qui

sera enterrée soit nue; ensuite on les place à l'ombre dans un lieu sec, comme les couronnes, les y laissant, sans être plantés jusqu'à ce que leurs plaies soient bien séchées, ce qui demande plus ou moins de temps, de quinze jours à un mois, suivant la saison; mais il vaut mieux les laissser quelques jours de plus que quelques jours de moins.

Le temps de la maturité du fruit n'est pas une époque déterminée pour œilletonner. Si les œilletons sont assez forts avant que le fruit soit mûr, vous pouvez les détacher sans crainte de faire tort au fruit. Si, au temps de la maturité, ils sont trop faibles, différez de les séparer; et, après la récolte du fruit, tirez le pot de la couche, retranchez les feuilles inférieures de la plante, et coupez toutes les autres à 3 ou 4 pouces, sans ébranler les œilletons et en rien retrancher; substituez de nouvelle terre à celle de la superficie du pot; replongez le pot dans une couche chaude, et donnez assez fréquemment de légères mouillures. Les œilletons se fortifieront en peu de temps, et se multiplieront autour du pied. Si quelques-uns des œilletons ne peuvent être plantés assez tôt pour s'enraciner et se fortifier avant l'hiver, on peut, faute de place dans la tannée, retirer les pots, les ranger dans un endroit sec de la bâche, et remettre l'œilletonnement au printemps.

La terre, pour les ananas, doit être douce, grasse, facilement perméable à l'eau, point compacte ni trop légère. On peut la composer de trois parties de terre forte, deux parties de terre légère, et une par-

tie de terreau de couche bien consommé; la remuer
souvent la première année, la seconde y ajouter encore une partie de terreau semblable à celle du premier mélange; et remuer le tout une fois ou deux
chaque année jusqu'au moment d'en faire usage.
Plus cette terre est ancienne, meilleure elle est. Tous
les ans, en automne ou en hiver, on en transporte
sous un hangar ou dans un lieu couvert la quantité
dont on prévoit avoir besoin pour les rempotages
d'hiver et du printemps, afin qu'elle ne soit pas trop
humide lorsqu'on l'emploiera. Toutes les fois qu'on
en fait usage il faut la passer à la grosse claie, seulement pour en rompre les mottes.

Les pots dont on se sert pour planter l'ananas
dans les différens âges sont de trois grandeurs différentes : les couronnes et les œilletons, dans de petits pots de 5 à 6 pouces de diamètre; ils passent
ensuite dans des pots moyens qui ont 1 pouce ou
1 pouce ½ de plus de diamètre; et enfin ils seront
transplantés dans de grands pots de 8 à 9 pouces
d'ouverture.

Les couronnes et les œilletons étant habillés, et
leurs plaies séchées comme il a été dit, il faut remplir de terre à ananas de petits pots, les plonger dans
une couche chaude préparée à cet effet dès le mois
d'août, et les y laisser quelques jours pour que la
terre s'échauffe; alors planter chaque bouture dans
le milieu de chaque pot, à un pouce ou un pouce et
demi de profondeur; presser et bien appliquer la
terre contre la partie enterrée; couvrir la couche
d'un châssis à melon, tellement disposé que les fenilles

du jeune plant touchent presque au vitrage. Sept
ou huit jours après, verser sur chaque pot environ
un verre d'eau ; couvrir d'une toile la partie du vitrage sous laquelle ce jeune plant est placé, pour
le défendre du soleil jusqu'à ce que sa végétation
montre qu'il est enraciné ; depuis ce temps, lui donner de l'air tous les jours, et le mouiller en pluie
légère deux ou trois fois par semaine, suivant son
besoin et la température de la saison, en soutenant
la chaleur de la couche par le remaniement, et, s'il
est nécessaire, par une addition de tan : les jeunes
plants y pourront demeurer jusqu'aux fortes gelées,
en les entretenant à une température de 8 ou 10 degrés. Lorsque la saison deviendra froide, on jettera
des paillassons sur les panneaux vitrés, pendant les
nuits ; on bornera les châssis avec de la paille ; on
soutiendra la chaleur de la couche ; on arrosera rarement et en versant l'eau sur les pots sans mouiller
les feuilles, et on donnera de l'air toutes les fois
qu'il sera supportable.

Comme les fruits de l'ananas mûrissent successivement depuis la fin de juin jusqu'à la fin de septembre, on ne peut avoir des couronnes qu'à différentes époques : de même les œilletons n'acquièrent
pas tous en même temps la force convenable pour
être détachés du pied des plantes ; mais, comme ils
se conservent long-temps sans altération en lieu sec
et à l'ombre, on peut les garder jusqu'à ce qu'on en
ait une quantité suffisante pour faire une plantation.
Par ce moyen on s'évitera les soins divers qu'exigerait un plant trop différent d'âge.

Au commencement d'octobre ou un peu plus tard,
si la température de la saison et la chaleur des vieilles
couches permettent de différer, on renouvelle la tannée de la bâche; on y place, lorsqu'elle n'a plus que
25 à 30 degrés de chaleur, les ananas prêts à donner
du fruit. Les jeunes se posent sur des tablettes. On
donne à la serre une chaleur qui ne doit pas excéder 10 à 12 degrés. Les ananas ainsi renfermés ne
doivent plus recevoir d'eau qu'avec l'arrosoir à bec,
seulement pour les préserver de la sécheresse, hu-
mectant plutôt que mouillant et trempant la terre,
évitant bien de laisser tomber de l'eau dans le cœur
et même sur les feuilles des plantes. Au moyen d'un
petit tuyau adapté au goulot de l'arrosoir, on porte
l'eau sur les pots les plus éloignés.

Le châssis d'été propre aux ananas, sur une longueur à volonté, ne doit pas excéder cinq pieds et
demi de largeur en dedans d'un petit mur de neuf à
douze pouces d'épaisseur qui doit le soutenir, et auquel il faut donner une profondeur de trois pieds sur
le devant et de cinq pieds à cinq pieds et demi sur
le derrière. On y pratique quelquefois des four-
neaux, mais on y établit toujours un sentier entre le
mur du fond et la couche.

Entre le 15 février et le 1ᵉʳ mars il faut faire dans
le châssis que nous venons de décrire une couche
de deux pieds d'épaisseur, composée de parties égales
et bien mêlées de fumier vieux et nouveau dont on
fait des lits bien foulés qu'on recouvre d'un pied et
demi de tan neuf; lui laisser jeter son feu, et lorsque le thermomètre, enfoncé dans le tan à 10 ou 12

pouces de profondeur, ne montera plus au-dessus de 30 degrés, y placer le jeune plant. Si la température paraissait peu disposée à s'adoucir, et qu'on ne pût pas espérer de pouvoir donner fréquemment de l'air au châssis, il faudrait d'abord poser les pots sur le tan, ou les y enfoncer très-peu, et attendre pour les y plonger entièrement que la chaleur de la couche soit modérée : car si les racines des jeunes ananas étaient dans une terre trop échauffée, et si la chaleur de l'air du châssis était presque constamment au-dessus de 15 degrés, il pourrait paraître des fruits chétifs, et le jeune plant serait perdu.

Depuis mars jusqu'en juin on donne de l'air aussi souvent et aussi long-temps que la chaleur de l'air et de la couche le permet. Depuis juin jusqu'à la fin d'août on peut en donner presque tous les jours depuis dix heures du matin jusqu'à quatre heures du soir, et même plus long-temps dans les jours fort chauds.

Jusqu'au mois de juin on couvre le vitrage de paillassons pendant la nuit, et même au-delà de ce terme dans les printemps persévéramment froids ; et l'on étend dessus un canevas tous les jours où le soleil est vif et ardent, surtout dans les temps orageux, pour rompre ses rayons et parer ses coups dangereux.

Jusqu'au mois d'avril ou un peu plus tard, suivant la température du printemps, on mouille avec l'arrosoir à goulot. Depuis le mois d'avril jusqu'à la mi-septembre, on crible l'eau sur les plantes tous les quatre ou cinq jours, plus ou moins fréquemment,

suivant leur besoin, mais toujours légèrement. En
criblant l'eau, il en faut laisser tomber le moins
qu'il est possible sur la couche, de peur de rendre
sa chaleur trop humide et pourrissante ; et si la chaleur de la couche diminuait trop, il faudrait la ranimer en remuant ou remaniant le tan, ou même
en ajoutant et en mêlant de neuf.

Les jeunes élèves, cultivés comme il vient d'être
expliqué, et conduits avec intelligence, profiteront,
et la plupart pourront dans le courant de l'été de-
mander des pots de la seconde grandeur ; les faibles
demeureront dans leurs petits pots, et ne sortiront
de leur classe que lorsqu'ils auront acquis assez de
force ; car les transplantations de l'ananas ne sont
dépendantes ni de la saison de l'année, ni de l'âge de
la plante, mais uniquement de sa force à laquelle
le pot doit être proportionné.

Après donc avoir reconnu les pieds qui sont en
état d'être rempotés, on les déplante ; on retranche
toutes les feuilles mortes ou moisies ; on les nettoie
d'ordures et d'insectes que l'on écrase avec un petit
bâton, saupoudrant avec de la fleur de soufre les
parties attaquées, après les avoir mouillées avec de
l'eau. On supprime toutes les racines ; on met ce
plant ainsi habillé dans un lieu sec et chaud, à
l'ombre, et on l'y laisse pendant sept ou huit jours,
afin que les petites plaies occasionées par les re-
tranchemens des racines puissent se sécher et se
ressuyer ; on y laisse plus long-temps les pieds dont
on a été obligé de tailler jusqu'au vif le talon pourri,
moisi ou malsain. Pendant ce temps on remplit de

terre composée le nombre nécessaire de pots de la seconde grandeur ; on les plonge, si la plantation se fait en une autre saison que l'été, dans une couche pendant quelques jours, afin que la terre s'échauffe : ensuite on y plante les ananas, appliquant bien la terre contre le talon ; et si elle est sèche, on y verse assez d'eau pour l'humecter. On replace les pots dans la couche ; on donne un peu d'air tous les jours qu'il n'est pas trop froid ; on mouille légèrement au besoin ; on couvre le vitrage pendant la nuit dans les saisons marquées ci-devant ; on y étend une toile pendant le grand soleil, jusqu'à ce que les plantes soient reprises (environ un mois), de peur que ses rayons trop vifs ne les fatiguent et ne fassent rougir les feuilles.

On observera, après la reprise du plant, de ne pas exciter la chaleur de la couche et de l'air, de peur de le mettre à fruit ; car l'ananas, fort ou faible, jeune ou vieux, transplanté sans racines, ou, comme disent les jardiniers, *à cul-nu*, montrera du fruit en même temps qu'il poussera de nouvelles racines, si on lui donne plus de 15 degrés de chaleur.

Si la couche de la fin de février a été bien faite, elle conserve ordinairement assez de chaleur jusqu'à la fin de juillet ou au commencement d'août ; alors il faut, dans un beau jour, en retirer tous les pots ; ajouter un quart de tan neuf ou davantage, si le tan de la couche s'est en grand partie consommé et converti en terreau ; remuer tout le tan jusqu'au fond, rompant toutes les mottes, et mêlant bien le neuf avec le vieux ; replacer les pots dans cette cou-

che remaniée; donner de l'air, continuer les mêmes
soins, et ne pas oublier qu'après la mi-septembre
il ne faut plus arroser en pluie, ni aussi souvent, et
que les vitrages du châssis doivent être couverts de
paillassons pendant la nuit.

Au commencement d'octobre, ou un peu plus tard,
si la couche remaniée conserve assez de chaleur au-
delà de ce terme, il faut faire dans la bâche, ou
dans un châssis à ananas, une couche neuve ayant
plus que moins de hauteur, car les couches d'hiver
deviennent presque toujours trop basses, composée
de bon fumier bien moelleux, que l'on mêle avec
des feuilles de charme ou de chêne, afin de tirer
l'humidité du fumier, et que l'on foule et marche
de bout en bout; on recouvre d'un pied et demi ou
deux pieds de tan, dont moitié de vieux, ou deux
tiers s'il n'est pas trop consommé, et moitié ou un
tiers de neuf bien mêlé avec le vieux. Lorsqu'elle
a jeté son feu et qu'elle n'a plus que le degré de
chaleur convenable, on y enfonce les pots; mais si
la chaleur de la vieille couche, trop tombée, ou la
rigueur prématurée de la saison obligeait d'y transporter le plant avant que la chaleur soit modérée,
on ne plongerait pas les pots, on les poserait sur la
couche ou on les enfoncerait très-peu; on remuerait
le tan pour l'essorer, et même plusieurs fois par
jour si le temps était humide.

Pendant l'hiver il faut soutenir une chaleur de 10
à 12 degrés, soit par le moyen du feu, soit en remaniant la couche; mouiller avec les précautions
marquées ci-devant; couvrir soigneusement les châs-

sis avec des paillassons pendant la nuit ; donner de
l'air au plant, pour le préserver de l'étiolement,
tous les jours de temps doux et calme, pendant les
heures où le soleil est le plus élevé sur l'horizon, depuis 10 heures du matin jusqu'à 2 de relevée.

Vers la fin de février on fait une couche neuve
pour y transporter le plant, lui donnant pendant le
printemps et l'été les mêmes soins et les mêmes façons que l'année précédente, et n'omettant rien de
ce qui peut contribuer aux progrès et à la vigueur
des plantes, dont dépend la beauté du fruit, leur
procurant de l'air, de la chaleur, et une humidité
raisonnable.

A mesure que le plant acquiert assez de force et
de grandeur pour avoir besoin de plus grands pots,
on le retire en motte entière des moyens pots, et on
le place dans les pots de la première grandeur. On
lui donne sur des couches faites en leur saison, sous
châssis ou dans la bâche, les soins que nous avons
déjà détaillés, observant cependant que les racines
se trouvant placées dans une plus grosse masse de
terre, le plant a besoin de plus de chaleur pendant
l'hiver que les années précédentes, et que 12 à 15
degrés lui sont nécessaires.

Dès le commencement de février, si l'on n'a pas
été obligé de le faire plus tôt, il faut remanier jusqu'au fond la tannée de la bâche, et ajouter un peu
de tan neuf, s'il est nécessaire, pour lui faire reprendre et pour soutenir une chaleur suffisante.
Vers le commencement d'avril on la remaniera de
nouveau et on y mêlera environ un tiers de tan neuf.

Depuis que le fruit de l'ananas paraît jusqu'à ce que sa fleur soit passée, il faut soutenir la chaleur au-dessus de 15 degrés; humecter la terre avec de l'eau tiédie dans la bâche ou au soleil; n'ouvrir les vitrages que lorsque le temps est calme et doux et que le soleil luit, pendant les trois ou quatre heures du milieu de la journée; remuer le tan si la chaleur est diminuée; enfin exciter et augmenter le plus qu'il est possible la végétation de ces plantes, sans interruption. Je suppose que le fruit se montre en hiver, car s'il ne se montre qu'à la fin du printemps, ou pendant l'été, on donne beaucoup plus d'eau et d'air.

Lorsque l'ananas est défleuri, on lui donne de l'eau plus fréquemment, mais toujours modérément, et on entretient une bonne chaleur, au moins de 16 à 18 degrés, afin de procurer plus de volume au fruit. A mesure que la saison devient plus chaude et que le fruit approche de sa maturité, on lui donne tous les jours autant d'air et aussi long-temps qu'il est possible, car son influence est nécessaire pour donner au fruit les qualités dont il est susceptible, et pour assurer la vigueur des plantes.

Enfin le fruit étant parvenu à sa maturité, qui se connaît moins par la couleur que par l'odeur, dès le matin on le sépare de la plante avec toute sa tige; on le conserve dans un lieu frais jusqu'au temps où l'on en fera usage, et l'on attend ce moment pour en détacher la tige et la couronne. On traite comme il a été expliqué ci-devant les pieds dont on a recueilli le fruit, et qui ne sont plus utiles que par les œilletons qu'ils ont poussés ou qu'on leur fera produire pour multiplier le plant.

Il est avantageux que tous les fruits ne mûrissent pas à la fois. On hâte la maturité des uns par plus de chaleur, on retarde celle des autres, que l'on a placés séparément, en leur donnant de l'air et les privant des rayons du soleil avec des paillassons que l'on jette sur le vitrage pendant les grandes chaleurs.

L'ananas n'a point, parmi les insectes, d'ennemi plus redoutable que le pou. Il attaque non-seulement les feuilles, et surtout celles du cœur de la plante, mais son talon même et ses racines. Il faut les écraser avec soin dans le cœur et sur les feuilles, lorsqu'ils y sont fixés; les faire tomber dans de l'eau ou sur de la terre mouillée, que l'on piétine ensuite pour les écraser, lorsqu'ils sont jeunes et errans sur les plantes. Si la langueur de quelques pieds fait juger que les racines sont attaquées de ces insectes, on la déplante, on la tient pendant quelques heures entièrement plongée dans l'eau, on en lave bien toutes les parties, et si les racines paraissent amaigries et altérées, on les retranche. Lorsque les plaies sont séchées, on replante l'ananas dans un autre pot et de nouvelle terre. Ces opérations doivent se faire pendant un temps chaud ou doux et par un beau soleil. Du soufre en poudre répandu sur les feuilles du cœur de l'ananas, lorsqu'elles sont mouillées, écarte ces insectes nuisibles.

Angélique.

L'ANGÉLIQUE, *angelica archangelica*, est une grande plante bisannuelle qui ne mérite pas sans doute son nom fastueux ; cependant ses différentes parties, racines, feuilles et graines, sont employées par le pharmacien, le confiseur et le distillateur.

L'angélique croît naturellement dans les lieux humides de la Laponie, de l'Autriche, sur les bords du Volga, dans les Alpes. Pour parvenir à toute la force dont elle est susceptible, elle exige une terre substantielle et humide, où ses tiges s'élèvent jusqu'à 5 pieds de hauteur. Il ne lui faut que des engrais consommés. On la sème aussitôt que ses graines sont mûres, vers le mois de septembre ou au mois de mars, en place ou en pépinière ; la graine doit être peu recouverte. Le plant en place ou repiqué demande beaucoup d'eau et de soleil. On ne commence à la couper qu'au mois de mai ou de juin de la deuxième année, lorsqu'elle a pris tout son accroissement. On la coupe rez-terre et en biseau, ne lui laissant que le cœur et une seule tige. Le même pied fournit jusqu'à douze et quinze récoltes. Elle donne sa graine la seconde ou la troisième année, puis elle périt.

Anis.

L'ANIS, *pimpinella anisum*, est une plante bisannuelle qui ne se cultive que pour la récolte de sa graine, dont le pharmacien, le liquoriste et le confiseur font usage. L'anis se sème en mars ou avril,

en planches, ou mieux en bordures, dans une terre
légère, bien labourée, entretenue humide jusqu'à
ce que la graine soit levée; on éclaircit le plant
lorsqu'il est fort; on le sarcle et l'arrose dans les
sécheresses. Au mois d'août, la graine étant mûre,
on coupe les tiges rez-terre; on les expose quelques
jours au soleil; on bat la graine, que l'on conserve
en lieu sec. Les pieds repoussent au printemps suivant et donnent une seconde récolte.

Arroche.

L'ARROCHE des jardins, IRIBLE, FOLLETTE, BONNE-
DAME, BELLE-DAME, *atriplex hortensis*, est une
plante annuelle dont on fait usage, en place de poirée, pour adoucir l'acidité et la couleur trop verte
de l'oseille. Elle est très-précoce, pousse avec rapidité, craint peu le froid, de sorte qu'on peut la semer sans danger de très-bonne heure et très-tard.
Elle n'est pas difficile sur la qualité de la terre, et
ne demande ni soin ni culture : le premier coin dis-
ponible lui suffit. Les graines, étant peu tenaces, se
sèment souvent d'elles-mêmes. Dès que les premières sont mûres, il faut couper la tige et l'exposer
pendant quelques jours au soleil, qui achève de
mûrir les autres. Aux premières chaleurs elle
monte en graine.

L'arroche a trois variétés, *la blonde, la rouge* et
la très-rouge.

Artichaut.

ARTICHAUT COMMUN, *cynara scolimus*. — Plante

vivace de Barbarie et du midi de l'Europe. Ses variétés principales sont : le *gros vert de Laon*, le plus estimé et le plus cultivé ; — le *gros camus de Bretagne* ; sa tête est d'un vert plus pâle ; elle est aussi plus large et plus aplatie : il est un peu plus hâtif que le précédent, et moins tendre dans quelques terrains ; — le *violet hâtif*, le meilleur pour la poivrade. Il a une sous-variété plus rouge qui a les mêmes qualités.

Lorsqu'on désire recueillir les graines de l'artichaut, il faut choisir les plus belles têtes, les assujétir avec un échalas dans une position aussi inclinée que les tiges le permettent, et même les couvrir avec une ardoise ou une écorce, pour empêcher la pluie d'y pénétrer et de pourrir les graines. Lorsqu'elles sont bien mûres et bien séchées, elles se conservent 5 à 6 ans.

On sème l'artichaut en place ou en pépinière, en avril ou mai. Pour le semer en place on prépare le terrain en faisant des labours aussi profondément que le sol peut le permettre. On creuse des trous à la distance de 2 pieds et demi ou 3 pieds en échiquier, on en garnit le fond de terreau, et l'on y place 3 ou 4 graines à 2 ou 3 pouces d'intervalle l'une de l'autre et à 1 pouce de profondeur. On mouille, on sarcle, on bine le jeune plant jusqu'à la fin de mai. Alors on lève tout le plant superflu pour le repiquer ailleurs, comme les œilletons de vieux plant dont il va être parlé, et on ne laisse en chaque place qu'un seul pied, qui, étant cultivé avec soin, et surtout mouillé fréquemment pendant l'été, du moins dans les terres légères, donnera du fruit à l'automne.

Si l'on sème en pépinière, on donne au terrain les soins déjà indiqués, ou ceux que l'on croit nécessaires pour bien ameublir le terrain, et, s'il était argileux, le dépouiller d'une humidité superflue. On trace ensuite au cordeau de petites rigoles à 5 ou 6 pouces les unes des autres. On y jette chaque semence à 1 ou 2 pouces d'intervalle, sauf à éclaircir si elles lèvent toutes; on recouvre d'un pouce de terre, et on ajoute un peu de terreau ou de crottin; il ne reste plus qu'à sarcler, arroser, et biner au besoin.

Lorsque l'on n'a besoin que d'un petit nombre de plants, il serait mieux de semer en février ou mars dans de petits pots qu'on enterre dans une couche; on met ensuite le plant en terre en avril ou mai, selon la température de la saison. Parmi les pieds obtenus de semis il s'en trouve toujours un certain nombre à détruire qui donnent des fruits petits et piquans, ressemblant à de gros chardons.

La propagation de l'artichaut par semences n'est guère usitée que lorsque l'hiver a fait périr les anciens pieds. La plupart des variétés ne pouvant se conserver franches par le moyen du semis, il est plus ordinaire de le multiplier par les œilletons ou drageons, détachés des vieux pieds. Il faut, dès avant l'hiver, préparer le terrain par un labour très-profond et par engrais, s'il est nécessaire. A la fin de mars ou au commencement d'avril, et jusqu'en mai, donner un second labour, et dresser le terrain. A trois pieds, ou au moins à deux pieds et demi d'intervalle en tous sens, creuser de petites fosses disposées en échiquier, larges d'environ 1 pied, et profondes de 3 ou 4 pouces ; les remplir de terreau ou de fumier très-consommé. Dans chaque fosse planter deux œilletons à 5 ou 6 pouces l'un de l'autre, dont on supprimera un aussitôt que le succès de l'autre sera assuré. Mettre un peu de fumier autour pour entretenir la terre fraîche et meuble ; donner sur le champ une ample mouillure, et la répéter tous les deux ou trois jours, jusqu'à ce que le plant soit bien repris. Si l'on veut qu'il donne du fruit l'automne suivant, on doit l'arroser fréquemment pendant l'été ; sinon on peut s'en dispenser hors les temps de grande sécheresse.

L'habillement des œilletons doit précéder leur plantation. On choisit donc les plus beaux et les plus sains ; on coupe à 3 ou 4 pouces de leur naissance toutes les grosses feuilles extérieures, et on ne conserve que les jeunes ; on retranche aussi la partie ligneuse du talon par laquelle l'œilleton était attaché à la souche, et on ne lui laisse que la partie tendre, la plus propre à produire des racines ; mais si l'on peut éclater les œilletons avec quelques racines, on les plante sans retrancher le talon ni ces racines. Il ne faut enterrer que le talon des œilletons ; s'ils sont plantés trop bas, le cœur pourrit. Si la plantation se fait par un temps sec et chaud, il est nécessaire de couvrir ou abriter les œilletons pendant 10 ou 12 jours. Une poignée de paille, de fougère, de bruyère, jetée sur quelques baguettes, ou un pot renversé sur chaque œilleton, et élevé sur une fourchette du côté du nord, suffit pour le garantir.

La racine et le cœur, ou les jeunes feuilles de l'artichaut, craignent le froid. Si l'un ou l'autre est saisi de la gelée, la plante périt; c'est pourquoi, dès le commencement de novembre, il faut amasser, à côté du plant, les matières destinées à le couvrir; vers le 15, retrancher de chaque pied toutes les feuilles sèches ou pourries, et couper toutes les autres à 7 ou 8 pouces. Aux premières gelées fortes, qui arrivent ordinairement vers la fin de ce mois, butter de 6 à 7 pouces chaque pied avec de la terre qu'il faut prendre, non autour du pied, mais entre les rangs, pour y former une petite tranchée propre à recevoir les pluies et à les éloigner du pied de l'artichaut. Enfin, lorsque les gelées deviennent très-fortes, couvrir ces buttes et les feuilles d'artichaut qui les surpassent, avec de la litière sèche, ou mieux avec des feuilles d'arbres. Pour empêcher les pluies ou les neiges de pénétrer le cœur de la plante, ce qui, en cas de gelée subite et forte, la ferait immanquablement périr, il est nécessaire de le couvrir avec une tuile ou un pot renversé qu'on élève sur une fourchette du côté du midi dans les temps doux, pour donner à la plante la jouissance de l'air, et la garantir de la pourriture.

Dans les terrains secs, il suffit ordinairement de couper toutes les grandes feuilles à 3 ou 4 pouces au-dessus de la terre, de butter chaque pied de 6 à 7 pouces de terre. Si l'hiver est très-rigoureux, on jette sur ces buttes de la litière, des feuilles d'arbres, de la bruyère, ou d'autres matières capables d'empêcher la gelée de pénétrer.

Vers le commencement d'avril ou dès la mi-mars, s'il n'y a pas lieu de craindre des retours de froid rigoureux, on découvre la plante par partie et successivement : d'abord le cœur ; quelques jours après on retire les couvertures ; et huit ou dix jours après on détruit les buttes, et on laisse les artichauts reverdir jusque vers la mi-avril ou un peu plus tard. Dans les terrains chauds et les printemps doux on découvre plus tôt les artichauts, et on les œilletonne dès mars. Le temps de ces opérations, depuis mars jusqu'en mai, se détermine par la force et l'état du plant, la température de la saison, et la qualité du terrain.

Pour œilletonner l'artichaut il faut déchausser chaque pied jusqu'au-dessous de la naissance des œilletons ; choisir les deux ou trois plus beaux de ceux qui sortent du bas de la souche ; éclater ou couper tous les autres à l'endroit de leur insertion, sans laisser aucun reste de leur talon, qui pourrait aussitôt en produire de nouveaux ; ces œilletons retranchés servent à faire de nouveaux plants ; couper aussi le pied des vieilles tiges ; unir et nettoyer toute la souche, la garnir de la terre la plus meuble, appliquée contre et pressée avec la main ; former autour un petit bassin ; donner une mouillure abondante ; labourer le terrain (1) ; arroser souvent,

(1) Sur ce labour, ainsi que sur celui du semis et des œilletons, on peut piquer de la salade, semer des épinards, du

à moins que la saison ne soit pluvieuse. Environ un mois après les tiges s'élèvent et forment leur tête. Les uns retranchent tous les rameaux des tiges, afin que chacune ne portant qu'une seule tête, elle soit plus grosse ; d'autres n'en retranchent aucun, et ils ont raison dans les fonds humides.

Après que le fruit est cueilli il faut rompre ou couper rez-terre, ou même en terre, les tiges. Si le plant est encore en bon état, lorsque les œilletons qu'il pousse après la récolte sont un peu fortifiés, on découvre de nouveau la souche ; on supprime tous les œilletons, excepté un ou deux des plus forts et des mieux placés ; on regarnit le pied de nouvelle terre, et en mouillant fréquemment et abondamment pendant l'été, on se procure une seconde récolte à l'automne. Mais si le plant doit être détruit, on peut ne donner ces soins qu'aux pieds qui ont produit les premiers et qui montrent encore de la vigueur ; différer d'œilletonner les plus tardifs ; ne laisser qu'un œilleton à chaque pied ; le mouiller peu et rarement pendant l'été, afin qu'il ne donne pas de fruit. Lorsqu'en septembre ou octobre il a acquis la force convenable, le butter, le lier, l'empailler, etc., comme le cardon ; il fournira des cardes que plusieurs préfèrent à celles d'Espagne et de Tour. Le plant d'artichaut ne dure que trois ans dans toute sa vigueur ; après ce temps les produits sont inférieurs en nombre et en beauté. Il est alors avantageux de le renouveler.

cerfeuil ou autres herbes qui seront consommées avant que les artichauts couvrent le terrain.

Pour préserver l'artichaut des dégâts que souvent les mulots en font pendant l'hiver, il est bon, après le second œilletonnement, de planter entre les artichauts de la poirée, dont les racines tendres sont préférées par ces animaux.

Asperge.

L'ASPERGE ORDINAIRE, *asparagus officinalis*, est une plante dioïque du midi de la France; elle est plus ou moins vivace suivant le terrain et la culture.

La GROSSE ASPERGE ne diffère de la commune que par son volume, qui est double, triple, quadruple, suivant le terrain. Chacun lui donne le nom du pays d'où on a tiré le plant ou la graine : asperge de Hollande, de Strasbourg, de Besançon, de Pologne, de Vendôme, etc.

L'asperge aime une terre de bonne qualité ou amendée par des engrais convenables ; elle craint la grande humidité, et plus encore la sécheresse. On la multiplie de deux manières, ou par le moyen de plants élevés en pépinière, ou par le semis en place. Cette dernière méthode est la plus avantageuse.

CULTURE DE LA GROSSE ASPERGE. — Dans un terrain léger, sablonneux, qui ne retient point l'eau, on trace des planches de longueur à volonté, larges de 4 ou 4 pieds et demi, pour mettre trois rangs de pattes (de trois pieds pour n'en mettre que deux rangs); on laisse entre chaque planche un intervalle de 6 pieds, qui donnera deux sentiers et une planche de légumes bas ; ou de 3 à 4 pieds, qui ne servira qu'à contenir les terres de la fouille. On creuse ces planches, qu'on nomme *fosses*, de 2 pieds ou 2 pieds et demi, et l'on jette les terres sur les intervalles, qu'on nomme *ados*. Dans une terre humide, on ne fouille les fosses que d'un pied de profondeur. On couvre le fond des fosses d'une épaisseur d'un pied de fumier convenable à la qualité du terrain, ou de bruyère, de feuilles d'arbres, de vieux tan, de gazons, de boues des rues et des chemins, de décombres de bâtimens, de bourrées, de fascines, de jonc-marin, etc. ; toutes ces matières sont bonnes, pourvu qu'elles soient consommées ou qu'elles n'aient point de chaleur. On jette par-dessus six pouces des terres sorties de la fouille ; si elles sont fortes et compactes, on les mêle avec moitié de terreau pour les ameublir ; on les dresse et les unit au râteau. On marque en échiquier à 2 pieds de distance en tous sens les places de chaque pied d'asperge. A la mi-février on fait dans chaque place une petite fosse large de 4 ou 5 pouces, et profonde de 3 pouces ; on y sème trois ou quatre graines d'asperge à 1 pouce de distance l'une de l'autre, et on les couvre de demi-pouce de terre ou d'un pouce de terreau. Lorsque le plant s'est un peu alongé, on ne laisse dans chaque petite fosse que le plus beau pied ; on arrache les autres, et on remplit ces petites fosses, de sorte que les racines sont à 3 pouces de profondeur ; mais il vaut mieux faire ce semis en octobre ou novembre ; la graine lève plus

(334)

tôt au printemps, le plant se fortifie davantage, et
se défend mieux des sécheresses.

Les personnes qui aiment mieux planter des
pattes d'un ou au plus de deux ans, élevées en
pépinière, ne recouvrent les engrais dont les fosses
sont garnies que de 4 ou 5 pouces de terre (1).
Elles tendent les jeunes pattes dessus, dans l'ordre
et aux distances que nous venons de marquer, jettent dessus une poignée de terre pour les fixer en
place, et enfin les couvrent de 3 pouces de terre.
Cette plantation ne se fait qu'à la fin de mars ou
au commencement d'avril, et non en automne. Cette
pratique est la moins avantageuse, car elle n'avance
point du tout la jouissance. Les asperges élevées de
plant formé ou de graines semées en place ne se
coupent également que la troisième année. D'ail—
leurs la transplantation altère la vigueur de toutes
sortes de plantes.

Jusqu'à l'automne les jeunes asperges, soit de
plant, soit de graines, n'ont besoin que d'être binées,
sarclées et arrosées dans les sécheresses. Au commencement de novembre il faudra couper toutes
les tiges, et charger les fosses de 3 pouces de terre
qu'on prendra sur les ados. Au mois de mars suivant, donner un labour, et pendant l'été biner et
sarcler. Au mois de novembre faire un petit labour,
après avoir coupé les tiges, et couvrir les fosses de

(1) Plusieurs cultivateurs placent les pattes sur de petites
buttes, hautes de 2 ou 3 pouces, afin que les racines piquent
en bas au lieu de s'étendre horizontalement. Cette attention
peut ne pas être inutile.

3 ou 4 pouces de fumier. Au mois de mars suivant, recharger encore les fosses de 3 pouces de terre sous laquelle le fumier se trouvera enterré ; de sorte que, par cette dernière charge, ces pattes seront couvertes de neuf pouces de terre. Les asperges feront leur troisième pousse : on pourra couper quelques-unes des plus belles, mais on ne sera en pleine récolte que l'année suivante.

Dorénavant toute leur culture consistera chaque année à couper les tiges en novembre ; retirer 3 ou 4 pouces de terre qu'on jette sur les ados, afin que les pattes ne soient couvertes pendant l'hiver que de 5 ou 6 pouces ; faire un petit labour ; fumer tous les trois ans. Au mois de mars, rejeter sur les fosses la terre qui en avait été retirée à l'automne ; donner un labour ; après la récolte biner et sarcler. Il faut labourer et fumer non-seulement les fosses, mais les sentiers, car en peu d'années les racines des asperges s'y étendent, et obligent d'élargir les planches.

Pour faire un plant d'*asperge ordinaire* en tout terrain, il suffit de creuser les fosses d'un pied. Si la terre était très - humide, il vaudrait mieux ne la point creuser, et apporter d'ailleurs les 9 pouces de terre nécessaires pour couvrir le plant ; répandre sur la surface 4 ou 5 pouces de fumier très-consommé ; l'enterrer par un bon labour ; semer ou planter sur ce labour. Le reste des façons et de la culture est le même que pour la *grosse asperge* : mais on ne commence à récolter que la quatrième année.

Les asperges d'hiver ou de primeur s'obtiennent

par les deux procédés suivans : 1° en tout terrain,
sec ou humide, plantez à 1 pied ou 18 pouces en
tous sens, et cultivez pendant quatre ou cinq ans,
comme en terre forte, c'est-à-dire sans creuser les
fosses, des asperges en planches de 2 pieds et demi
ou 3 pieds de large au plus, séparées par des sentiers de 2 pieds. De décembre en mars, selon que
vous désirez avancer la végétation, creusez les sentiers à 2 pieds de profondeur, et jetez les terres sur
les planches. Remplissez ces tranchées de fumier
neuf de cheval bien foulé et marché; et, en même
temps, couvrez les planches de 4 ou 5 pouces de
litière sèche, et jetez par-dessus quelques paillassons
pour qu'elle ne soit pas mouillée par la pluie ou
par les neiges, car il faudrait la rejeter et en substituer d'autre. Quinze ou vingt jours après, lorsque la pointe des asperges commence à paraître,
remaniez les couches avec du fumier neuf, et continuez à les remanier tous les quinze jours pendant
la récolte, ajoutant aussi plus ou moins aux couvertures, suivant le degré du froid. Mais tous les
jours levez ces couvertures, si le temps le permet;
coupez les asperges tous les deux jours après la
récolte, détruisez les couches, rejetez la terre dans
les sentiers, et laissez le plant se reposer pendant
deux ans sans y couper aucune asperge. Mais rarement la litière est suffisante contre la rigueur de
nos hivers : il est plus sûr de mettre une cloche sur
chaque pied d'asperge, et d'ajouter par-dessus la
litière et les paillassons, comme nous avons dit.

Il serait encore mieux de couvrir les planches

avec des châssis vitrés gouvernés comme ceux employés aux cultures d'hiver, c'est-à-dire que la nuit,
et dans tous les temps froids, il faut les couvrir de
paillassons, et leur donner de l'air toutes les fois
qu'il survient quelques heures de beau temps et de
soleil. On ôte les châssis en avril. Par ce procédé,
les asperges verdissent et ont beaucoup plus de
goût et de saveur.

2° Plantez ou semez à 6 ou 7 pouces en tous
sens, et cultivez, comme il vient d'être dit, pendant trois ans ou davantage, des asperges, sans en
recueillir aucune. Pendant l'hiver faites de bonnes
couches larges de 4 pieds; chargez-les de 6 pouces de bonne terre meuble. Lorsque leur feu est
passé, plantez-y les pattes levées nouvellement,
et soigneusement, avec la fourche, à 6 pouces de
distances en tous sens; couvrez-les de 2 pouces de
terre, et jetez par-dessus un peu de fumier neuf
et chaud. Quatre ou cinq jours après retirez ce
fumier, et lui substituez 3 autres pouces de terre;
placez les châssis vitrés, soutenez la chaleur des
couches par des réchauds. La récolte d'une couche durant environ un mois, il faut en faire de
nouvelles à peu près de trois en trois semaines,
afin que la récolte de l'une succède à celle de l'autre. Si l'on veut se servir de vieux plant, ce qui
n'est point avantageux, parce qu'il ne produit que
fort peu d'asperges et très-petites, on le prépare
en éclatant et séparant les souches, ne conservant
que ce qui est vif et fourni de bons yeux; on écourte
les racines trop longues; on place ensuite, sur 2

15

pouces de terreau, et non sur de la terre, chaque plant debout, et près à près, de manière à ce qu'ils se touchent. On approche et l'on appuie ensuite de nouveau terreau sur les griffes à mesure qu'on les place, en sorte qu'il les maintienne et remplisse les vides; on en couvre le plant jusqu'à cacher toutes les têtes, et l'on pose les châssis.

Les asperges nées sous les couvertures sont ordinairement toutes blanches. Pour leur donner de la couleur, on peut placer dans un bâtiment à couvert de la gelée, près des fenêtres les mieux exposées au soleil, un baquet ou autre vaisseau dans lequel on met du sable de rivière et de l'eau, jusqu'à ce qu'elle surpasse le sable de 2 pouces; on lie les asperges par bottes, et on les met par le gros bout sur le sable; elles verdissent et s'y conservent long-temps si l'on a soin de renouveler l'eau. On peut aussi enfoncer ces bottes, par le gros bout, à 3 ou 4 pouces dans une couche chaude, et les couvrir d'une cloche.

Parmi les insectes, le *criocère* et le *ver-blanc* sont les deux ennemis les plus actifs de l'asperge. On leur fait la guerre comme nous l'avons dit à l'article *Animaux nuisibles*, pages 175 et 184.

Bazelle.

La BAZELLE, *bazella*, est une plante bisannuelle originaire des climats les plus chauds, où elle est employée comme aliment. On en connaît deux espèces ou variétés, la *rouge* et la *blanche*, toutes deux à tiges grimpantes. Dans le climat de Paris on les sème en mars dans une terre bonne et meuble, sur couche chaude et sous châssis ; et vers la mi-mai, ou même plus tard, si le printemps est froid, on repique en pleine terre et contre un mur garni d'un treillage, et exposé au midi, où les graines acquièrent ordinairement une parfaite maturité. On prépare les feuilles de ces plantes comme les épinards : c'est un mets de fantaisie plus curieux qu'excellent.

Basilic.

LE BASILIC DE CUISINE, *ocymum hortense*, est une plante annuelle et aromatique, originaire de Perse. Il a plusieurs variétés qui lui sont inférieures pour l'usage auquel on le destine. Ces variétés sont à feuilles violettes, vertes, grandes, petites ou frisées. Le basilic ne s'emploie guère que sous la forme d'épice, et lorsqu'il est séché et réduit en poudre. Pour le sécher, on le coupe avant que sa fleur soit épanouie, on le lie en petits bottillons, que l'on suspend dans un lieu aéré ; puis on l'enferme dans un sac de papier, ou dans une boîte, pour s'en servir au besoin.

En février et mars on sème la graine de basilic sur couche ; plus tard, en pleine terre. Lorsque le plant a 5 ou 6 feuilles, on le repique à bonne exposition, dans une terre légère, meuble, entretenue humide par de fréquens arrosemens. La graine, suivant l'époque où l'on a fait le semis, soit sur couche, soit en pleine terre, se récolte depuis août jusqu'en octobre. On doit s'empresser de recueillir la première mûre, parce que les pluies prolongées de l'arrière-saison lui sont très-nuisibles.

Betterave.

La Betterave, *beta cicla*, est une plante bisannuelle que l'on cultive dans les jardins pour la nourriture de l'homme, et dans les champs pour celle des animaux. Sa racine, grosse, pivotante, charnue, sucrée, est, suivant ses variétés, de couleur rouge foncé, rouge clair, jaune ou blanche. Les feuilles et la racine se mangent cuites; la racine se fait cuire au four ou sous la cendre. Crue, elle se conserve dans le vinaigre ou dans le sel.

Dans un bon terrain meuble ou ameubli par de bons et profonds labours, on sème la betterave dès le commencement de mars en terre chaude et légère; quinze jours ou trois semaines plus tard, en terre forte et froide. Semée en planches, ou mieux en bordures, elle ne demande d'autre façon que d'être éclaircie lorsque le jeune plant pousse sa cinquième ou sixième feuille; de sorte que chaque pied soit éloigné de l'autre de 9 à 12 pouces; être sarclée au besoin, et quelquefois amplement arrosée.

Au commencement de novembre il faut arracher les betteraves, en tordre et retrancher toutes les feuilles, les laisser un ou deux jours à l'air s'il ne gèle point, les bien nettoyer de terre, les enfermer dans une cave sèche ou dans la serre, sans les couvrir de terre, ni de sable, ni de paille, hors le temps des grands froids, qui pourraient pénétrer dans la serre.

Au commencement de mars suivant, si vous replantez quelques pieds de betterave, ils poussent bientôt des feuilles, et ensuite chacun une seule tige, que l'on protége par un tuteur solide haut de 6 à 7 pieds, sur lequel on l'attache à mesure qu'elle croît, afin d'empêcher le vent de la briser. Lorsque les tiges perdent de leur vigueur, et que les semences jaunissent, on peut les couper et les dresser contre un mur, où elles sécheront parfaitement si le temps est beau. Dans le cas contraire, on les placera sous le hangar ou dans un grenier bien aéré, où on les suspendra par paquets jusqu'à ce que les graines, bien sèches, puissent se détacher, pour être conservées dans un lieu sec et sans feu. Cette graine se conserve bonne à semer deux ou trois ans; plus vieille elle est sujette à dégénérer.

Bourrache.

La BOURRACHE, *borago officinalis*, est une plante annuelle dont la fleur bleue est la seule partie de la plante qui soit d'usage pour la table comme garniture de salade. Elle a plusieurs variétés distinguées par la couleur de la fleur, blanche ou couleur de rose.

Cette plante se multiplie par le semis, que l'on peut faire dans tous les temps de l'année, ainsi que dans presque tous les terrains; elle se multiplie même souvent assez d'elle-même; mais comme elle monte en graine presque aussitôt que la plante est

formée, pour n'en point manquer, il faut en semer
tous les mois. On coupe les tiges un peu avant la
maturité de la graine, qui se répandrait aussitôt,
et on les expose au soleil pour qu'elle achève de
mûrir.

Buglose.

La BUGLOSE, *anchusa officinalis*, la seule, d'un
grand nombre d'espèces et de variétés, qui se cultive dans les potagers, est une plante vivace qui se
multiplie de drageons plantés, ou de graines semées
au mois de mars en terre labourée, soit en planches, soit en bordures. Sa graine ressemble à celle
de la bourrache, et se recueille avec les mêmes
précautions. Elle dure trois ans. Les fleurs seules
sont employées, pour la table, comme garniture de
salade.

Câprier.

LE CÂPRIER, *capparis spinosa*, est un arbrisseau
de la France méridionale, où il croît dans les terres
sèches et maigres. Il porte une belle fleur blanche,
dont le bouton, appelé *câpre*, devient, quand il est
confit au vinaigre, un objet d'assaisonnement très-
usité.

Cet arbrisseau, craignant le froid et l'humidité
de nos hivers, demande à être planté au pied d'un
mur au midi, dans une terre légère, substantielle,
placée sur un lit de pierrailles. Au mois de novembre on couvre son pied et le bas de ses rameaux
d'une couche épaisse de litière sèche, que l'on ôte

au printemps lorsque les gelées ne sont plus à craindre. A cette époque aussi on rabat ses rameaux à
2 pouces environ de la souche, et l'on palisse ses
nouveaux bourgeons sur un treillage lorsqu'ils ont
acquis assez de solidité pour ne pas se rompre. On
le multiplie de graines semées, aussitôt leur maturité, dans des pots séparés, mis à l'abri de la
gelée pendant l'hiver, et plongés dans une couche
chaude au printemps ; ou de marcottes par strangulation, qu'on sépare dès que les mamelons des nouvelles racines commencent à paraître, pour les mettre dans des pots sur couche tiède, à l'ombre. Il a
plusieurs variétés qui ne servent que pour l'ornement.

Capucine.

La CAPUCINE, *tropæolum, cresson du Pérou* ou
du Mexique, est une plante annuelle originaire
du Pérou. Elle offre trois espèces, la *grande*, la
petite, et celle *à fleurs doubles*. Leurs fleurs sont
fort agréables sur la salade. Les boutons à fleurs
des deux premières espèces, surtout ceux de la
seconde, se confisent au vinaigre comme les câpres.

En mars on sème sur couche, en place lorsque
les gelées ne sont plus à craindre, la graine de la
grande et de la petite capucine. Lorsque le plant est
assez fort on le repique en bonne terre ou dans de
petites fosses remplies de fumier et de terreau, au
pied d'un mur au midi ou dans l'exposition la plus
abritée, au pied d'un arbre, d'un berceau, etc. On

le mouille souvent et largement; sa durée et l'abondance de ses fleurs en dépendent.

La capucine à fleurs doubles ne pouvant se multiplier par les semences, il faut en couper des branches, les piquer dans des pots remplis de bonne
terre, les tenir à l'ombre huit ou dix jours, mouillant très-peu; en ce peu de temps elles sont enraci-
nées et commencent à pousser. Les marcottes sont
encore plus promptes et plus sûres; toute la difficulté est de leur faire passer l'hiver; il faut les mettre dans une excellente orangerie, ou dans une cham-
bre habitée, ou mieux dans une serre chaude, leur
procurant le soleil et l'air doux le plus qu'il est
possible, et ne les mouillant que peu et rarement.
A la mi-mai on les plante en pleine terre, comme il
est dit ci-devant, et on les mouille souvent.

Cardon.

Le CARDON, *cynara cardunculus*, est une plante
de Barbarie dont on cultive trois espèces, et sans
doute bientôt une quatrième, que M. Vilmorin a
reçue de M. Delacour-Gouffé, directeur du jardin
botanique de Marseille. Ses feuilles, semblables à
celles de l'artichaut, ont des côtes rougeâtres, sans
piquans, très-pleines, et ayant toutes les qualités
dont ce légume est susceptible.

Le *cardon de Tours* devient dans toutes ses parties, excepté le fruit, plus grand que l'artichaut.
Ses feuilles s'alongent de 3 jusqu'à 5 pieds; tous
leurs angles sont armés d'épines fortes et très-ai-
guës. La queue et la côte ou grosse nervure des feuil-

les, et la racine, sont les seules parties comestibles.

Le *cardon d'Espagne* n'a point d'épine, mais se cultive moins avantageusement, parce qu'il est plus sujet à monter, et que les parties comestibles sont moins épaisses, moins pleines et moins tendres.

Le *cardon plein et sans épine*, sous-variété très-précieuse, en ce que ses tiges, aussi pleines et aussi succulentes que celles du cardon de Tours, sont entièrement dépourvues d'épines.

Pour avoir des cardons toute l'année il est nécessaire d'en semer en plusieurs saisons.

En janvier il faut remplir de bonne terre mêlée de terreau des pots de 6 à 7 pouces, y semer les graines de cardon, placer ces pots dans une couche et les couvrir de cloches, ou mieux d'un châssis vitré; les transporter dans une autre couche lorsque la première n'a plus de chaleur; enfin faire une troisième couche de fumier demi consommé, chargée d'un pied de bonne terre mêlée et passée à la claie, avec moitié ou tiers de terreau, suivant que la terre est plus ou moins bonne et meuble. Lorsque sa grande chaleur est passée, y planter en échiquier, à deux pieds et demi de distance, les jeunes pieds de cardon, en les dépotant et les plaçant sans rompre ni altérer leur motte; ensuite, lorsqu'ils sont en place, on attache des gaulettes à des fourchettes plantées sur les couches pour soutenir des paillassons dont il faut couvrir le plant pendant les jours froids et les nuits. On donne ordinairement quatre pieds et demi de largeur à cette dernière couche, et on la réchauffe au besoin si la saison ne s'adoucit pas.

15.

On peut semer quelques légumes entre les cardons.

Il faut mouiller ce plant, tant pour l'empêcher
de monter en graine, que pour augmenter son progrès. A mesure que chaque pied a acquis la force
et la grosseur nécessaire, on le lie de trois ou quatre liens de paille par un temps sec, ensuite on l'empaille jusqu'à l'extrémité des feuilles exclusivement,
avec de la paille neuve, ou mieux avec de la grande
litière qu'on lie pareillement avec des liens de paille
ou d'osier, bien serrés. Environ trois semaines après
le cardon est blanc et bon à être employé ; ce qui
arrive ordinairement en mai.

Lorsqu'on a mis le plant de cardon en place, sur
couche, on a dû choisir les plus beaux pieds et les
plus forts, et laisser les plus faibles sur leur seconde
couche, dans leurs pots. Après la mi-avril on laboure
profondément un morceau de bonne terre, on y
marque des places en échiquier, distantes de trois,
ou au moins de deux pieds et demi en tous sens ;
on place un pied de cardon dans chacune, et l'on
donne une bonne mouillure pour plomber la terre.
Ce plant n'aura besoin que de quelques binages au
pied, et d'être mouillé tous les deux jours jusqu'à
ce qu'il soit bon à lier ; ce qui arrive en juin ou
juillet.

Si le semis de janvier avait été tout employé pour
la première plantation, il faudrait, pour cette seconde plantation, faire un second semis du 15
au dernier de février, sur couche, qui n'aurait pas
besoin d'être transplanté sur une autre. Il est avan-

tageux de placer ce second plant dans la plate-
bande d'un espalier au nord, ou autre lieu frais un
peu abrité du soleil, qui, dans cette saison, ferait
monter en graine la plupart des pieds.

Le grand semis pour la provision d'hiver se fait
après la mi-avril; il faut labourer profondément et
dresser un terrain; y marquer des places en échiquier, distantes de trois, ou au moins de deux pieds
et demi en tous sens; on y fait de petites fosses de
8 à 10 pouces sur chaque dimension, que l'on remplit de fumier consommé, recouvert de deux ou
trois pouces de terreau; on sème dans chacune trois
ou quatre graines de cardon, à deux ou deux pouces et demi de distance l'une de l'autre, et environ
un pouce de profondeur. Lorsque le jeune plant est
à sa troisième feuille, on choisit le plus beau pied
de chaque fosse, et l'on arrache tous les autres. Plusieurs cultivateurs, afin de mettre le jeune plant à
l'abri de la voracité du ver blanc, de la lisette, de
la fourmi rouge, du puceron, etc., qui l'attaquent
la plupart du temps, font le semis dans de petits
pots, autour des couches, en dehors des châssis, ou
au pied d'un mur ou bâtiment au midi, et ne mettent les jeunes plants en pleine terre que lorsqu'ils
ont leur quatrième feuille; alors elles n'ont à craindre que le ver blanc; on réserve quelques pieds
pour réparer les dégâts. La graine du cardon ne lève
que du quinzième au vingtième jour.

Jusqu'en octobre les cardons veulent être serfouis
de temps en temps, et mouillés tous les deux jours,
soit par les pluies, soit par les arrosemens. Depuis

ce temps on lie et on empaille successivement de huit en huit jours quelques-uns des plus beaux pieds pour les consommer trois semaines après. Lorsque les gelées commencent à se faire sentir, on les lie tous sans les empailler, et on les butte de sept à huit pouces. S'il survient en novembre quelques gelées un peu fortes, on jette dessus de la litière, des cossas de pois, etc. Enfin lorsqu'en décembre on prévoit les grandes gelées, il faut lever en motte tous les pieds de cardon, les transporter dans la serre, les y planter dans du sable, ou bien les ranger debout, l'un devant l'autre, contre un mur de la serre ; les visiter souvent, les nettoyer de toutes feuilles pourries, leur donner de l'air toutes les fois qu'il est doux. Ils y blanchissent sans paille. On retire pour la consommation ceux qui paraissent les plus avancés. Dans une bonne serre il s'en conserve jusqu'en avril.

Ce n'est pas sans quelques précautions que l'on peut éviter les épines du cardon de Tours lorsqu'il s'agit de le lier. Deux hommes en face l'un de l'autre le saisissent et l'embrassent par le pied avec chacun une fourche de bois ; ils font glisser leurs fourches jusque vers l'extrémité des feuilles ; alors ils serrent les fourches le plus qu'il peuvent contre la plante, et les fixent en terre par l'autre bout ; ensuite ils approchent du cardon ; l'un embrasse et arrange les feuilles, l'autre met les liens ; mais il faut qu'au moins le premier soit vêtu et ganté de bonne peau. Un seul homme peut faire cet ouvrage : d'abord il saisit toutes les feuilles d'un côté avec

une fourche, la fait glisser jusque vers leur extrémité, la fiche en terre par l'autre bout, fait la
même chose de l'autre côté avec une autre fourche;
ensuite il place les liens de paille. De quelque façon
qu'on s'y prenne, on doit avoir grande attention de
ne pas rompre de feuilles, puisque leurs côtes est
la principale production utile du cardon.

Pour recueillir de la graine de cardon il faut en
laisser quelques pieds en liberté, au commencement
de novembre, les butter, rogner les feuilles, etc.; les
conduire et les gouverner comme il est marqué à
l'article de l'*Artichaut*.

Carotte.

La CAROTTE, PASTENADE, *daucus carotta*, est une
plante indigène et bisannuelle dont on cultive plusieurs variétés, la *rouge*, la *blanche*, la *jaune*, la
courte de Hollande, et la *violette*, la plus sucrée
de toutes, mais qui monte facilement, surtout si elle
a été semée de bonne heure.

Dans une terre légère et meuble, défoncée ou
préparée par deux bons labours, dressée et amélio-
rée par des engrais, si elle en a besoin, semez vers
le 15 mars au plus tard, en planches, ou mieux en
bordures, à la volée, ou mieux en rayons distans de
5 à 6 pouces, la graine de carotte, que vous aurez au-
paravant frottée rudement entre vos mains, seule ou
mieux avec du sable, pour rompre les poils qui l'attachent l'une à l'autre, et empêchent qu'elle ne s'attache à la terre. Recouvrez-la légèrement au râteau, ou bien battez un peu la terre avec le dos de

la bêche, ou marchez dessus afin de l'enterrer. Il faut choisir un temps sec, calme et sans vent. Sarclez et arrosez soigneusement le jeune plant. Lorsque sa racine a environ deux lignes de diamètre, il faut l'éclaircir de sorte que les pieds soient distans l'un de l'autre de 2 à 3 pouces en tous sens. Suivant la bonté du terrain, on place ceux qu'on enlève dans un panier recouvert, et on les repique au plantoir dans les endroits où le semis a manqué. Il faut avoir soin de descendre verticalement la racine, qui doit être bien entière, et de presser légèrement la terre avec le plantoir; on arrose ensuite. Lorsque le plant a acquis la grosseur du doigt, on en arrache un entre deux; les carottes se trouvent alors à 5 ou 6 pouces. Dorénavant le plant n'exigera d'autre culture que d'être sarclé et mouillé. Il est bon d'en couper toutes les feuilles deux fois dans le courant de l'été.

Si le sol est fort, compacte, froid, humide, il faut semer un mois plus tard, ameublir le terrain avec du terreau et le couvrir de sable ou de terreau très-fin. Malgré toutes ces attentions, on est encore souvent obligé de ressemer plusieurs fois la carotte dans ces sortes de terrains où tout le plant naissant est dévoré par les insectes. Les terres compactes ont aussi l'inconvénient de rendre les carottes branchues, noueuses et souvent véreuses.

La carotte étant une des racines de l'usage le plus fréquent, et une des principales ressources pendant l'hiver, on a coutume, pour la préserver des grandes gelées, qui la feraient périr, de l'arracher vers le 15 décembre avec la bêche en fourche, de

la laver, nettoyer de terre, laisser sécher et ressuyer ; ensuite la ranger dans une serre par tas, de
façon que les racines soient vers le centre, et les
têtes à découvert sur les côtés, pour jouir de l'air.

On pourrait aussi faire dans une terre sèche des
fosses de 5 ou 6 pieds de profondeur, et de grandeur à volonté ; étendre un peu de paille dans le
fond, former un lit de plusieurs rangs de carottes,
les recouvrir de paille sur laquelle on arrange un
autre lit de carottes, et ainsi alternativement, jusqu'à un ou un pied et demi du niveau du terrain ;
rejeter ensuite par-dessus toutes les terres tirées de
la fouille, de façon qu'elles couvrent la surface des
fosses, et qu'elles débordent sur le terrain. On les
plombe et les dresse en dos d'âne ou en talus. Les
racines se trouvant ainsi à l'abri de toutes les im-
pressions de l'air, pourraient se conserver toute l'année sans altération.

Lorsqu'on déplante les carottes, il faut en laisser
en terre un nombre convenable pour donner de la
graine au mois d'août suivant, et les couvrir de
feuilles ou de litière dans les fortes gelées ; ou bien
on choisit dans la serre les plus belles et les mieux
faites pour les replanter au commencement de mars,
à un pied de distance l'une de l'autre.

On sème encore des carottes vers la fin de septembre. Au commencement de novembre on sarcle
le jeune semis ; dans les fortes gelées on le couvre
de feuilles sèches et de litière ; en mars on l'éclaircit,
et pendant le printemps, aussitôt que quelques pieds
commencent à monter, on l'arrache. Ces carottes se

consomment en avril et mai. On pourrait aussi en semer sur couches parmi d'autres plantes, elles seraient bonnes à employer environ deux mois et demi après.

Pour récolter les graines quand elles ont acquis toutes leurs qualités, il faut couper successivement les parasols, à mesure que la graine de chacun est mûre, et les exposer quelques jours au soleil pour en perfectionner la maturité. Ces semences, privées du grand air et gardées en lieu sec, seront encore bonnes au bout de trois ans.

Céleri.

Le CÉLERI, *apium graveolens*, est une plante bisannuelle qui a plusieurs variétés : le *céleri creux*, *petit céleri*, ou *céleri à couper* : ses feuilles s'emploient comme fourniture de salade ; le *plein-blanc*, qui a une sous-variété très-grosse appelée *céleri turc*, ou *de Prusse* ; le *nain frisé*, très-tendre et cassant ; le *plein-rose* ; le *gros violet de Tours* ; et enfin le *céleri-rave*, long-temps négligé, maintenant à la mode. Sa racine, grosse et en forme de navet, se mange cuite ; il a une sous-variété plus estimée, à racine ronde, blanche, veinée de rouge.

Pour avoir du céleri toute l'année, il faut en semer en plusieurs saisons.

On en sème en janvier sous cloches ou sous châssis, sur une couche chargée de bonne terre meuble et de terreau mêlés et passés à la claie ; lorsque le jeune plant a trois ou quatre feuilles, on le repique sur une autre couche à 12 ou 18 lignes de distance

l'un de l'autre; on lui donne de l'air toutes les fois
qu'il est supportable, et on le défend des rigueurs
de la saison avec le verre, les paillassons et autres
couvertures. Vers le commencement d'avril, lorsqu'il est assez fort pour être planté en pleine terre,
il faut labourer et ameublir un bon terrain bien fumé
et bien amendé; y dresser des planches de largeur à
volonté, depuis 2 jusqu'à 7 pieds; y tracer des rayons
distans de 6 ou de 6 pouces et demi l'un de l'autre;
planter dans ces rayons les pieds de céleri en quinconce à 6 pouces de distance l'un de l'autre; mouiller sur-le-champ, et renouveler les arrosemens tous
les deux jours, à moins qu'on n'en soit dispensé par
la pluie; le sarcler et le biner dans le besoin.

Vers le commencement de juin il doit avoir
acquis sa force. Alors, par un temps sec, il faut
lier de trois liens de jonc, ou de paille à son défaut, chaque pied de céleri d'une planche entre
deux autres; garnir de litière sèche tous les vides
entre les pieds, de sorte qu'on ne voie que l'extrémité des feuilles; arroser de deux jours l'un, pour
l'attendrir, et si les arrosemens affaissent la paille, en
ajouter autant qu'il est nécessaire. En trois semaines
ou un mois le céleri sera blanc, bon à employer,
et se conservera, sans se pourrir, environ un mois;
dès qu'il est blanc, il faut supprimer les arrosemens.
Alors on lie de la même façon le céleri des planches
voisines, et on le butte avec la terre des planches
dont on consomme le plant. D'abord on le butte
jusqu'au premier lien; sept ou huit jours après,
jusqu'au second; et autant de temps après, jusqu'à

l'extrémité des feuilles exclusivement. A moins qu'il n'arrive une grande sécheresse, il n'aura pas besoin d'être mouillé, la fraîcheur de la terre suffit pour l'attendrir.

Au mois de mars on fait un second semis de céleri sur le bout de quelques couches, ou en pleine terre dans une bonne exposition et abritée ; on repique le petit plant lorsqu'il pousse sa quatrième ou cinquième feuille ; on le plante en place lorsqu'il a acquis la force nécessaire. Il se cultive et se gouverne comme il est expliqué ci-devant. On le lie, et on le fait blanchir en temps convenable, pour qu'il succède au premier en août.

En mai, on fait un troisième semis en pleine terre, avec l'attention de semer clair, ou d'éclaircir le plant de façon qu'il puisse acquérir dans la même place la force nécessaire pour être planté en planche sans être repiqué en dépôt ; façon inutile dans cette saison, ou plutôt nuisible, en retardant le progrès du jeune plant. Conduit et cultivé comme il est dit ci-devant, il succèdera en octobre à celui du second semis.

Vers la fin de juin on fait un quatrième semis comme le précédent, pour fournir du céleri pendant l'hiver. Lorsque, par la culture et les soins indiqués ci-devant, il est parvenu à sa grandeur, il faut le conduire suivant la qualité du terrain. S'il est sec, le céleri étant lié avant toute gelée capable de l'endommager, et butté de terre le plus tard qu'il est possible, mais avant les fortes gelées, résistera bien à l'hiver, avec l'attention de le couvrir

de grande litière dans les froids rigoureux. Si le terrain est humide, après avoir lié le céleri et l'avoir
défendu jusqu'au temps où les couvertures deviennent insuffisantes contre la force des gelées, ou pré-
judiciables à la plante, qui aime l'air, et qui pour-
rirait si elle était trop long-temps ensevelie dans
sa litière, il faut l'arracher, et, sans rien retrancher
de ses racines, le porter dans la serre, et l'enterrer,
dans du sable frais et un peu humide, jusqu'au premier lien ; ensuite le butter avec le même sable jusqu'à l'extrémité des feuilles, en temps et en quantité
convenables, pour qu'il blanchisse successivement
à mesure qu'il est nécessaire pour la consommation.
Il faut ouvrir la serre lorsque la température de
l'air le permet, car pendant l'hiver le céleri craint
le froid, l'humidité et le défaut d'air, comme pendant tout le temps de sa croissance il aime une
terre légère, bien engraissée, fraîche et fréquemment arrosée.

La racine de céleri-rave étant la seule partie employée dans la cuisine, ses feuilles n'ont besoin d'ê-
tre ni liées, ni buttées. Aux approches des fortes
gelées on les retranche après avoir arraché le céleri.
Ensuite les racines étant bien nettoyées, on les porte
dans la serre ; on les y arrange comme les carottes ;
ou bien on se contente, après les avoir repiquées
fort près l'une de l'autre, de les couvrir de litière
ou de feuilles pendant les grands froids.

On récolte la graine de céleri sur des pieds que
l'on a liés et buttés comme pour les faire blanchir,
et que l'on a défendus avec soin des rigueurs de l'hi-

ver. On peut aussi replanter au printemps les pieds les mieux conservés dans la serre. Leur graine mûrit en septembre; quoiqu'elle soit bonne pendant trois ou quatre ans, la plus nouvelle est préférable.

Cerfeuil.

Le CERFEUIL, *scandix cerefolium*, est une plante indigène et annuelle dont on cultive deux variétés, le *cerfeuil frisé*, et le *cerfeuil musqué* ou *d'Espagne, fougère musquée, scandix odorata*, plus grand et vivace. Son goût fort et musqué plaît à peu de personnes, de sorte qu'il est rare dans les jardins.

Depuis le commencement du printemps jusqu'au commencement d'octobre on sème tous les quinze jours du cerfeuil commun en planches ou en bordures, à la volée, ou mieux par rayons. Tout terrain labouré lui convient. Les premiers semis se font sur couche ou au pied d'un mur au midi. A mesure que la saison s'échauffe, on le sème à des expositions moins frappées du soleil; pendant l'été on le sème au nord, à l'ombre de quelque mur, et on l'arrose tous les jours; enfin, pendant le mois de septembre, on en sème à toute exposition. Le dernier semé passe l'hiver, fait sa tige au printemps, et sa graine mûrit en juin. Elle n'est très-bonne à semer que pendant un an, quoiqu'elle conserve sa vertu germinale pendant trois ou quatre ans.

Le cerfeuil frisé demande la même culture.

Le cerfeuil musqué se sème au printemps, et ne lève que du vingtième au trentième jour, à moins que l'on n'ait soin d'entretenir le terrain toujours frais et humide. Comme il monte difficilement en graine, il ne demande ni soin ni culture. Lorsqu'on veut en faire usage on le couvre de paille, et on donne quelques mouillures. Par ce moyen ses feuilles blanchissent et s'attendrissent; on les coupe et on les mêle avec la laitue en salade.

Champignon.

LE CHAMPIGNON CULTIVÉ, *agaricus edulis,* est rond en naissant, et dans cet état il est d'un parfum et d'un goût très agréable; quelques heures après son sommet s'aplatit un peu; il est alors beaucoup plus gros, fait plus de profit et moins de plaisir. Si l'on diffère trop de le cueillir, il se développe entièrement, et dans cet état il est peut-être déjà un mets dangereux. Les caractères des autres champignons comestibles n'étant pas assez décidés pour les faire distinguer sûrement et facilement de ceux dont l'usage serait pernicieux, nous n'en donnerons ni les noms, ni la description. Quant au champignon commun, on en fait naître artificiellement sur des couches de diverses manières. Tout l'art consiste à préparer d'une façon convenable le fumier dont elles doivent être composées, et à leur donner le degré de chaleur et d'humidité qui leur est nécessaire. Nous allons exposer les pratiques généralement suivies et reconnues les plus sûres.

1° *Des couches.* Au mois de décembre, dans un terrain sec et sablonneux, il faut faire une tranchée de longueur à volonté, sur 2 pieds de large et 6 pouces de profondeur; jeter sur les côtés la terre

de la fouille. Si le terrain était fort et humide, il
faudrait faire la tranchée plus profonde, et mettre
dans le fond un lit de plâtras ou de pierrailles, recouvert d'un peu de terre mêlée de sable. Dans
cette tranchée, faire une couche de fumier court,
mêlé de beaucoup de crottin de cheval qui ne mange
point de son, sans cependant employer le fumier
trop gras. Elle doit être dressée bien également,
bien foulée et trépignée; être formée en dos de
bahut, et avoir 2 pieds de hauteur dans son milieu
ou sommet; ensuite la couvrir ou gopter d'environ
1 pouce de la terre sortie de la fouille (mêlée de
sable ou de terreau, si elle est forte et compacte);
la laisser sans aucun soin jusqu'au commencement
d'avril; alors la couvrir de grande litière secouée,
et la laisser jusqu'à la fin de mai, qu'elle doit commencer à produire. Depuis ce temps il faut la visiter souvent pour recueillir les champignons; et
lorsqu'elle en donne abondamment, tous les deux
jours, ôter la litière pour récolter; aussitôt la remettre, et, s'il ne tombe pas de pluie, bassiner ou
donner un léger arrosement (un seau d'eau pour
2 toises de couche). Elle doit produire au moins
quatre mois. Lorsque la couche est épuisée on la
détruit; mais il faut séparer du terreau, qui est bon
aux usages ordinaires, certaines croutes ou galettes
blanches qui s'y trouvent, et qu'on nomme *blanc de
champignon*. Ce sont des parties de la couche auxquelles ont été attachées les queues d'un grand
nombre de champignons, et qui sont remplies de
semences de ce végétal. Étant mises en un lieu

sec, tel que le haut de quelque grenier ou man-
sarde, elles se conservent pendant deux ans propres
à donner des champignons sur les meules dont nous
allons parler,

2° *Des meules en plein air.* La culture des
champignons sur ces sortes de couches donne des
produits plus précoces et plus abondans en toutes
saisons; aussi les meules sont-elles très-fréquemment employées par les jardiniers, malgré les frais
et le travail qu'elles exigent.

Près de l'emplacement destiné à la meule à champignon il faut entasser du fumier de cheval avec le
crottin, l'y laisser pendant un mois, et écarter toute
volaille qui viendrait le gratter; faire garnir l'emplacement de la meule, qui doit être large de 3
pieds sur une longueur à volonté, d'environ 1 pied
de plâtras ou de pierrailles, et les recouvrir de quelques pouces de sable qu'on bat et qu'on égalise bien.
Cette façon n'est cependant essentielle que pour les
meules d'automne, de printemps et d'hiver; celles
d'été réussissent mieux sur un fond frais sans être
humide, et à une exposition un peu défendue du
grand soleil. On dresse la meule avec le fumier en-
tassé à l'air pendant un mois, comme on dresserait
une couche, haute de 1 pied sur les longueur et largeur marquées ci-dessus; en maniant le fumier on
retire la paille longue, n'employant que le fumier
court avec le crottin. Lorsque la meule est toute
dressée, on la mouille abondamment; et afin
d'arrêter et d'empêcher sa trop grande chaleur, 4
jours après qu'elle a été dressée et mouillée, il faut

remanier tout le fumier dont elle est composée, en retirer environ un tiers qu'on entasse à côté, et lui substituer autant de fumier neuf. Avec les deux tiers de fumier remanié et le tiers de fumier neuf, dresser de nouveau la meule de longueur à volonté, sur 2 pieds de largeur, et 14 ou 15 pouces de hauteur par conséquent réduite de 1 pied sur la largeur, et augmentée de 2 ou 3 pouces sur la hauteur. Six jours après on prend les galettes de blanc, on les rompt en morceaux de 3 ou 4 pouces; sur les côtés de la meule on place un rang de ces morceaux de blanc à un pied de distance l'un de l'autre, et à 8 ou 9 pouces au-dessus du sol sur lequel est établie la meule. On enfonce la main dans le flanc de la meule, à chaque place, pour faire une petite ouverture; on y insinue un morceau de blanc, de façon qu'il ne soit qu'à fleur des fumiers, et non pas enfoncé fort avant. Aussitôt que la meule est lardée de blanc, on remet sur toute sa superficie environ un tiers du fumier resté lorsque la meule a été remaniée, et on le dresse en dos de bahut. Deux ou trois jours après, lorsque le blanc est attaché, il faut battre tout le pourtour de la meule avec le dos d'une pelle, afin de comprimer, mastiquer et incorporer le blanc avec les fumiers; arracher avec la main toutes les pailles longues qui débordent la meule; ensuite couvrir toute sa superficie d'un pouce de terre légère; jeter par-dessus environ 3 pouces de fumier neuf, excepté sur la partie la plus élevée, qu'il ne faut couvrir que légèrement. Huit jours après, ajouter autant de fu-

mier neuf, avec la même attention pour la partie supérieure de la meule. Le même nombre de
jours après, retirer toute la couverture, nettoyer
toute la superficie de la meule, des pailles et menues ordures du fumier; ensuite choisir ce qu'il y
a de plus long dans le reste du fumier retiré; en
poudrer la meule, c'est-à-dire en faire une couverture, environ d'un doigt d'épaisseur, qu'on appelle *la chemise*, et l'arranger de façon que les grandes pluies coulent dessus et ne puissent pénétrer
dans la meule; ajouter par-dessus cette petite couverture environ trois pouces de fumier neuf, qu'on
aura laissé ressuyer pendant huit jours; enfin rejeter encore sur ce fumier neuf le reste des vieux
fumiers remaniés, avec l'attention de ne pas trop
charger le dessus. Quinze jours après on découvre
la meule jusqu'à la chemise, exclusivement, pour
reconnaître son état. Si l'on commence à apercevoir
quelques champignons naissans, on marque avec des
baguettes tous les endroits où il s'en montre; ensuite
on recouvre bien la meule avec les mêmes fumiers
et de la même façon qu'elle l'était; et trois ou quatre
jours après on vient recueillir dans les places marquées ce qui s'y trouve de bons champignons, sans
découvrir la meule. On réitère la même chose jusqu'à ce que la meule se trouve disposée à produire
partout également; alors on rejette les marques,
on la recouvre, et trois jours après on vient faire
récolte, continuant ainsi pendant deux ou trois
mois.

Dans le temps des grandes chaleurs, il faut tous

les jours, ou au moins tous les deux jours, donner une légère mouillure, comme nous l'avons dit en parlant des couches. Dans les temps froids, il ne faut recueillir que tous les quatre ou cinq jours ; et dans les gelées, augmenter les couvertures de grands fumiers secs en proportion du degré du froid, pour entretenir dans la meule une douce chaleur.

· Les variations fréquentes et subites de la température appellent la vigilance et les soins du jardinier. Le froid pénètre la meule et la perd ; l'air devient tout-à-coup tempéré, la meule s'échauffe trop, tout le fruit périt. Dans le premier cas il doit prévenir le froid et augmenter les couvertures ; dans le second, les diminuer. Le tonnerre et les éclairs font périr les champignons naissans. Il faut alors découvrir la meule, remanier la chemise et la terre dont elle est goptée, en retirer tout ce qui est gâté ; quelques jours après elle recommence à produire.

Lorsqu'on recueille des groupes ou rochers de champignons, il faut sur - le - champ remplir les creux ou vides qu'ils laissent sur la meule, avec de nouvelle terre.

3° *Meules de cave.* — Elles se préparent comme celles qui sont en plein air ; mais lorsqu'elles sont goptées de terre, elles n'ont besoin ni de chemise, ni de couvertures, ni d'aucun soin, pourvu qu'on ferme bien les portes et qu'on bouche les soupiraux pour interdire l'entrée à l'air. Environ un mois après elles commencent à donner. Lorsque la terre devient trop sèche, on mouille légèrement après avoir cueilli les champignons. Comme le gaz qui s'échappe du fumier peut devenir funeste à ceux qui cueillent les champignons, ils doivent avoir, en entrant dans la cave, une chandelle allumée, qu'ils tiennent à trois pieds de hauteur au plus ; si la lumière paraît près de s'éteindre, on ouvre les portes et les soupiraux, et l'on ne s'occupe de la cueillette que lorsque les gaz méphitiques sont dissipés. Dans des bâtimens couverts, des serres à légumes, etc., qui n'ont pas la température des caves, et qui ne peuvent se fermer aussi exactement, les meules exigent toutes les mêmes façons qu'en plein air ; mais elles y courent moins de dangers.

Nous devons faire observer que le fumier des chevaux qui ne vivent que de paille et d'avoine est très-propre pour les couches et les meules à champignons, que celui des chevaux qui mangent beaucoup de foin et peu d'avoine, ou du son, des féverolles, etc., ne vaut rien, et que lorsqu'on entasse le fumier destiné aux couches ou aux meules, il faut en rejeter tout le foin qui s'y trouve.

Si la récolte excède la consommation que l'on peut faire des champignons, il est facile de conserver le surplus. On lave bien les champignons ; on les enfile comme des grains de chapelets ; on les suspend en un lieu bien aéré jusqu'à ce qu'ils soient secs ; ensuite on les enferme dans des boîtes ou sacs de papier, et on les tient séchement. Lorsqu'on veut les employer, on les fait tremper pendant quelques heures dans de l'eau tiède ; ils reviennent, et sont

égaux, ou très-peu inférieurs en bonté à ceux qui
sont récemment cueillis.

Chervi.

Le CHERVI, *sium sisarum*, aussi appelé *cheruis*,
chirouis, *girolles*, est une plante vivace, dont la
racine, pivotante, blanche, charnue, douce jusqu'à
l'excès, se mange comme les scorsonères. Le chervi
demande un sol humide, profond, toujours frais.
Il réussit mal dans les terres trop légères, sèches ou
pierreuses. On le sème au printemps par rayons,
ou autrement, sur du terreau très-fin, ou de bonne
terre bien meuble. On couvre le semis d'un peu de
terreau ou de terre, et on jette par-dessus de la
mousse ou du fumier court. Il faut mouiller souvent et légèrement. Lorsque le plant a acquis quelque force, on le sarcle et on l'éclaircit en même
temps, s'il en a besoin. Le semis d'automne réussit
mieux; il se fait avec de la graine nouvellement
récoltée, que l'on sème à la volée avec des épinards
ou des mâches, qui, levant plus promptement, donnent de la fraîcheur et de l'abri aux chervis naissans.
Le semis du printemps monte en graine la première
année, mais cette graine est stérile; il n'y a que les
vieux pieds qui en donnent de bonne. Elle dure
deux ou trois ans.

On peut aussi multiplier cette plante par les
œilletons qu'elle pousse du collet de sa racine; et si
à mesure qu'on fait usage des racines, on coupe les
têtes, et on les met à part, pour les replanter en
mars, elles renouvellent très-bien la plante; mais

les racines d'un semis de l'année sont plus tendres et meilleures. En novembre et tout l'hiver on peut faire la récolte des racines ; cependant il est plus commode d'en arracher, avant les grandes gelées, la quantité nécessaire à la consommation, pour les placer comme les carottes dans la serre à légumes.

Cette culture est peu répandue.

Chicorée.

La CHICORÉE SAUVAGE, *cichorium intybus*, est une plante indigène et vivace transportée des bords des chemins, où elle croît spontanément, dans nos jardins et dans nos champs, où elle est cultivée en grand. Au printemps, on emploie ses jeunes pousses en salade verte ; pendant l'hiver, on la met dans la cave ou la serre à légumes pour blanchir, et l'on en fait la salade appelée *barbe de capucin* et *cheveux de paysan*.

La chicorée sauvage se sème sur couche dès le mois de janvier ; en pleine terre meuble et légère, vers la fin d'avril ; en terre forte, vers la mi-mai. Si elle est destinée à être consommée jeune, on la sème fort dru, soit à la volée, soit en rayons ; sinon il faut la semer fort clair, l'éclaircir ou la repiquer en planches à 10 ou 12 pouces. Elle n'exige que quelques serfouissages et quelques arrosemens. La graine se récolte sur de vieux pieds qui ont passé l'hiver en pleine terre. Les plantes élevant pour fleurir des tiges de 3 à 4 pieds qui sont facilement renversées par le vent, afin d'éviter cet inconvénient, on entoure la planche où elles se trouvent avec un double rang de petites perches liées à des échalas ou à des pieux. La graine se récolte au mois de septembre. On doit, dans les semis du printemps, préférer la vieille graine à la nouvelle, qui est trop sujette à monter.

On cultive une variété panachée dont les feuilles sont veinées de rouge, et la côte teinte de cette couleur : ce rouge, qui devient vif lorsqu'on fait blanchir cette chicorée pour les salades, la rend plus agréable à la vue. Elle est sujette à dégénérer. Une autre variété a des racines charnues comme des carottes ; elles servent à faire le *café-chicorée*. Les feuilles s'emploient également en salade.

CHICORÉE BLANCHE OU FRISÉE, *cichorium endivia*, plante des Indes, et annuelle. Elle a plusieurs variétés : la CHICORÉE DE MEAUX ou *endive*, qui se cultive le plus généralement ; — FINE D'ITALIE, *C. E. italica* ; on la nomme aussi *chicorée d'été* ; — TOUJOURS BLANCHE. *C. E. angustifolia* ; — ESCAROLE OU SCAROLE, *C. E. latifolia*, qui a trois sous-variétés : la *grande*, dite de Hollande ; la *ronde*, dont les feuilles plus courtes tendent à pommer ; et la *blonde*, qui est jaune dès sa naissance.

Dès le mois de janvier on peut semer de la chicorée sous cloches ou châssis. Lorsque le plant a deux feuilles bien formées, outre les cotylédons, le repiquer plus au large sur d'autres couches, et le laisser s'y fortifier. Au mois de mars, bien labourer, ameublir et terreauter une plate-bande d'espalier au midi ou autre terrain bien exposé et abrité ; y piquer le plant à 9 ou 10 pouces de distance en tous sens, l'arroser aussitôt ; environ trois semaines après, le serfouir, lier et faire blanchir, lorsqu'il a acquis la force nécessaire.

En février on peut faire un second semis sur le bout de quelque couche, ou même en pleine terre bien exposée et abritée, avec l'attention de le défendre des dernières rigueurs de l'hiver : il faut semer fort clair ou éclaircir le plant, afin qu'il puisse acquérir, dans la même place, la force nécessaire pour être repiqué en planche, dans laquelle on l'espacera de 10 ou 12 pouces, parce que la chicorée de cette seconde semence prendra plus d'étendue que celle de la première.

On peut faire d'autres semis en pleine terre à toute exposition dans les mois suivans, jusqu'à la fin d'août. Nous devons observer que la grosse espèce de chicorée étant dure et sujette à monter pendant l'été, elle n'est propre que pour l'automne et l'hiver; par conséquent il n'en faut semer que depuis le 15 juin jusqu'au 15 août; la mouiller souvent. Il en est de même de la scarole, qui, outre cela, demande à être couverte dans les premières gelées, et surtout dans les temps de pluie, qui la font moucheter.

Lorsque la chicorée a pris toute sa croissance et qu'on veut la faire blanchir, par un temps sec on relève toutes les feuilles de chaque pied, et on les serre d'un seul lien vers le bas. On les laisse dans cet état pendant huit ou dix jours, pour que les feuilles du centre s'alongent et profitent encore. Alors on place un second lien vers l'extrémité des feuilles, et un troisième au milieu, si la chicorée est de grande espèce ou de grande venue, afin que les feuilles du centre ne puissent pas percer par les côtés et jouir de l'air. Environ trois semaines après la chicorée sera blanche et bonne à être employée. Si, depuis qu'elle est liée jusqu'à ce qu'on la coupe, elle a besoin d'être mouillée, il ne faut pas se servir de l'arrosoir à cribler, mais de celui à goulot, et verser l'eau au pied de la chicorée, de peur qu'il n'en entre dedans; ce qui la ferait pourrir. On la couvre même avec des feuilles de chou ou autres pendant la pluie.

Quant à la chicorée que l'on veut conserver pour l'hiver, il faut la défendre des premiers froids avec des couvertures de paille neuve; lorsqu'enfin elles deviennent insuffisantes, lever la chicorée en motte, dans un temps beau et sec; la nettoyer de toute ordure et pourriture, la porter dans la serre à légumes, l'y planter dans du sable frais, sans être humide, à la même profondeur à laquelle elle était plantée en terre. A mesure que l'on veut en faire blanchir, on rassemble et on serre avec la main toutes les feuilles de chaque pied comme pour le lier; on le butte de sable ou on l'enfonce dans le sable jusqu'à l'extrémité des feuilles; on laisse les autres en liberté, et on donne de l'air à la serre toutes les fois qu'on le peut sans danger.

La graine se récolte en automne sur les plants des premiers semis du printemps, ou plus sûrement sur des pieds des derniers semis que l'on a préservés des rigueurs de l'hiver par de bonnes couvertures, ou qu'on a replantés au printemps après les avoir abrités dans la serre pendant la mauvaise saison. On enlève les tiges, on les étend sur le sol pendant quelques jours, les défendant du ravage des oiseaux; on les rentre ensuite pour les battre et en extraire la graine qui, conservée sèchement, reste bonne à semer pendant six ou sept ans. On sème toujours la plus ancienne, afin d'obtenir des plantes moins sujettes à monter.

Chou.

Le CHOU, *brassica oleracea*, est une plante bis-annuelle et indigène, dont il y a un grand nombre de variétés. Nous laisserons de côté les espèces uniquement destinées à la nourriture des animaux ou à fournir de l'huile par leur graine, ne nous occupant que de celles employées pour la nourriture de l'homme; nous en ferons quatre divisions, savoir : les choux pommés, frisés, ou non frisés ; les choux verts ou sans tête; les choux tuberculeux; les choux-fleurs et brocolis.

Première division.

CHOU POMMÉ OU CABUS. — Il a plusieurs variétés, que nous placerons suivant l'ordre de leur précocité.

CHOU D'YORK. — C'est le plus petit des choux-pommes, mais le plus hâtif. Il forme une petite tête dont le sommet est un peu pointu ; elle est tendre et excellente. Il a quelques variétés, telles que le *chou cabage* ou *superfin hâtif*, plus petit et un peu plus hâtif; le *chou nain hâtif*, plus bas

bas et aussi précoce ; le *gros chou d'York*, plus gros et un peu moins hâtif.

Chou hatif en pain de sucre. — Ses feuilles, d'un vert un peu blond, sont longues, très-étroites vers la queue, larges et arrondies par l'autre extrémité, unies par les bords, formant un cuilleron profond. Sa tête, peu ferme et alongée, quelquefois en cône renversé, est tendre, blanche et très-bonne.

Chou coeur de boeuf. — Il a trois sous-variétés : le *petit*, qui forme sa tête presque aussitôt que le chou d'York ; le *moyen*, et le *gros*, qui est assez semblable au gros chou cabus blanc.

Gros chou cabus blanc ou chou pomme. — C'est un des plus anciens et des plus connus. Il est peu difficile sur le terrain et moins sensible que les autres aux intempéries des saisons. Sa tête est grosse, aplatie au sommet, ferme, et si pleine que souvent les feuilles, continuant de se multiplier au centre, la font fendre. Il a les nervures des feuilles grosses et dures, et un goût fort qui déplaît aux personnes qui n'aiment pas le goût de chou. Il offre plusieurs sous-variétés, dont les meilleures sont : *chou de Saint-Denis* ou *chou blanc de Bonneuil* : sa tige, qui est fort courte, porte des feuilles grandes, rondes, d'un vert glauque ; sa pomme, assez grosse, ferme, serrée, très-blanche, un peu aplatie à son sommet, se conserve long-temps sans se fendre ni pourrir ; *chou cabus d'Alsace* ; ce chou, de la deuxième et troisième saison, élève un peu plus sa tige, qui porte des feuilles détachées, arrondies, un peu capuchonnées ;

il forme une tête plus grosse que celle du chou commun, sphérique, très-aplatie, ferme, blanche, tendre et très-bonne; *gros chou d'Allemagne, d'Alsace* ou *chou quintal*. Sa tige, qui est courte et très-grosse, porte des feuilles larges un peu festonnées, d'un vert clair. Aucun chou ne forme une aussi grosse tête, ronde, blanche, ferme, pleine, tendre et douce, quoique les nervures des feuilles soient un peu grosses. Il ne réussit bien que dans les terrains riches et frais. On peut encore citer, comme de fort belles variétés, le *gros chou pommé de Hollande*, le *chou d'Écosse* et le *trapu de Brunswick*.

CHOU POMMÉ ROUGE. — Il y a le gros et le petit, dit *chou noirâtre d'Utrecht*. Ces choux, d'un bon goût mais peu agréables à l'œil, peuvent être mangées en salade. Ils sont d'usage en médecine.

CHOU DE MILAN OU POMMÉ FRISÉ. — Ses têtes, moins serrées que celles du chou cabus, sont ordinairement plus tendres et moins sujettes au goût de musc. Il a plusieurs variétés. Le *milan très-hâtif d'Ulm* a la tige assez élevée; sa pomme, peu grosse, prompte à se former, est excellente. Le *milan hâtif* ne diffère du précédent que par la hauteur de la tige, qui est moindre. Le *milan court* ou *nain*. Sa tige, fort courte, porte des feuilles arrondies, d'un vert foncé. Sa tête, prompte à se former, est ferme, pleine, tendre, d'un très-bon goût, mais craint la gelée. Le *pancalier de Touraine* a la tige basse; les feuilles d'un vert très-foncé, les côtes fortes. Le *gros chou de Milan* forme une tête assez grosse, ferme et pleine, un peu dure si elle n'a été attendrie par la gelée, qu'il craint peu. Le *milan à tête longue*, dont les feuilles sont alongées, d'un vert clair, très-frisées. Sa pomme est de forme ovale, jaune, médiocrement ferme, fort tendre et bonne, mais très-sensible à la gelée. Le *milan doré*, d'un vert un peu blond, devient tout-à-fait jauné en hiver. Sa pomme, peu serrée, est fort tendre. Le *milan des Vertus* ou *gros chou pommé frisé d'Allemagne*. Sa tête est très-grosse, et ses feuilles, peu cloquées, sont glauques. Il est très-rustique et se conserve bien l'hiver. Le *chou de Bruxelles à jets, chou rosette*. Ses tiges, haute de 2 à 3 pieds, produisent à l'aisselle des feuilles de petites pommes tendres et excellentes. On les cueille à mesure qu'elles grossissent, en finissant par la tête. Le *chou de Russie*. Feuilles découpées jusqu'à la côte en lanières, étroites, irrégulières et fermes; espèce de pomme arrondie, de moyenne grosseur, peu serrée, tendre et excellente, formée par les feuilles réunies du sommet.

Les choux cabus se sèment de la mi-août au commencement de septembre (les choux d'York, fin d'août). On doit semer la graine fort clair, par rayons, à l'ombre, sur une terre douce et bien préparée. On arrose, bine et sarcle souvent le jeune plant. S'il profite trop et donne la crainte de le voir monter, on le repique au bout de vingt à trente jours, à 3 ou 4 pouces de distance, sur une terre également bien préparée. Vers la mi-octobre on pique le plant, tant celui qui est resté en place que celui qui a été déplanté, au pied de quelque mur ou palissade, ou sur un ados, en observant les mêmes distances. Lorsqu'on est menacé de fortes gelées, il faut le couvrir de paillassons, litière, ou autre matière propre à cet usage, jetée sur un treillage de gaulettes posé horizontalement un peu plus haut que la superficie du plant, de sorte que ses feuilles et les couvertures ne se touchent pas. S'il a été surpris par la gelée, il faut attendre pour le couvrir qu'il soit dégelé par le soleil. Il se plante en mars ; les grosses espèces, à 2 pieds ½ ou 3 pieds d'intervalle en tous sens ; les moyennes, à 18 pouces ou 2 pieds ; les petites, à 15 pouces ; et il est bon en août. Les choux cabus se sèment aussi en mars, se plantent lorsque le plant a acquis une force suffisante, font leur tête en septembre, et servent jusqu'à la fin de décembre. On sème encore de tous ces choux, soit sur couche, sous châssis et sous cloches, soit en pleine terre bien préparée et abritée, depuis janvier jusqu'en mars. On les plante, lorsqu'ils sont assez forts, à des distances convenables et par un temps pluvieux. Si le temps se tenait au sec il faudrait arroser tous les deux jours.

Les choux de Milan, notamment les variétés hâtives, peuvent se semer sur couche dès le mois de février. On les sème en pleine terre, avec les précautions indiquées, en mars et avril, jusqu'à la fin de mai. Ceux d'hiver, à large côte, peuvent être semés jusqu'en août.

Toutes les fois que l'on repique du plant de choux, il faut visiter le pied au point de réunion des racines, et si l'on y aperçoit quelque tumeur, on la sépare en deux avec la pointe de la serpette, et l'on en fait sortir le ver qui l'a produite et qui nuirait au développement de la plante.

Quelquefois la force de la végétation fait gercer et fendre la pomme des choux frisés ou non frisés, qui alors ne tarde pas à se gâter et à pourrir. On remédie à cet inconvénient en diminuant la végétation. Lorsque la tête est parvenue à sa grosseur, et bien formée, on soulève les choux, on rompt et déplace ainsi une partie des racines, de sorte que la sève, moins abondante, ne produit plus l'effet que l'on craignait; mais peu de temps après elle reprend, et produirait l'effet qu'on veut empêcher; alors on arrache les choux, on retranche toutes les feuilles des tiges, et celles qui ne sont pas serrées et appliquées contre la pomme; on couche sur terre chaque pied, l'un fort près de l'autre, la tête tournée au nord, dans un lieu abrité du soleil, et on jette un peu de terre sur les racines; on fait un second rang, disposé de façon que les têtes soient posées sur les racines recouvertes du premier rang; on place de même un troisième rang ou plusieurs autres. Dans les fortes gelées on les couvre de grande litière sèche, qu'on retire au dégel et dans tous les temps doux. Dans cet état ils se conservent longtemps. On est obligé de traiter de même, excepté les couvertures, ceux qui pomment en juillet, août et septembre, pour prévenir les fentes et la rupture de leurs pommes.

Pour conserver pendant l'hiver des choux pommés, il est plus simple et moins embarrassant de les arracher aux approches des grands froids, et de les

enterrer entièrement et assez profondément pour
que la gelée ne puisse y pénétrer; ou, si on ne les
couvre pas d'une grande épaisseur de terre, jeter
par-dessus de la paille ou des feuilles d'arbres dans
les fortes gelées. Lorsque le sol est humide il serait
plus sûr de les coucher tout simplement sur un terrain un peu élevé dans l'angle de deux murs ou
ailleurs, de façon que les têtes ne se touchent point;
les couvrir de feuilles d'arbres sèches à l'épaisseur
de 10 à 12 pouces, et jeter quelque paille ou des
branchages par-dessus pour que le vent ne dérange
et ne dissipe pas les feuilles.

Pour recueillir de la graine on replante en mars
quelques-uns des plus beaux pieds, d'espèce bien
franche, qui se soient bien conservés pendant l'hiver. S'il arrive au printemps que les pommes aient
de la difficulté à s'ouvrir pour livrer passage à la
tige, on les fend légèrement en quatre pour faciliter
sa sortie, et lorsque la gelée ou l'humidité a gâté
le dessus des pommes, on enlève toutes les feuilles
attaquées, ne laissant que celles qui sont vives et
intactes. Les choux-pommes dont on a coupé la tête
en automne poussent ordinairement des drageons à
leur extrémité : lorsqu'ils résistent bien à l'hiver on
peut les laisser en place. La graine que donnent ces
rejets est bonne, et même franche, pour la repro-
duction, si l'espèce n'est pas voisine d'une autre dont
les fleurs paraissent en même temps. La graine de
chou se conserve six à sept ans.

Seconde division.

Choux verts ou non pommés. — Cette dénomination est appliquée à toutes les variétés de choux qui ne forment point de pomme, quelle que soit d'ailleurs la couleur du feuillage, vert, rougeâtre, violet, panaché, etc. Ces choux craignent moins le froid que ceux des autres divisions, et plusieurs même n'acquièrent toute leur perfection pour la cuisine que lorsque la gelée a attendri leurs feuilles. Quand on veut s'en servir on détache à mesure pour l'usage les feuilles inférieures de chaque plante, sans toucher à celles du sommet; on mange également au printemps les nouvelles pousses, avant que les fleurs soient développées. Les variétés principales sont : le *chou cavalier, grand chou à vache, chou en arbre*, qui s'élève de 6 à 8 pieds sur une seule tige. Ses feuilles sont vertes, presque unies et fort larges; elles n'ont point le goût de musc et ne sont point désagréables à manger lorsqu'elles ont été attendries par la gelée. Le *chou vert commun* ou *à grosse côte*, qui a deux sous-variétés, le *blond* et celui *à bord frangé*. Sa tige, assez grosse, s'élève de 3 à 4 pieds ; ses feuilles, étoffés, ailées à deux rangs, sont crispées sur les bords, et servent au même usage que celles du précédent. Le *vert*, très-dur au froid, a besoin de fortes gelées pour acquérir toute sa qualité. Le *chou moellier*, dont la tige augmente en grosseur depuis le milieu jusqu'au haut. Le *chou caulet de Flandre*, dont le feuillage est rouge. Le *chou vert branchu du Poitou*, formant par ses feuilles une touffe considérable. Il est moins élevé que le cavalier. Le *chou vivace de Daubenton*, remarquable par ses ramifications inférieures, qui s'alongent et s'inclinent jusqu'à terre, où elles prennent quelquefois racine naturellement et sans être enterrées. Le *grand frisé vert du nord, chou frangé*, ou *frisé d'Écosse*, et le *grand frisé rouge*, a une variété plus petite, qui ne s'élève qu'à 12 ou 18 pouces et se garnit de petites feuilles d'un vert cendré, très-frisées, qui ont besoin d'être attendries par les gelées. On coupe l'extrémité de sa tige, qui porte les plus tendres. De l'aisselle des feuilles les plus dures il sort pendant l'hiver des rejets qui sont fort bons. Une autre variété panachée, ainsi que celle *à feuilles prolifères*, quoique propres à l'usage de la cuisine, et résistant bien aux gelées, sont cependant plus convenables pour l'ornement que pour l'utilité. Il en est de même du *chou-palmier*, ainsi nommé parce que ses feuilles, longues, étroites, d'un vert foncé, sont placées au sommet d'une tige élevée. Le *chou de Naples*, dont la tige est basse et renflée, vient d'Italie, et craint le froid, ainsi que le chou palmier, qui est originaire du même pays.

Ces choux peuvent être semés pendant presque toute l'année, mais on le fait plus ordinairement en mars et avril, pour jouir de leur produit pendant l'hiver ou à l'entrée du printemps; et en juillet et août, pour les avoir pendant l'été. Les grandes espèces se placent à 2 pieds $\frac{1}{2}$ ou 3 pieds de distance, et les autres à 1 pied $\frac{1}{2}$ ou 2 pieds. Pour les espèces qui craignent le froid, on doit préférer le semis de

juillet et d'août, parce qu'il résiste mieux aux in—
tempéries de l'hiver, et pour celles qui ont besoin
d'être attendries par la gelée, les semis du printemps.

Troisième division.

Chou-rave, *chou de Siam.* — Son tronc, renflé
au-dessus de terre, forme une boule sur le sommet
et les côtes de laquelle se trouvent les feuilles; elles
sont médiocrement grandes, froncées, dentelées,
ailées à plusieurs rangs. Du centre de ces feuilles la
tige sort la seconde année pour donner sa fleur et sa
graine, comme les autres choux. La moelle que
renferme le tronc est la partie comestible; elle est
blanche et ferme, couverte d'une peau verte, épaisse
et fort dure; son goût tient de celui du chou et de
celui du navet. Il a trois variétés, le *blanc*, le *violet*, et le *nain hâtif*, le plus précoce de tous. Les
feuilles et les racines de ce légume peuvent servir
pour la nourriture des bestiaux.

Chou-navet, *chou turnep, chou de Laponie.* —
Cette plante ne montre pas de tige la première année, et les feuilles sortent immédiatement de la racine; elles forment un bouquet, et sont plus ailées,
plus découpées que celles du chou-rave. Sa racine
s'enfle et forme une bulbe presque ronde de 3 ou
4 pouces de diamètre, contenant une pulpe comestible plus ferme que celle des navets, et couverte
d'une peau épaisse et fort dure, qu'il faut enlever
jusqu'à une certaine épaisseur si l'on veut cuire ce
légume. La seconde année, du milieu de ses feuilles
s'élève sa tige à fleur, comme dans le chou-rave.

CHOU RUTABAGA, *navet de Suède.* — Il ressemble assez au précédent, mais il mérite la préférence comme légume, parce qu'il est plus précoce et moins dur. Son écorce est jaunâtre et lisse.

Ces choux se sèment en avril, et se plantent à la fin de juin ou au commencement de juillet : leur bulbe est formée en septembre ou octobre. Ceux que l'on veut manger avant l'hiver doivent être pris avant qu'ils aient acquis toute leur grosseur, par ce moyen ils sont moins durs. Aux approches des fortes gelées on arrache ceux qu'on veut conserver pour l'hiver; on en retranche les feuilles et les racines; on les entasse dans la serre sans les enterrer; ils s'y attendrissent et s'améliorent. Mais ceux que l'on veut conserver pour graine doivent être plantés dans la serre et remis en terre au mois de mars. Les deux dernières espèces peuvent rester en terre, où elles résisteront aux froids les plus rigoureux. Ces choux ne deviennent assez bons que dans un terrain chaud et léger.

Quatrième division.

CHOU-FLEUR. — On distingue trois variétés principales de chou-fleur, le *tendre*, le *demi-dur* et le *dur*. Ces variétés diffèrent plus par leurs qualités que par des caractères extérieurs bien déterminés. Le *tendre*, plus fin, plus délicat, plus hâtif que les deux autres, mais beaucoup moins gros, a aussi les feuilles plus unies, plus droites et moins larges. Le *dur* est gros, bien garni et serré; il est plus tardif et a communément la feuille plus grande et plus ondulée que celle du tendre. Sa tige est aussi plus grosse et plus courte. Le *demi-dur* participe de l'un et de l'autre par son apparence et ses qualités. Les choux-fleurs de Malte, de Hollande, de Chypre, d'Italie, ne se distinguent que par un peu plus ou moins de précocité, de blancheur, de finesse.

CHOU-FLEUR TENDRE. — A la fin de janvier, mieux du 10 au 15 février, semez la graine sur une couche de chaleur fort tempérée, sous cloche ou châssis. Lorsque les cotylédons, ou feuilles séminales, sont bien formés, repiquez le plant sur une autre couche; en mars, transplantez-le encore sur une autre couche, et espacez-le de façon qu'il n'en tienne que 15 à 20 pieds sous une cloche du grand moule, parce qu'il ne doit plus être transplanté jusqu'à ce qu'on le mette en place; ayant soin, depuis sa naissance jusqu'à sa transplantation en pleine terre, de lui donner de l'air toutes les fois qu'il est supportable, afin de l'endurcir et de le préserver de l'étiolement, auquel il est fort sujet.

Lorsque le plant a acquis six ou sept feuilles, et que la saison est adoucie, fumez et labourez profondément le terrain auquel vous le destinez; faites-y à 2 pieds de distance, en tous sens, les uns des autres, de petits trous que vous remplissez de terreau, et vous planterez à la cheville un pied de chou-fleur dans chacun, que vous enfoncerez jusqu'au-dessus du collet; car le collet doit se trouver à fleur du fond du bassin qu'il faut pratiquer au pied de chaque chou pour retenir l'eau des arrosemens. Aussitôt donnez une mouillure médiocre,

mais suffisante pour plomber le terreau et l'attacher
aux racines. Après une quinzaine de jours, pendant
lesquelles vous n'arroserez point du tout, vous com-
mencerez à mouiller de deux en deux jours, ou
de trois en trois, si le temps est un peu pluvieux.
Un arrosoir d'eau suffit à quatre pieds. Mais lorsque
les choux se disposent à faire leur tête, il faudra
doubler la dose d'eau. Dans les terrains sujets à se
durcir et à se gercer, il faut donner un binage au
pied des choux tous les cinq ou six jours, et jeter
un peu de grand fumier sur les bassins pour entretenir la fraîcheur.

Depuis que les choux-fleurs ont commencé à
reprendre, il faut les visiter souvent pour s'assurer
s'il n'y en a pas de défectueux, de languissans ou
de morts. S'il s'en trouve, on les remplace par les
plants les plus vigoureux de la pépinière.

Lorsque la fleur du chou-fleur est sortie, et de la
grosseur d'un œuf à peu près, il faut lier les feuilles par l'extrémité, ou les rompre par le milieu, et
les rabattre sur la pomme, afin qu'elle blanchisse
et profite sous cette couverture.

CHOU - FLEUR DUR. — Au commencement d'octobre il faut le semer sur couche, sous cloche
ou châssis; lorsqu'il est levé, ouvrir les châssis,
ou ôter les cloches pendant le jour pour l'endurcir
et l'accoutumer à l'air lorsqu'il ne gèle pas, et le
recouvrir pendant la nuit. Le repiquer sous cloche
le long d'un mur au midi, ou sur un ados défendu
du nord par un bon abri de paille (quinze ou vingt
pieds suffisent sous une cloche du grand moule);

ne le pas planter plus profondément qu'il n'était sur la couche. Après quatre ou cinq jours donner au plant un peu d'air, s'il est supportable; cinq ou six jours après ôter les cloches pendant le jour, si le temps est doux, et les remettre le soir. Pendant les gelées couvrir les cloches de litière et en augmenter la charge, suivant le degré de froid. Vers la mi-février repiquer ce plant sur couche, dix ou douze pieds sous chaque cloche. Après quatre ou cinq jours lever un peu les cloches, si l'air n'est pas trop rude; et huit jours après les ôter entièrement pendant les heures du jour où l'air ne sera pas trop dur, et les remettre pendant la nuit. Lorsqu'il n'y a plus de grandes gelées à craindre, retirer les cloches, faire sur la couche un petit treillage de gaulettes portées sur des fourchettes, pour soutenir des paillassons pendant les nuits seulement, et pendant les jours de gelée ou de temps rudes. Enfin, vers la mi-avril, planter en pleine terre, et gouverner ce chou comme nous avons prescrit pour le chou-fleur tendre. J'ajouterai seulement qu'en arrosant il faut jeter l'eau en pluie afin de laver les feuilles et d'en détacher les insectes et leurs œufs. Entre les rangs de choux-fleurs on peut planter des laitues ou autres légumes bas qui seront consommés avant qu'ils puissent nuire aux choux, ou en être incommodés. On commence à jouir en juin.

S'il paraît en même temps un plus grand nombre de têtes qu'on n'en peut consommer, on arrache les choux avant que leur tête ait acquis toute sa grosseur; on les plante fort près l'un de l'autre jus-

qu'au collet, la tête un peu penchée, dans une terre
et à une exposition fraîches, pour rendre leur progrès successif, et prolonger leur durée. Mais il faut
laisser en place ceux que l'on destine pour graine,
continuer à les mouiller tous les deux jours jusqu'à
ce que les siliques soient bien formées, les délivrer
du puceron, en arrosant souvent la tête, coupant
et brûlant les rameaux qui sont trop infectés de
cet insecte. La graine se recueille en septembre, et
se conserve bonne trois ou quatre ans; mais elle est
meilleure de deux ans, et même de la première
année. On peut couper la tête de ces choux destinés
à graine, et n'en laisser sur la tige que les quatre ou
cinq drageons inférieurs; ils donneront de plus belle
graine que ceux du sommet de la tête, dont les
mamelons de fleurs sont si serrés et si menus, que
les uns avortent et les autres ne produisent que de
petites siliques et de petites graines. On arrache
les pieds dès que les premières siliques s'ouvrent,
et on les range debout le long d'un mur, où ils finis-
sent de sécher.

Pour avoir des choux-fleurs qui succèdent à
ceux-ci, et qui fournissent l'automne et l'hiver, il
faut en mai semer clair la graine dans un terrain
bien labouré, hersé et couvert d'environ 2 pouces
de terreau ou de crottin de cheval bien brisé, à
l'exposition du nord. Aussitôt que la graine est levée, mouiller très-légèrement le plant naissant, et
tamiser dessus de la cendre et de la suie de cheminée, pour préserver les cotylédons des insectes qui
en sont fort avides. Réitérer chaque jour cette opé-

ration jusqu'à ce que les premières feuilles soient développées. Arroser fréquemment et sarcler le plant pour le fortifier; l'éclaircir si les pieds ne sont pas à 3 pouces au moins de distance l'un de l'autre. Lorsqu'il a cinq ou six feuilles bien formées, le planter comme il est marqué ci—devant, et le mouiller très-souvent et très-abondamment pendant le mois de juillet et d'août. Les têtes paraîtront en octobre, et se succèderont tout l'automne et l'hiver.

Dès le commencement de novembre il faut porter de la grande litière bien secouée à portée des choux-fleurs, pour les couvrir aussitôt qu'on est menacé de la gelée. A mesure que les têtes sont bonnes, on coupe la tige quelques pouces au-dessous; on la dégarnit de toutes les feuilles, même des petites attachées aux fleurons; on range ces têtes sur des tablettes propres, ou on les suspend au plancher, dans un fruitier, une serre ou autre lieu qui ne soit point humide, et auquel on puisse souvent donner de l'air. Dans cet état, elles se conservent très-bien deux ou trois mois. Mais, vers la fin de décembre, lorsqu'on prévoit de fortes gelées, il faut, dans un beau jour et à une heure où il n'y ait aucune humidité sur les choux, déplanter avec ce qu'on peut de motte tous ceux qui n'ont point encore fait leur tête; leur retrancher les feuilles du bas de la tige; les porter dans la serre, les y planter jusqu'au collet, fort près les uns des autres, dans un sable ou terreau frais, et même un peu humide; ou bien on fait une tranchée de 2 pieds de

profondeur, et de la largeur d'un coffre de châssis ;
on la remplit de terreau peu consommé, et on les
y plante fort serrés ; on place les châssis vitrés ; on
met à l'entour du coffre un réchaud de fumier
neuf, que l'on renouvelle lorsqu'il est nécessaire.
Par ces moyens les choux-fleurs feront leur tête,
pourvu que l'on soit attentif à leur donner de l'air
toutes les fois qu'il est supportable, et à les garantir
exactement du froid pendant les gelées. Si les
choux avaient quelque humidité sur leurs feuilles
lorsqu'on les arrache, il faudrait, avant de les planter, les suspendre par le pied pendant un ou deux
jours en lieu couvert, mais bien aéré.

La culture qui vient d'être exposée est la plus
commune et la plus généralement suivie par les
jardiniers qui, faisant commerce de légumes, les cultivent en grand ; mais la méthode suivante pourrait
mieux convenir à des jardiniers particuliers.

On mêle et passe à la claie de la terre meuble et
du terreau, en parties égales. Des pots à quarantaine
ou même à basilic étant remplis de cette terre préparée, on sème dans chacun d'eux trois graines de
chou-fleur. Depuis la fin de janvier jusqu'en avril
il faut les enfoncer dans des couches sous des cloches
ou des châssis, et les changer de couche lorsque la
première est refroidie. Dans le reste du temps, il
faut les enterrer dans un lieu et à une exposition
convenables à la saison, comme il a été marqué ci-
devant. Lorsque les jeunes plants ont poussé leurs
premières feuilles, il faut ne laisser que le plus vigoureux dans chaque pot, et supprimer les autres

en les coupant à fleur de terre, et non en les arrachant. Le plant ayant cinq ou six feuilles bien formées, on le plante en motte bien entière dans un terrain préparé comme il est dit ci-devant, et on le cultive de même : mais si le terrain est contraire, on creuse à 2 ou 2 pieds et demi l'une de l'autre de petites fosses d'un pied en tous sens, que l'on remplit de terreau, et l'on place la motte au milieu ; quant au semis d'octobre qui doit passer l'hiver, on enterre les pots dans un espalier au midi. En semant ainsi une cinquantaine de pieds tous les quinze jours ou toutes les trois semaines, depuis la fin de janvier jusqu'en mai, on aura une succession abondante de ce légume.

CHOU-FLEUR DEMI-DUR. — Cette variété participant, comme nous l'avons dit, de la nature des deux autres, réussit mieux qu'elles dans les saisons qui sont contraires à ces espèces ; aussi les personnes qui cultivent les choux-fleurs en grand, pour en fournir toute l'année, l'emploient - elles exclusivement au chou-fleur dur et au chou-fleur tendre pour les semis de toutes les saisons.

La graine du chou-fleur, quelle que soit sa variété, se récolte de préférence sur les plants semés à l'automne, et qui ont passé l'hiver sous cloches ou sous châssis. On choisit les plus beaux dans leur espèce, c'est-à-dire ceux dont la pomme est ferme, saine et bien blanche, et dont la tige est grosse et courte ; ce qui est une preuve qu'ils n'ont pas été étiolés sous les couvertures d'hiver, et qu'ils sont forts et vigoureux. Comme cette graine conserve long-temps toute sa qualité, on peut n'en récolter que dans les années favorables. La bonne graine est de couleur marron clair, pleine, sans rides.

Chou-brocoli, *brassica botrytis cymosa.* — Il ne diffère du chou-fleur que par ses feuilles ondulées, par ses dimensions plus grandes, et par ses couleurs. On en distingue deux espèces principales qui ont chacune plusieurs variétés. La première est pommée, et fournit le *blanc,* le *violet* et le *violet nain hâtif.* La seconde est sans pomme, et sa tige se divise en jets nombreux ; elle fournit des variétés *rouges, jaunâtres, vertes,* etc. On préfère le violet et le blanc.

Le *brocoli* se cultive comme le *chou-fleur tendre ;* se sème sur couche à la fin de janvier, pour servir en juin ; en pleine terre en avril et mai, pour servir en octobre (le violet nain peut être semé jusqu'en juillet) : pendant l'été il veut être arrosé souvent et abondamment ; enfin il se sème en août, se met en place pendant l'automne, pour servir en mars et avril ; on le pique en pépinière, et le plante en février pour servir en avril et mai. Comme il est moins délicat que le chou-fleur, il exige moins de soins et de façons. Pour lui faire passer les temps rudes de l'hiver, on fait au pied, du côté du nord, une fosse étroite où l'on couche la tige en l'inclinant avec précaution, et par plusieurs secousses répétées ; on le butte de terre, ne laissant passer que la tête. On peut aussi enlever chaque pied en motte et l'enfoncer debout, jusqu'à la naissance des feuilles, dans un trou fait à côté. Lorsque l'intensité du froid fait craindre pour la vie des brocolis, on les couvre de grande litière, mais on leur donne de l'air dès que le temps est radouci. Ils peuvent supporter sans danger un froid de 4 à 5 degrés.

Pour recueillir de la graine on laisse monter quelques-unes des plus belles têtes, ou mieux on coupe ces têtes dont on ne laisse sur la tige que les plus forts drageons inférieurs; ou l'on supprime entièrement les têtes, et on ne laisse monter que les drageons qui sortiront de l'aisselle des feuilles supérieures de la tige. Si l'on récolte moins de graine, elle est plus belle et mieux nourrie qu'elle ne le serait sur les têtes conservées entières.

CHOU MARIN, OU CRAMBÉ MARITIME, *crambe maritima*.—Ce chou, qui est originaire de l'Inde, est vivace par ses racines, et fournit ses produits de décembre en mars, selon les soins qu'on lui donne. On le sème en place en mai ou août, dans une planche de cinq pieds, dont la terre est bien ameublie et profondément labourée. On y trace deux rangs à 2 pieds et demi de distance, dans lesquels on fait de petits potelots à la même distance; on répand dans chacun une poignée de terreau, et trois ou quatre graines de crambé, pour ne laisser après la levée que le pied le mieux venant; on arrose au besoin; on a soin d'éloigner le tiquet par les moyens déjà indiqués. Lorsque le plant a poussé deux feuilles, outre les cotylédons, il ne demande plus qu'à être biné et sarclé de temps en temps. Il doit rester deux ans en place avant de donner aucun produit.

Quand on fait un semis pour repiquer, il doit

être clair, et par rayons espacés d'environ 10 ou 12 pouces. On lui donne les mêmes soins, et aux mois de février ou de mars suivans, on le met en place dans une planche préparée comme nous avons dit ci-dessus, et aux mêmes distances.

De décembre en mars de la seconde année après le semis, on pose sur chaque pied de chou, un pot dont on a soin de boucher le trou, ou une petite caisse renversée. Si cette opération se fait en décembre ou janvier, et que l'on veuille forcer le plant, on garnit les intervalles de litière ; mais si l'on attend jusqu'en février ou mars, et que l'on ne soit pas pressé de jouir, il suffit de butter les pots ou caisses pour intercepter l'air et la lumière. On pourrait, au lieu de pots, se contenter d'une couche épaisse de litière. A mesure que les pousses sortent de terre, la privation de la lumière les fait blanchir, et lorsqu'elles ont atteint de 6 à 8 pouces de hauteur on les coupe près du collet. La tige et les feuilles réunies forment une espèce de pomme alongée, tendre, et propre à l'usage de la cuisine, où l'on peut la préparer de différentes façons. Cette plante dure long-temps par les œilletons qui poussent autour de la souche principale, et qui perpétuent le produit. On peut la multiplier aussi par ses œilletons et par des tronçons de ses racines.

Observations générales sur les Choux.

Toutes les espèces de choux veulent un terrain gras, substantiel et frais. A force de fumier et d'eau, ils réussissent, quoique médiocrement, dans les terres sèches et sablonneuses. Ils exigent du fumier dans les terrains qui leur sont les plus favorables, tant pour les engraisser que pour y entretenir la fraîcheur.

De quelque façon que l'on plante les choux, soit à la cheville ou à la bêche, l'œil doit être à fleur du terrain, plutôt un peu enterré qu'élevé au-dessus. La distance entre les rangs et entre chaque pied de chou est relative à l'espèce et à la saison, de 15 pouces jusqu'à 3 pieds.

Si l'on peut planter par un temps de pluie, le plant ne se fane pas, reprend aussitôt, et ne souffre pas du ravage des insectes. Si, au contraire, le temps est sec, il faut mouiller aussitôt, et renouveler les arrosemens tous les deux jours jusqu'à ce que le plant soit bien repris.

Du plant trop faible est dévoré par les insectes dans l'état de langueur et de faiblesse où il est pendant quelques jours après la plantation. Du plant trop vieux est sujet à monter ou à demeurer avorté et comme noué, parce que les nouvelles racines percent difficilement.

Il faut serfouir et sarcler exactement les jeunes plantations de choux ; et si quelque pied meurt, ou a l'œil défectueux, il faut le remplacer.

Les insectes destructeurs des choux sont le tiquet ou puce de terre, les chenilles, la limace, les pucerons et la punaise rouge. Nous avons indiqué les moyens de les détruire ; mais les soins et la vigilance doivent être mis au premier rang.

Ciboule.

CIBOULE, OGNONETTE, *allium fissile.* — On en distingue deux espèces, une annuelle et une vivace. La première a deux variétés, la *blanche* et la *hâtive.*

Depuis la mi-février ou le commencement de mars, selon l'état de la température, jusqu'en août, on sème tous les quinze jours ou tous les mois de la graine de ciboule annuelle, afin qu'étant plus nouvelle, elle soit plus tendre. Elle se sème assez épais dans une terre bien labourée et bien ameublie; si elle est forte, il faut couvrir la graine d'un pouce de terreau. En juin, et non plus tard, on repique à 6 ou 7 pouces de distance, et à 4 pouces de profondeur, trois ou quatre pieds ensemble de ciboule du premier semis. Ces petites touffes tallent, augmentent beaucoup, et fournissent pendant l'hiver. Si l'on pouvait en sauver de l'hiver quelques plants des semis les plus tardifs, ne montant pas sitôt en graine, ils fourniraient au printemps jusqu'à ce que la nouvelle ciboule commence à donner. Lorsque les gelées menacent, il faut arracher une partie convenable de ces touffes, les porter dans la serre; on les enterre l'une près de l'autre dans une tranchée profonde de 7 à 8 pouces, et les couvre de litière en quantité suffisante pour les défendre des fortes gelées. Les touffes laissées en place montent au printemps. Pour pouvoir récolter la graine, on soutient les tiges avec de petits tuteurs, ou bien on les entoure d'un cadre de gaulettes élevées à mi-hauteur de ces tiges. La graine étant mûre en août, on coupe les tiges, ou les lie par boîtes que l'on enveloppe grossièrement de papier; on les expose au soleil pendant quelques jours; ensuite on les suspend en lieu sec jusqu'au temps de faire usage de la graine, qui, étant laissée ainsi dans ses capsules, se conserve bonne pendant trois ans; au lieu qu'étant nettoyée et vannée aussitôt après sa maturité, elle ne dure que deux ans. Du reste, la ciboule n'a besoin que d'être sarclée et mouillée dans les sécheresses.

La ciboule vivace se multiplie de bulbes qu'on détache des vieilles touffes, et qu'on replante au printemps et à l'automne; elle produit de bonne heure ses feuilles au printemps, et les perd pendant l'été, si elle n'est arrosée fréquemment; elle en reproduit l'automne. Aux approches des gelées, on détache des touffes la quantité nécessaire pour la fourniture de l'hiver, qu'on porte dans la serre, ou qu'on plante dans une tranchée, comme il est dit ci-devant. Les restes de touffes, laissés en terre, ne craignent point les froids; ils tallent et se multiplient de nouveau au printemps.

Ciboulette.

CIBOULETTE, CIVE, CIVETTE, APPÉTIT, *allium schœno-prasum.* — C'est une petite plante indigène que l'on multiplie le plus ordinairement par la séparation des touffes, au mois de mars. On plante trois ou quatre bulbes ensemble en bordure ou en planche dans une terre légère et bien labourée. Ces trois ou quatre bulbes tallent et forment dans la même année une touffe considérable qui peut subsister quatre ou cinq ans dans la même place. On met 7 ou 8 pouces d'intervalle entre les touffes. Il faut les sarcler, serfouir, mouiller au besoin, couper souvent les feuilles, afin d'en faire pousser de nouvelles et plus tendres; à la fin de l'automne, les couper toutes à fleur de terre, et couvrir les touffes d'un pouce de terreau ou de crottin.

Concombre.

CONCOMBRE CULTIVÉ, *cucumis sativus.* — Cette plante, originaire des climats chauds, est annuelle et offre plusieurs variétés : le *blanc long;* le *blanc hâtif;* le *gros blanc de Bonneuil;* le *hâtif de Hollande*, blanc d'abord, puis jaune ensuite, et qui convient pour la culture sous châssis; le *jaune long;* le *vert petit* ou *cornichon*, propre à confire; le *vert long.*

Le CONCOMBRE DE RUSSIE est une espèce fort petite, dont le fruit, qui vient par bouquet, est presque rond. C'est le plus hâtif de tous.

Le CONCOMBRE ARADA, de forme alongée, un peu plus gros que le pouce, très-délicat, mais donnant beaucoup lorsqu'il réussit bien, propre à confire.

Le CONCOMBRE SERPENT, *C. flexuosus*, originaire des Indes, singulier par sa forme très - alongée et flexueuse, d'où son surnom : on peut en faire des cornichons.

Dans le commencement d'octobre semez dans

17.

de petits pots remplis de terre légère, mélée avec
égale portion de terreau, deux graines de concombre hâtif. Placez ces pots en plein air, mais en bonne
exposition abritée : si les deux graines lèvent, ne
laissez qu'un pied dans chaque pot. Vers la fin de
ce mois, et dans le commencement de novembre,
couvrez le jeune plant avec des paillassons pendant
les nuits, lorsqu'on peut craindre quelque gelée
blanche, ou que l'air est rude; car le concombre
est très-sensible au froid. Enfin, lorsque les nuits
deviennent froides, ce qui arrive souvent dès le
commencement de ce mois, transportez tous vos
pots, sous des cloches ou châssis, dans une couche
que vous réchaufferez au besoin. Vous soignerez le
plant avec attention jusqu'en février, lui donnant
de l'air, le couvrant plus ou moins suivant la température de la saison. En février, lorsqu'il montrera
ses premières fleurs, vous le planterez en motte
bien entière dans une couche neuve. Ses premiers
fruits seront bons au commencement d'avril. On
peut aussi semer à la fin de novembre ou en décembre, avec les précautions indiquées ci-dessus ; trois
semaines ou un mois après, transporter le jeune
plant sur une couche neuve. Un mois après, planter
en place, à demeure, à 18 pouces ou 2 pieds l'un de
l'autre, sur une troisième et dernière couche, chargée de 10 à 12 pouces de terre meuble, mêlée
d'une moitié de terreau. Lorsque ce plant est assez
fort, rabattre la tige, en la coupant, et non en la
pinçant avec l'ongle, au-dessus de la seconde
feuille; réchauffer la couche au besoin, pour y

entretenir une chaleur non pas grande, mais modérée : ce point est important. Couvrir le plant avec soin, le découvrir toutes les fois qu'un rayon de soleil ou un temps doux le permet. Arroser avec de l'eau tiédie au feu, ou autrement, si la langueur du plant en indique le besoin. Lorsque la tige rabattue a poussé ses deux branches ou bras, les arrêter à deux yeux ; et lorsque les secondes branches montrent du fruit, les pincer ou couper avec l'ongle à un œil au-dessus du fruit, et tailler de même les branches qui sortiront successivement les unes des autres. Mais pour éviter la confusion, élaguer de temps en temps les branches gourmandes et stériles, celles qui sont trop faibles pour bien nourrir leur fruit ; retrancher les feuilles dures et une partie de celles qui sont éloignées du fruit, celles qui lui font trop d'ombrage, et lui dévorent la sève nécessaire à sa nutrition ; donner de l'air le plus souvent qu'il est possible. Si le plant n'est pas sous des châssis, mais sous des cloches, le laisser sortir et s'étendre en liberté, avec l'attention de couvrir la couche avec des paillassons soutenus sur des baguettes, si l'on est encore menacé de quelques gelées. Enfin, lorsque le fruit commence à avancer, et que la saison amène des jours de chaleur, comme il arrive ordinairement en avril, il faut commencer à donner à cette plante, qui aime l'eau, des arrosemens abondans et aussi fréquens que le besoin l'exige, et ne pas oublier de la tailler. Avec ces soins, les premiers fruits doivent être bons à couper au commencement de mai, si les rigueurs de l'hiver et du commencement du printemps n'ont pas été excessives.

Le concombre tardif exige bien moins de soins et de dépenses. Au commencement d'avril on fait dans une plate-bande d'espalier, ou dans un terrain abrité, des fosses d'environ 1 pied en tous sens, éloignées de 2 pieds l'une de l'autre. On les remplit de terreau gras ou de fumier bien consommé, recouvert d'un peu de terreau fin, ou mieux de terre meuble, mêlée* d'égale partie de terreau. Vers la mi-avril on sème dans chaque deux ou trois graines. Jusqu'à la fin de mai on défend des gelées tardives le jeune plant avec des cloches, ou des pots renversés, ou des paillassons soutenus sur un treillage, et bordés de litière. Lorsque le plant est en sûreté, on ne laisse qu'un pied dans chaque fosse. Tout le reste de leur culture consiste à les arroser abondamment, et à les tailler exactement à mesure que le fruit arrête sur les branches. Semé sur couche en mars, et mis en place entre la mi-avril et le commencement de mai, dans les fosses garnies de terreau, ou dans une couche sourde, ils ont bien plus d'avance, surtout s'ils ont été élevés dans des pots, et par conséquent donnent plus tôt du fruit. D'ailleurs, n'étant sur couche qu'à 4 ou 5 pouces de distance, il faut moins de temps et de verre ou de paillassons pour les défendre du froid. Pour s'éviter toute espèce de soin, on peut ne semer qu'en mai ou juin. On donne beaucoup d'eau pendant les chaleurs, et l'on jouit du fruit en automne et au commencement de l'hiver.

Les concombres destinés à produire des cornichons se sèment en pleine terre vers la fin de mai et n'exigent que d'être mouillés au besoin. On commence à en couper les petits fruits en septembre. Dans quelques pays on a coutume de coucher et d'étaler sur le semis une quantité de menus branchages secs ou au moins effeuillés : la jeune plante, en s'y accrochant, s'élève un peu au-dessus du sol, et ses fruits sont moins exposés à traîner sur la terre.

La graine de concombre est facile à recueillir ; il faut laisser pourrir sur pied un nombre convenable de fruits, en retirer la graine, la laver à plusieurs eaux, la laisser sécher quelques jours à l'air, la renfermer ensuite ; elle se conservera bonne pendant 7 ou 8 ans. Elle vaut mieux de 3 ou 4 ans que de 1 ou 2 ; la graine trop nouvelle pousse beaucoup de sarmens, et donne peu de fruits.

Le concombre est sujet à la maladie du *blanc* ou *meunier*. On peut l'en préserver en le couvrant de paillassons ou de litière pendant les temps et les nuits froides. Si la plante est attaquée, il faut retrancher toutes les feuilles et les parties infectées.

Coriandre.

La CORIANDRE CULTIVÉE, *coriandrum sativum*, est une plante annuelle originaire du Levant, dont on fait usage dans les ratafias, et quelquefois comme épice dans les sauces lorsqu'elle est sèche, car toute la plante a une odeur insupportable quand elle est verte, et n'acquiert son odeur aromatique et suave qu'en séchant. On la sème en mars, dans une terre légère et chaude. Sa graine se récolte en août, septembre. On coupe les tiges à la rosée, on les bat de suite, et on conserve la graine en lieu sec. Elle est bonne à semer pendant 2 ans.

Corne-de-cerf.

CORNE-DE-CERF, PLANTIN, *plantago coronopus.* — Plante indigène et annuelle dont les feuilles entrent comme fourniture dans les salades. On la sème en mars ou avril, sur une terre mêlée de terreau ; elle fournira ses premières coupes deux mois après, et ne les discontinuera plus jusqu'à l'hiver, pourvu qu'on lui donne de l'eau, surtout dans les chaleurs. Sa graine, très-menue, se récolte en août et dure plusieurs années.

Courge.

COURGE, *cucurbita.* — Les plantes réunies sous cette dénomination sont toutes annuelles et des climats chauds ; plusieurs servent pour la cuisine, d'autres sont plus agréables qu'utiles. Voici les principales espèces et variétés employées à la nourriture de l'homme : — POTIRON, *cucurbita pepo.* Les sarmens de cette plante, originaire des Indes, s'étendent à plusieurs toises ; ses feuilles sont très-grandes, et ses fruits d'une grosseur énorme et d'un poids considérable ; leur écorce, unie, verruqueuse ou brodée, est d'un jaune plus ou moins foncé, blanche, verte, quelquefois à bandes ; il mûrit au commencement d'octobre et se conserve tout l'hiver. — POTIRON D'ESPAGNE. Ce petit potiron, dont l'écorce est d'un jaune peu foncé, quelquefois tacheté de vert, est de forme presque conique; il se conserve long-temps et est supérieur à la plupart des autres par la finesse de sa chair et par sa saveur.

COURGE GIRAUMONT, TURBAN. Sa chair, plus ferme et plus sucrée que celle du potiron, est fort estimée pour l'usage de la table. Il a plusieurs variétés : *courge melonnée* ou *musquée*, de Marseille; le *giraumont noir*, le *giraumont long* de Barbarie, ou *courge longue à bandes;* le *patisson, bonnet d'élec-teur*, ou *artichaut de Jerusalem.*

— COUCOURZELLE, *courge d'Italie.* — Le fruit de cette courge, souvent rayé de bandes vertes, ac-quiert dans son état de maturité 15 à 18 pouces de longueur, et 5 à 6 de diamètre; il est alors moins bon qu'un potiron ordinaire, mais il est excellent lorsqu'on le cueille long-temps avant sa maturité, c'est-à-dire au moment même où ses jeunes fruits sont défleuris, et quand ils n'ont encore que 4 à 5 pouces de longueur sur 1 ou 2 de diamètre. Il faut avoir soin de le cultiver loin d'autres cucurbitacées, si l'on veut le conserver dans toute sa perfection, car il est très-sujet à dégénérer.

— DE VALPARAISO, *courge à la moelle.*—Le fruit de cette plante, dur, fibreux et coriace lorsque les graines ont acquis leur maturité, est doux, fon-dant, succulent, lorsqu'il n'a pas encore atteint toute sa grosseur; sa forme est ovale, et son écorce d'un jaune très-pâle; il acquiert de 6 à 8 pouces de longueur.

Toutes les courges aiment la chaleur et l'humi-dité. Si l'on veut obtenir leur produit de bonne heure, on sème en mars leurs graines en pots remplis de terre meuble, mélangée avec moitié de terreau, et placés sur couche et sous cloches. Après les avoir habituées à l'air on les dépote pour les mettre à bonne exposition, en pleine terre légère et terreautée; leurs fruits seront mûrs à la fin d'août. Autrement on se contente de faire une petite fosse à bonne exposition et en bonne terre; on la remplit de fumier et de 2 ou 3 pouces de terreau par-dessus; on y sème, de la fin de mars à la mi-avril, 2 ou 3 graines pour ne laisser ensuite que le pied le mieux venant; on arrose souvent. Lorsque le fruit a acquis presque sa grosseur, il faut avoir soin de couper les feuilles voisines pour le faire jouir du soleil, et de le préserver de l'humidité de la terre en le plaçant sur une tuile, planche ou pierre plate un peu inclinée, pour que la pluie ne s'y arrête pas. Enfin lorsque fruit est mûr, on le cueille, on l'expose au soleil pendant quelques jours, ensuite on le place en lieu sec, aéré et à couvert de la gelée; il s'y conserve long-temps, pourvu qu'il ne touche pas l'un à l'autre. Il faut avoir soin d'isoler les diverses variétés de courges, si l'on ne veut les voir dégénérer promptement. Leurs graines se conservent bonnes à semer pendant 6 à 8 ans. La meilleure est celle qui a été récoltée dans un fruit qui pourrit de maturité.

Cresson.

Sous la dénomination de CRESSON les jardiniers réunissent plusieurs plantes de familles très-différentes, mais dont le goût âcre et piquant a plus ou moins de rapport avec celui du cresson de fontaine, type des plantes auxquelles ils ont donné le nom de cresson.

CRESSON DE FONTAINE, *sisymbrium nasturtium.* — Cette plante, qui croît naturellement dans nos prés, sur le bord des ruisseaux, peut se semer au printemps dans les jardins où l'on possède des eaux courantes. A leur défaut on peut remplir à moitié de terre des baquets de vieux tonneaux sciés auxquels on ne laisse que 6 ou 7 pouces de hauteur; on y sème de la graine ou on place quelques pieds de cresson pris dans les fontaines, et l'on remplit d'eau le reste de l'espace jusqu'au bord du baquet; on renouvelle souvent l'eau pour l'empêcher de se corrompre; un trou placé au niveau de la terre du baquet en donne la facilité.

CRESSON DES PRÉS, *Cardamine pratensis.* — C'est une plante vivace, commune dans les prés humides, et que l'on cultive facilement dans les jardins. Il suffit de la semer au printemps dans une terre meuble et substantielle que l'on entretient humide par de fréquens arrosemens. Cette plante remplace très-bien le cresson de fontaine dont elle a la saveur. Sa variété *à fleurs doubles* peut faire ornement.

CRESSON DE TERRE, CRESSON VIVACE, *sisymbrium,* VELAR BARBARÉ, *erysimum præcox.* — Cette plante peut aussi remplacer le cresson de fontaine, et se sème clair au printemps, en rayons, dans une terre franche, légère et humide, ou entretenue telle par les arrosemens.

Cresson alénois, passerage cultivé, *lepidium sativum*, L. *thlaspi sativum*, *Desf.* Originaire de Perse. Il a trois variétés : le *frisé*, celui à *larges feuilles*, et le *doré*.

Il se sème pendant l'hiver sur couche, et est bon à couper 12 ou 15 jours après avoir été semé. Pendant les trois autres saisons il se sème en rayons en pleine terre bien meuble. Comme il n'est agréable que lorsqu'il est jeune et tendre, et qu'il monte promptement en graine, il faut en semer tous les quinze jours, et pendant l'été le semer à l'ombre et le mouiller fréquemment.

Échalotte.

Echalotte, *allium ascalonicum*. — Dans le commencement de mars il faut séparer les tubercules des bulbes d'échalotte, les planter à 4 pouces de distance en bordures ou en planches bien labourées, ne les point enterrer ni enfoncer plus qu'à fleur de terre. Elles ne demandent ni arrosement ni d'autre culture que d'être sarclées au besoin. On peut faire usage des bulbes vertes dès le mois de mai. Vers la fin de juin, lorsque les feuilles sont sèches, on déterre toutes les bulbes, on les laisse quelques jours exposées au soleil, ensuite on les serre en lieu sec. Cette plante exige une excellente terre légère, sans quoi ses bulbes diminuent de grosseur.

Epinard.

Epinard, *spinacia oleracea*. — C'est une plante de l'Asie septentrionale, dont on connaît deux espèces ; la plus commune a les graines épineuses,

l'autre les a lisses et sans piquans; elles ont chacune une variété à feuilles plus larges. On sème la
graine d'épinard en rayons dans une terre bien
labourée, ameublie et amandée; on la recouvre
au râteau, ou la marche, ou on bat la terre avec le
dos de la bêche; aussitôt on donne une bonne mouillure, et le lendemain on couvre la planche de terreau, si l'on en a. Cette plante n'exige plus que
d'être mouillée au besoin, et sarclée très-exacte-
ment. C'est au commencement de mars qu'on répand les semences d'épinard, et depuis ce temps
jusqu'à la fin de l'été on en sème tous les 15 jours,
parce qu'il ne se coupe qu'une fois; il faut même,
pendant l'été, le semer à l'ombre et le mouiller
très-fréquemment pour l'empêcher de monter en
graine presqu'en naissant. Les semis de la mi-août
sont bons à cueillir, et non pas à couper, au commencement d'octobre; ceux de la mi-septembre ne
se cueillent ordinairement qu'en décembre. Ces
deux semis fournissent pendant l'hiver. On sème
encore des épinards au commencement d'octobre
pour le printemps; ils succèdent aux deux semis
précédens et fournissent jusqu'aux nouveaux. De
ces semis faits avant l'hiver on conserve la quantité convenable de pieds pour porter de la graine;
ils montent dès le commencement de mai; lorsque
la fleur est passée il est bon d'arracher les pieds
mâles. On soutient les tiges porte-graines, et aussitôt qu'elles commencent à jaunir, on les coupe,
on les expose au soleil sur un drap pendant quelques jours, où la graine achève de mûrir. Aussitôt

on la bat et on l'enferme en lieu sec ; elle se conserve trois ans. Les semis du printemps donnent de
la graine aussi bonne que ceux de l'automne, mais
elle est en moindre quantité.

Estragon.

ESTRAGON, *artemisia dracunculus.* — Plante vivace et aromatique que l'on multiplie par l'éclat des
pieds plutôt que de boutures et de graine. Au printemps, dès qu'on aperçoit ses drageons sortir de
terre, on arrache quelques touffes, on les sépare, et
on plante chaque partie à un pied de distance en
terre labourée. Il faut arroser, serfouir, sarcler ce
plant, en couper une partie tous les quinze jours,
dans l'été, afin qu'il pousse de nouvelles tiges dont
la feuille soit tendre. En novembre, il est bon de
couper tout l'estragon à fleur de terre, et de couvrir
les pieds d'un pouce de terreau. Dans le même temps
on peut en transplanter quelques pieds sur couche,
si on veut en avoir pendant l'hiver. Tous les trois
ans il faut renouveler la plantation d'estragon.

Fenouil.

FENOUIL, *anethum fœniculum.* — Plante vivace
et aromatique, originaire des provinces méridionales, où elle croît dans les terres sèches et chaudes.
On multiplie cette plante par sa graine, que l'on sème
par rayons, au mois de mars, en planche ou en bordure, dans un terrain meuble et bien labouré qui
ne soit ni froid ni trop humide. Si le temps est sec,
on l'arrose un peu pour le faire lever. En mai, on

l'éclaircit ou on le repique, et on le sarcle. Il n'exige point d'autre culture.

FENOUILDOUX, ou ANIS DE PARIS, *anethum dulce.*— Est plus grand que le précédent, et a des côtes longues qu'on fait blanchir comme le céleri, et qui se mangent de même. On le sème en mai ou au commencement de juin; lorsque le plant est assez fort, on le repique en planche, comme le céleri, à 1 pied de distance en tous sens. Il faus le mouiller souvent pour qu'il profite, et le butter lorsqu'il a acquis une force suffisante.

Fève de marais.

FÈVE DE MARAIS, *faba major.*—Plante annuelle, originaire de Perse, qui a plusieurs variétés, dont voici les pricipales : la *fève de Windsor*, aussi grosse que la fève ordinaire, mais plus arrondie; la *petite fève* dite *julienne, faba minor;* la *fève naine, faba pumila,* très-propre pour le châssis, parce qu'elle ne s'élève que de 8 à 12 pouces : elle talle et produit beaucoup.

La **FÈVE VERTE,** *faba viridis,* ainsi nommée parce que son fruit sec reste vert : elle vient de la Chine, est très-productive, mais plus tardive que les autres.

La **FÈVE A LONGUE COSSE,** *faba longisiliqua,* est hâtive; elle s'élève un peu plus que la julienne, et charge davantage; ses cosses, plus longues que dans toute autre espèce, sont bien garnies; ce qui peut lui mériter la préférence.

La culture de toutes ces fèves est la même; elles veulent une bonne terre, plutôt forte que légère,

bien labourée, fumée et amandée; on en sème dès
le mois de décembre et de janvier, au pied des
murs, à l'exposition du midi. Celles qu'on peut défendre des gelées avec de la grande litière, de la
fougère, des feuilles, etc., des mulots et autres animaux, donnent du fruit en mai. Depuis le mois
de février jusqu'à la fin d'avril, elle se sème à 3
ou 4 pouces de distance, plus ou moins, selon la variété, en planche ou autrement, par rayons distans
depuis 6 jusqu'à 12 pouces, ou mieux par touffes.
Lorsque le plant a quatre ou cinq feuilles, il est bon
de le serfouir en approchant la terre autour du
pied pour le chausser, opération que l'on renouvelle
une quinzaine de jours après. Il ne demande pas
d'autres soins jusqu'à ce que la fleur soit entièrement
passée : alors on pince ou on coupe au-dessus du
dernier épi l'extrémité des tiges; cette suppression
force la sève à se porter vers les fruits, qui en profitent davantage, mûrissent plus tôt et deviennent
plus beaux. Quoiqu'on ne sème point ordinairement de fèves de marais après le mois d'avril,
parce que très-souvent le jeune plant est ruiné par
le puceron, on peut en risquer quelques semis après
ce terme; dans les terrains humides, et dans les années pluvieuses, ils réussissent assez bien. On peut
aussi, après la récolte en vert des premiers semis,
couper les tiges à fleur de terre; il en repousse de
nouvelles qui donneront une seconde récolte à la
fin de l'été, si le puceron ne les dévaste point, et si
le terrain est bon et un peu frais.

Lorsque les pieds qu'on réserve pour graine sont

noirs et desséchés, on les arrache, on les bat, et on enferme les fèves en lieu sec : elles sont bonnes à semer pendant deux ans.

Pour les premiers et pour les derniers semis on préfère les petites espèces, notamment la *naine hâtive* et la *julienne*.

Gesse cultivée.

GESSE CULTIVÉE, LENTILLE D'ESPAGNE, *lathyrus sativus*. — Quoique cette plante appartienne exclusivement à la grande culture, cependant on l'admet aussi dans les potagers, pour ses semences que l'on mange en vert comme des petits pois; mûres, on en fait une purée excellente. Elle se sème en mars dans une terre médiocre mais bien labourée. Les semis se font à la volée, mieux par rayons, et dans ce cas il faut biner de temps en temps. On recolte la semence par un temps sec, et on la conserve dans ses cosses jusqu'au moment de l'employer.

Gombaud.

GOMBAUD, GOMBO, KETMIE COMESTIBLE, *hibiscus esculentus*. — Cette plante, très-cultivée en Amérique, où elle est d'un grand usage, réussit difficilement aux environs de Paris; mais beaucoup mieux dans le midi de la France. Ses fruits, coupés verts, et ses jeunes pousses se mangent comme les épinards, ou s'emploient pour épaissir le bouillon. A la latitude de Paris on la sème sur couche en février, lui donnant de la chaleur jusqu'à ce que la saison devenue chaude permette de la transporter en plate-bande exposée au midi, où il faut lui donner beaucoup d'eau. Quelques personnes, au lieu de la confier à la pleine terre, la tiennent tonte l'année sur couche : cette précaution, bonne dans les étés humides, devient inutile lorsque l'année est chaude : alors on peut espérer de jouir des produits de cette plante, et d'en récolter de bonne graine. Elle en donne chaque année dans les départemens du midi.

Haricot.

HARICOT, PHASÉOLE, *phaseolus*. —Plante annuelle et originaire de l'Inde, dont la culture, répandue sur tous les points du globe, a fait une grande quantité de variétés : nous ne nous occuperons que des plus intéressantes, et nous les diviserons en deux sections. La première renfermera les espèces dont les tiges grimpantes, s'élevant plus ou moins, ont besoin de rames pour se soutenir ; la seconde, celles qui s'élèvent peu, et forment une touffe branchue.

Première section.

HARICOTS A RAMES.—*De Soissons*. Graine blanche, grosse, plate. On fait rarement usage des cosses vertes de ce haricot, parce qu'elles sont dures et parchemineuses, à moins qu'elles ne soient prises fort petites ; mais on estime beaucoup ses fèves, soit en vert, soit en sec, à Paris. Ce haricot, qui n'est autre que le blanc commun, doit au territoire de Soissons la finesse de goût et de peau qui font sa célébrité. — *Sabre.* Graine blanche, de moyenne grosseur, aplatie. Ce haricot est excellent et très-productif ; on le mange en cosses vertes, bonnes presque jusqu'à leur maturité. Le grain est aussi un des meilleurs, soit en vert, soit en sec. Il monte très-haut et a besoin de grandes et fortes rames. — *Prédome, prudhomme, prodommet.* Graine blanche, ronde, petite. Ses cosses, très-nombreuses, n'ont aucun parchemin, et sont comestibles jusqu'à ce qu'elles soient presque entièrement sèches. Le grain en sec est d'une qualité très-estimée ; il a une variété jaune. Comme il est assez hâtif, on peut le semer jusque vers la fin de juillet. Il s'élève peu. — *Prague* ou *pois rouge.* Ce haricot, qui s'élève beaucoup, doit être semé de très-bonne heure, parce qu'il est fort tardif à produire ; mais il est de grand rapport. Ses cosses sont de grandeur médiocre, bien nourries, presque toutes recourbées, et formant un arc en arrière. Elles n'ont aucun parchemin ni filet, et peuvent se manger étant presque entièrement sèches. Si elles ont un défaut, c'est d'être trop tendres, et de cuire plus promptement que les grains dont elles sont bien garnies. Les fèves sont presque exactement rondes ; d'un rouge foncé tirant sur le violet.—*Prague bicolore,* aussi tardif et de même qualité que le précédent. — *Sophie.* Variété semblable au *prague,* mais grain blanc ; bon en grosses cosses vertes, médiocre en sec. — *Riz.* Grain blanc, petit, oblong, très-productif ; bon en vert, ou fraîchement écossé ; médiocre lorsqu'il est sec. — *De Lima.* Celui-ci, à la latitude de Paris, a besoin d'être semé sur couche de bonne heure, dans de petits pots, pour être mis en place au mois de mai ; par ce moyen on obtient la maturité de ses premières cosses. Comme son grain, d'un blanc sale, est très-gros et très-farineux, il pourrait devenir précieux pour le midi de la France; il rame très-haut. — D'Espagne ou écarlate, *phaseolus coccineus*. Cette espèce ne doit pas être confondue avec le haricot commun; elle a deux variétés, l'une *écarlate*, dont la graine est comestible, mais qui est le plus souvent employée comme ornement; l'autre, *à fleurs blanches*, qui peut aussi servir pour l'ornement, mais qui est plus généralement cultivée comme plante potagère. Ses grains, très-farineux, ont la peau un peu dure lorsqu'il sont secs; mais, écossés avant la parfaite maturité, ils sont excellens. Il faut semer ce haricot de bonne heure pour jouir de toute sa fécondité; il craint moins que la plupart des autres les derniers froids du printemps et les premiers de l'automne.

Seconde section.

HARICOTS NAINS OU SANS RAMES. — *Nain hâtif de Hollande.* Ce haricot, très-hâtif, fournit des cosses longues, étroites, excellentes; on le consomme toujours en vert. C'est le meilleur de tous pour la culture précoce sous châssis. — *Flageolet* ou *nain hâtif de Laon.* Graine blanche, étroite, un peu longue, presque cylindrique. Cette variété, très-répandue aux environs de Paris, s'élève très-peu, fournit abondamment des cosses, qui, mangées en vert, sont très-estimées. Le grain sec n'est pas sans mérite. Par la petitesse de sa taille et sa précocité, ce haricot convient aux châssis. — *De Soissons nain, gros pied.* Ce haricot, très-commun dans les campagnes, a des cosses et des graines analogues à celles du *sois-*

sons. Il produit beaucoup et est très-estimé avant sa parfaite maturité ou en sec. Le nom de *gros pied* a été donné à beaucoup d'autres variétés très-différentes de celle-ci. — *Nain blanc sans parchemin*. Il fait une touffe grosse et très-ramifiée, ce qui oblige de ne mettre que deux ou trois graines dans chaque potelot. Son grain est blanc, aplati, assez petit, excellent sec. Ses cosses, sans parchemin jusqu'aux trois quarts de leur grosseur, sont très-bonnes en vert. Une terre trop humide pourrit les longues cosses attachées très-bas. — *Sabre nain*. Semblable au précédent dans presque toutes ses parties, ainsi que par ses qualités, il n'en diffère que par plus de largeur et de longueur dans ses cosses. — *Nain blanc d'Amérique*. Cette variété, très-féconde, de pied court, fait comme les autres une touffe très-ramifiée. Il file cependant quelquefois, mais n'a pas besoin de rame. Sa cosse est grosse et renflée, sans parchemin, teinte de rouge brun aux deux extrémités. Sa graine, très-bonne en sec, est longue, blanche et petite ; deux ou trois grains suffisent pour une touffe. — *Deux à la touffe*, variété très-touffue, très-productive, cosse sans parchemin, fève blanche, bon en vert et en grain. — *Suisse blanc*, le *rouge*, le *gris*, le *gris de Bagnolet*, le *ventre de biche*, et plusieurs autres, qui ne se distinguent que par leurs diverses marbrures, ont tous beaucoup de rapport entre eux par leurs qualités et par la forme alongée de leurs fèves. Tous sont plus ou moins sujets à filer, excepté le bagnolet, qui est préférable pour cette raison. Tous aussi fournissent beaucoup de cosses, et leur principal emploi est d'être consommés en vert ou d'être conservés pour l'hiver. Quelques haricots suisses, tels que le blanc, le rouge et le ventre de biche, sont bons en sec. Ce dernier est meilleur en purée qu'avec sa peau, qui est fort dure. — *Noir* ou *nègre nain.* — Quelques cultivateurs préfèrent aux suisses cette variété hâtive et féconde, qui s'emploie aussi en vert et qui est excellente. — *Rouge d'Orléans.* Grain petit, aplati, rouge, très-estimé. — *Nain jaune du Canada.* Très-bas de tige, très-hâtif, sans parchemin, bon en vert, quelque grosse que soit la cosse. Grain presque rond, jaune pâle, ombilic marqué d'un cercle brunâtre, bon en sec. — *De la Chine.* — Grain assez gros, arrondi, soufre pâle, bon avant la parfaite maturité, ainsi qu'en sec. Cette variété, très-productive, a une sous-variété bronze clair qui ne lui est pas inférieure.

Les DOLIQUES, *dolichos,* genre très-voisin des haricots, fournissent quelques variétés cultivées dans les pays chauds pour la nourriture de l'homme; mais leurs produits, parvenant difficilement à maturité dans le climat de Paris, ne peuvent être utiles que dans les parties méridionales de la France, où l'on cultive, sous le nom de MONGETTE et de BANNETTE, le DOLIQUE A ONGLET, *dolichos unguiculatus,* qui n'y mûrit même bien ses graines que dans les années chaudes. On trouve encore dans les jardins des amateurs le *dolique d'Égypte* ou *lablab*; et celui à longues gousses, *D. sesquipedalis,* dont les longues cosses, étroites et charnues, sont bonnes en vert.

Culture. — Pour avoir des primeurs, dès décembre ou janvier on sème sous châssis, sur couche couverte de 5 à 6 pouces de bonne terre, des haricots nains des espèces les plus hâtives; on entretient constamment une chaleur modérée, et l'on donne de l'air toutes les fois qu'il est doux. On peut aussi semer au commencement de mars pour jouir de ce légume en vert dès la fin de mai. Ce second semis se fait en pots à œillets dans une couche, sous cloches ou sous châssis, et vers la fin d'avril, par un temps doux, on dépote ces haricots que l'on place en mottes bien entières au pied d'un mur à l'exposition du midi.

Pour les semis en pleine terre il faut bien labourer et ameublir le terrain destiné à être semé en haricots. Dans les terres légères et chaudes on peut semer dès la fin d'avril; si elles sont fortes ou froides on diffère de quinze jours, et ce n'est qu'après avoir bien amendé la terre par beaucoup d'engrais et plusieurs façons que l'on peut lui confier la semence. Le haricot, dans les terrains argileux et compactes, se sème en ligne, grain à grain, à 3 pouces environ de distance, avec un intervalle de 12 à 15 pouces entre les lignes; et dans les terrains légers et chauds on le sème par touffes de cinq ou six haricots, disposées en échiquier, à 18 pouces ou 2 pieds de distance l'une de l'autre en tous sens. Pour cela on fait, mieux avec la houe qu'avec tout autre outil, de petites fosses de 3 ou 4 pouces de profondeur sur 6 ou

7 pouces de largeur; on jette dans le fond cinq ou six
fèves et on les couvre d'un pouce de terre. Si, après
que les haricots sont semés, il survient de grandes
pluies qui battent, durcissent la terre, et forment
une croûte à sa surface, il faut la rompre et l'ameublir par un binage léger pour faciliter la sortie de
la semence, qui, ne pouvant percer cette croûte, périrait dessous. Lorque le plant a commencé à se fortifier on le rechausse, après une pluie, en rejetant
dans les fosses le reste de la terre qui en avait été
tirée : en même temps on le sarcle, et on fiche des
rames aux variétés qui en ont besoin. Il faut éviter
de travailler les haricots lorsque les feuilles sont
mouillées ; on a remarqué que cela leur est nuisible.

Ou peut semer des haricots en pleine terre depuis la fin d'avril jusqu'au commencement d'août.
Dans cette dernière saison, on ne sème que des haricots nains des variétés les plus hâtives, pour être
consommées en vert, telles que les suisses et le flageolet ; ces espèces sont moins sensibles que la plupart des autres aux premières petites gelées de
l'automne. Mais il ne faut guère passer la première
quinzaine de mai lorsqu'on veut récolter en sec,
si ce n'est pour les espèces hâtives, qui, semées
jusqu'au commencement de juin, peuvent encore
venir à maturité.

La plupart des haricots sarmenteux demandent
des rames longues de 10 à 12 pieds. Si elles n'ont
que 7 ou 8 pieds, lorsque les filets sont parvenus à
cette hauteur, il faut les pincer ; parce que, continuant à s'alonger et se coulant les uns sur les au-

tres, ils étioleraient et affaibliraient le plant. Mais si l'on ne peut les ramer qu'avec des échalas ou des rames de 3 ou 4 pieds, il vaut autant ne les point ramer, pincer leurs filets à mesure qu'ils paraissent, et les réduire en haricots nains; leurs premières fleurs ne couleront point, leurs cosses seront plus grandes, leurs fèves seront mieux nourries : le produit sera à peu près égal; et on épargnera la dépense des rames.

On cueille ordinairement peu de haricots en vert, et quelquefois point sur les espèces qu'on destine à récolter en grains secs. Cependant il est profitable de cueillir une partie des premières cosses; celles qui succèdent en profitent bien mieux, et la récolte en sec en est peu ou point diminuée. Les haricots nains mûrissent plus également que les espèces à rame; leur maturité s'annonce par les cosses qui se sèchent et s'entr'ouvrent. Alors on arrache les plantes, on les étend au soleil pendant quelques jours; ensuite on les lie par bottes, et on les serre en lieu sec. Quant aux haricots à rames, on cueille les cosses à mesure qu'elles deviennent sèches; car, les laissant plus long-temps, la plupart s'ouvriraient, les fèves tomberaient et seraient perdues; ou bien, s'il survenait des pluies, elles pénétreraient ces cosses sèches, et feraient rouiller et gâter les fèves. On les serre au grenier ou autre lieu sec : il ne faut jamais laisser les haricots sur la terre ou sur le terreau à un rez-de-chaussée humide.

Les haricots secs laissés dans leurs cosses s'y conservent bons à semer pendant quatre ou cinq ans; au lieu qu'étant écossés ou battus, aussitôt qu'ils sont recueillis, ils se conservent à peine deux ans.

Houblon.

Houblon, *humulus lupulus*. — Nous n'entrerons dans aucun détail sur la culture de cette plante, dont les fruits sont employés à la fabrication de la bière ; nous nous contenterons de dire qu'elle se plaît dans les terres franches, légères, profondes, fraîches et substantielles, bien ameublies et défendues des grands vents. Son utilité dans la cuisine se réduit à l'emploi que l'on peut faire de ses sarmens naissans, comme des asperges, et de ses feuilles que l'on mange en guise d'épinard. Cultivé pour un usage aussi borné, le houblon ne vaut pas l'excellent terrain et les façons qu'il exigerait.

Hyssope.

Hyssope (*hyssopus officinalis*), plante vivace, aromatique, dont nous ne faisons mention qu'à cause de son odeur suave qui en fait admettre quelques pieds dans les jardins : elle a plusieurs variétés.

Cette plante se multiplie de graine, mais plus communément de ses rejetons, que l'on plante en automne ou au printemps. Quand on la met en bordure, il faut la renouveler tous les deux ou trois ans, ou la changer de place, parce qu'elle est sujette à laisser des vides qui ne sont pas agréables à la vue. Elle vient à peu près partout.

Laitue.

Laitue (*lactuca*). — Cette plante d'Asie offre deux espèces qui ont donné un grand nombre de variétés. Nous indiquerons les plus estimées dans deux divisions générales : l'une, des laitues pommées, *lactucæ capitatæ;* l'autre, des laitues romaines, *lactucæ longæ.*

Première division.

1. Laitues pommées.—Pour le printemps.—*Gotte* ou *gau.* Petite, fort blonde, feuilles plissées et cloquées; c'est une des meilleures à semer, sous cloches et sous châssis, depuis octobre jusqu'en février. Il en faut semer peu en pleine terre, même au printemps, parce que les moindres chaleurs la font monter. Sa graine est blanche. Elle a deux sous-variétés à graines noires, aussi hâtives, et préférables, parce qu'elles tiennent mieux la pomme, surtout celle nommée *lente à monter.* — *A bord rouge,* ou *cordon rouge.* Un peu plus grosse que la précédente; feuilles d'un vert blond; pomme prompte à se faire, et dont le sommet est teint de rouge. Elle dure peu, et ne convient que pour le printemps; elle passe bien l'hiver. Sa graine est blanche. — *Dauphine,* une des meilleures laitues de printemps. Sa pomme est un peu plate, fort grosse, pleine, tendre, douce, se forme promptement, avec des arrosemens abondans et fréquens. Sa graine est noire. Il faut retrancher les drageons qui sortent de l'aisselle de ses feuilles basses.

2. Pour l'été et l'automne.—*Laitue de Versailles.*

Feuilles basses, grandes, fort cloquées, d'un blond blanchâtre; pomme grosse, un peu aplatie, bien garnie, se soutenant long-temps dans les chaleurs, montant difficilement. Graine blanche. — *Blonde à graine noire.* Ses feuilles sont d'un blond un peu doré; sa pomme, de grosseur moyenne, est ferme et bien garnie. On peut confondre avec la précédente la *blonde de Berlin* et la *royale à graine noire;* cette dernière a les feuilles un peu plus vertes. —*Blonde paresseuse* ou *jaune d'été.* Feuilles unies et très-blondes; pomme aplatie, bien garnie, serrée, assez grosse; se maintenant bien pendant les chaleurs. Graines blanches. — *Blonde trapue.* Feuilles étalées et plissées; pomme aplatie et très-serrée : se maintient bien et monte très-difficile-ment. Graine blanche. —*Batavia blonde* ou *silésie.* Feuilles un peu alongées, très-frisées, très-grandes, d'un vert un peu jaune, et teintes de rouge sur les bords qui sont très-dentelés; pomme évasée, peu fournie. Cette laitue aime l'eau et devient amère si l'on épargne les arrosemens; elle est très-grosse, très-tendre et très-délicate. Graine blanche. —*De Malte.* Celle-ci n'est qu'une variété de la précé-dente, à laquelle elle ressemble. Ses feuilles ne sont pas teintes de rouge : elle est fort tendre. Graine blanche.—*Chou* ou *batavia brune.* Feuilles d'un vert très-foncé; pomme très-grosse et assez ferme, meil-leure cuite que crue, peu difficile sur le terrain. Graine blanche.—*Turque.* Feuilles basses, très-gran-des, lisses, d'un vert pâle et terne; pomme fort grosse, bien garnie, très-ferme, tendre; c'est une des plus

belles et des meilleures laitues d'été. Elle veut un
bon terrain, monte difficilement; il faut même en
élever de bonne heure sur couche si l'on veut recueillir de la graine qui est noire. — *De Gênes..*
Feuilles d'un vert blanc, très-lisses; pomme blanche, de grosseur médiocre, un peu aplatie, teinte
de rouge sur le sommet, se tenant bien et se formant assez vite. Graine noire. — *Méterelle.* Feuilles assez vertes; pomme bien fournie et très-ferme,
montant difficilement. Graine blanche. — *Grosse
brune paresseuse* ou *grosse grise.* Elle tire son nom
de sa lenteur à monter en graine. Ses feuilles, unie
par les bords, sont peu nombreuses, crispées, serrées les unes sur les autres, d'un vert gris; sa
pomme, très-grosse, ferme et bien pleine, est un
peu teinte de rouge sur le sommet. Il faut la semer dès le commencement de mars pour en obtenir de la graine, qui est noire. — *Palatine rousse ,
brune hollandaise, petite brune.* Feuilles rondes,
unies par les bords , d'un vert brun lavé d'un rouge
brun sur tous les endroits frappés du soleil; pomme
moyenne, mais très-ferme; montant difficilement ;
passe l'hiver; est de toutes saisons. Graine noire.
— *Sanguine* ou *flagellée à graine blanche.* De
moyenne grosseur et de médiocre qualité, mais
agréable aux yeux par les veines rouges dont elle
est fouettée. Ses feuilles, unies par les bords, sont
d'un gros vert, tiquetées, maculées, quelquefois
entièrement teintes de rouge brun. Le cœur est
blond, veiné de beau rouge. Elle est tendre et
fort bonne, monte facilement dans les chaleurs;

convient mieux pour l'automne. — *Sanguine à graine noire*, plus rare que la précédente, parce qu'on en obtient difficilement de la graine; tenant mieux la pomme dans les chaleurs, et étant variée de couleurs plus vives.

3. Pour l'hiver. — *Laitue passion* ou *de la passion*. Ainsi nommée parce qu'elle pomme vers la semaine sainte. Elle résiste bien à l'hiver, et c'est là son principal mérite, car sa pomme n'est ni belle ni tendre. Sa feuille est d'un vert assez clair parsemé de quelques taches rougeâtres. Elle a une sous-variété mouchetée de rouge qui ne lui est pas préférable. Graine blanche. — *Morine*. Feuilles d'un vert plus foncé que la *passion*, pomme de même grosseur et qualité, mais tenant plus longtemps. Graine blanche. — *Petite crêpe*. Feuilles crispées ou frisées, d'un vert tirant sur le jaune, très-arrondie, un peu dentelée; sa pomme est petite et peu formée; mais elle vient très-bien sous cloche en hiver; c'est là son seul mérite, car dans cette saison elle est presque insipide. Dans une terre douce et très-meuble, à une bonne exposition abritée par des murs ou autrement, elle vient un peu plus grosse et meilleure au printemps. Elle ne supporte pas les autres saisons. — *Petite noire*. Sous-variété de la précédente, qui s'élève sous cloche sans que l'on soit obligé de lui donner de l'air. Graine noire.

Laitues a couper. — Les crêpes, la gotte, etc., et généralement les laitues blondes et les petites espèces hâtives, celle dite *laitue-chicorée*, la *laitue*

Épinard, sont employées à cet usage ; cette dernière même repousse, et peut être coupée plusieurs fois.

Seconde division.

LAITUES ROMAINES OU CHICONS. — Les laitues romaines offrent moins de variétés que les laitues-pommées : voici les principales. — *Verte hâtive.* Bonne pour les couches et les plantations du printemps. — *Verte maraîchère.* La plus cultivée de toutes : peu difficile sur le terrain, elle réussit dans toutes les saisons ; un lien lui suffit : souvent elle se ferme sans ce secours. Semée en août, plantée en octobre, au pied d'un mur bien exposé, elle soutient bien l'hiver. Graine noire. — *Grise maraîchère.* A les mêmes propriétés que la précédente, mais est plus hâtive au printemps et plus douce ; ses feuilles sont d'un vert plus foncé, sa graine est blanche. Elle ne réussit ni dans l'été, ni dans l'automne. — *Verte d'hiver.* — *Grosse grise* d'été et d'hiver. — *Rouge d'hiver.* Elle résiste très-bien à l'hiver. — *Alphange blonde.* Très-grosse. — *Panachée ou sanguine.* Cette laitue, ne supportant ni les chaleurs de l'été, ni l'humidité de l'automne, ne convient que pour le printemps. Dans cette saison elle est tendre et excellente. — *Graine noire.* Elle a une variété qui ne diffère que par la couleur de la graine, qui est blanche. — *Blonde maraîchère.* — *Blonde de Brunoy.*

CULTURE. — Dans un grand nombre de jardins particuliers, les jardiniers, n'ayant ni couches ni cloches, ne font les premières semences de laitues

que dans le mois de mars , et les continuent tous
les quinze jours jusqu'en juillet , pour avoir des laitues sans interruption jusqu'aux approches de l'hiver. Plusieurs font leurs semis sur un petit coin de
terre bien préparée et bien exposée, ou ils répandent
quelques graines sur les planches d'ognon, carottes
et autres légumes qui se sèment à la fin de février
et en mars; ce qui oblige de lever le plant fort
jeune pour le repiquer ailleurs. Par cette méthode
on ne jouit que tard. Il est bien préférable de semer à demeure; le plant laissé en distance convenable dans les places où il a levé se forme beaucoup mieux que celui qui est transplanté, devient
plus fort et plus propre à donner de bonnes graines.

La laitue aime une terre douce, bien ameublie
par le labour, et amendée par les fumiers. On
dresse des planches de 4 ou 5 pieds de largeur pour
y laisser ou y repiquer quatre ou cinq rangs de laitues, éloignées l'une de l'autre de 7 à 8 pouces ou
davantage, suivant l'espèce. Il faut observer en
plantant de ne pas plomber trop fortement avec le
plantoir la terre contre la racine de la laitue, et de
placer le cœur de la plante au niveau du sol sans
le trop enterrer. Aussitôt que le plant est repiqué,
il faut le mouiller et continuer les arrosemens suivant la saison, la disposition du temps et l'espèce
de laitue, ayant l'attention de ne mouiller dans les
chaleurs que le matin ou le soir, soit les semis, soit
le plant repiqué, et pendant mars et avril, le matin ou dans le milieu du jour, et jamais le soir,
parce que le plant périrait si une petite gelée le

(423)

surprenait mouillé. Le surplus de la culture de la laitue consiste à la serfouir au besoin, à arracher les
mauvaises herbes et les pieds qui montent en graine.

Pour avoir des laitues et des romaines dans le
courant de mai, il faut, depuis la mi-août jusqu'au
commencement de septembre, semer en bonne exposition les variétés qui passent l'hiver, telles que
les *crêpes*, la *passion*, la *romaine hâtive*, etc., de la fin
d'octobre ou au commencement de novembre; re-
piquer le plant sur les plates-bandes des espaliers,
au midi et au levant, ou sur des ados inclinés au
midi; dans les fortes gelées le couvrir de litière,
paillassons, cossas de pois ou autres matières propres à le défendre, et qu'on retire dès que le
temps s'adoucit. On laisse en pépinière le plant
le plus faible; et, s'il résiste à l'hiver, il fournira
une autre plantation en mars. Si l'on ne voulait pas
avoir la peine de couvrir et découvrir les laitues,
pendant l'hiver, il vaudrait mieux les planter dans
des plates-bandes au nord, ou sur des ados inclinés
au nord, où elles supporteraient mieux les gelées
ordinaires que dans de meilleures expositions. Car,
lorsqu'elles sont couvertes de neige ou d'humidité,
si elles sont alternativement gelées pendant la nuit,
dégelées pendant le jour, elles périssent. On pourrait au commencement de mars les lever avec le
plus de motte qu'il serait possible, et les transplanter en bonne exposition.

En septembre ou octobre on peut semer ces mêmes variétés sous cloches, sur des ados de terreau
ou de terre meuble mêlée avec du crottin; trois,

semaines après repiquer le jeune plant plus à l'aise sur d'autres ados, pour y passer l'hiver en pépinière; couvrir les cloches de litière dans les fortes gelées, et les découvrir dans le milieu du jour, et même leur donner un peu d'air, à moins que le temps ne soit excessivement rude. Au commencement de février, leur donner chaque jour plus d'air, ôter entièrement les cloches pendant le jour, et même pendant la nuit, si les gelées ne sont pas trop fortes, afin d'endurcir le plant. Lorsqu'il aura passé environ huit ou dix jours sans cloches, et qu'il sera accoutumé au plein air, on le repiquera en place, en bonne exposition, entre le 15 février et le 1er mars, si la température de la saison le permet.

Depuis la fin de septembre jusqu'aux nouvelles laitues pommées, on sème tous les quinze jours, de la graine de *laitue-crépe*, de *gotte*, de *laitue-chicorée*, etc. Pour avoir pendant toute la saison rigoureuse de la petite laitue ou laitue à couper sur des couches de chaleur tempérée, et couvertes de 4 à 5 pouces de terreau; on sème la graine assez clair en petits rayons, ou à la volée, on la couvre très-peu de terreau, ou on la presse fortement avec la main sur le terreau sans l'enterrer; on couvre de cloches. Environ quinze jours après, lorsque le plant a deux bonnes feuilles, outre ses cotylédons, on le coupe.

Pour avoir des laitues pommées pendant l'hiver, il faut, à la fin d'août, semer sur un ados de terreau, bien exposé, de la graine de *crépes*, ou autres variétés qui résistent au froid et pomment

sous cloches. Lorsque le plant est assez fort, le repiquer en place sur des couches qui n'ont pas besoin
d'être fort hautes; il pomme sous cloches en décembre. A la fin d'octobre ou au commencement
de novembre, on fait un autre semis sur couche.
Lorsque le plant fait sa première feuille, on le repique plus à l'aise; et, lorsqu'il est assez fort, on le
repique en place sur une couche neuve pour y
pommer en janvier; on met cinq pieds sous chaque
cloche. Ce second semis et les suivans ne sont ordinairement que des *laitues-crépes*. En décembre,
janvier et février on fait de nouveaux semis des
mêmes laitues; mais la rigueur de la saison exige
plus de soins. On ne peut être trop attentif à éclaircir le plant à propos, le repiquer sur des couches
neuves, maintenir un degré de chaleur modéré,
préserver la couche des froids, de la neige et des
grandes pluies, en garnissant bien les cloches de
litière et de paillassons, que l'on ôte dans le jour
quand le temps le permet, mais sans donner d'air.
Lorsque les laitues commencent à pommer, il faut
retrancher les feuilles basses, qui sont jaunes, et
plomber, approcher, presser le terreau contre le pied.

Si au lieu de cloches on voulait se servir de châssis, il faudrait semer de la *gotte*. Elle se traite,
quant au semis et au repiquage, de la même manière que la *crépe*, mais elle a besoin d'air pour
former sa pomme. On la met en place depuis la
fin de décembre jusqu'à la mi-février, et elle produit pendant le mois de mars et la première quinzaine d'avril.

Les laitues romaines demandent les mêmes soins et la même culture que les laitues pommées, et de plus ont ordinairement besoin d'être liées, afin que leurs têtes s'emplissent mieux. C'est le plus souvent la *verte hâtive* que l'on emploie pour la culture d'hiver. On la laisse en pépinière jusqu'au commencement de janvier. On fait alors la première plantation sur couche tiède, et sous cloches, donnant de l'air le plus fréquemment et le plus long-temps possible. Le reste du même plant, auquel on a soin de donner beaucoup d'air pour l'endurcir, se place ensuite depuis la mi-janvier jusqu'à la mi-février, sur plate-bande terreautée au pied des murs du midi ou du levant, ayant soin de pailler le terrain avec du fumier court. Ces plantations, tant sur couches que sur plates-bandes, procurent de la romaine bonne à cueillir depuis février jusqu'au temps où elle est remplacée par le produit des premiers semis du printemps.

Dans les plants de laitue faits l'hiver et le printemps, il faut choisir les pieds les plus gros, les mieux pommés, pour graine; ficher au pied de chacun un échalas pour le marquer, et dans la suite pour soutenir la tige contre les vents; dégager le pied des feuilles jaunes, fanées, pourries, et même trop nombreuses. Lorsque les aigrettes des graines commencent à paraître à l'extrémité des rameaux, il faut couper ou arracher les tiges, les exposer pendant quelques jours au soleil, sur des draps ou dans un van, ensuite les secouer ou les battre légèrement, et ramasser la graine qui s'est détachée; c'est la meilleure. On remet les tiges au soleil pendant quelques jours et on les bat de nouveau ; la graine qui s'en détache est bien inférieure à la première, et ne doit être employée qu'à faire de la laitue à couper. La graine de laitue peut se conserver quatre ans, mais elle n'est très-bonne que la seconde année. Pour que la graine de chaque espèce et variété se conserve pure, il faut avoir soin de tenir éloignés les uns des autres les plants porte-graines, afin que leurs poussières fécondantes ne se mêlent pas.

Lavande.

LAVANDE, *lavandula spica*, *lavandula vulgaris*. — Cette plante vivace, ou sous-arbrisseau ; originaire des parties méridionales de la France, est cultivée dans les potagers à cause de sa bonne odeur ; ses fleurs sont bleues et en épi ; elle a une variété *à fleurs blanches*.

La lavande, qui peut se perpétuer de graine, se multiplie plus ordinairement de vieux pieds éclatés, et se plante en mars, avril et septembre, en planches et plus souvent en bordures, qu'il faut renouveler tous les deux ou trois ans, parce que la plante devient trop haute et trop épaisse. Il y a plusieurs autres espèces de lavande, mais on ne les cultive pas ordinairement dans les potagers.

Laurier franc.

LAURIER FRANC, *laurus nobilis*. Petit arbre aromatique dans toutes ses parties, originaire du Levant, et naturalisé dans le midi de la France, où il s'élève quelquefoisà vingt pieds et plus. Ses fleurs, qui sont dioïques, paraissent en mai ; son fruit est une baie noirâtre ; ses feuilles, plus ou moins ondulées, selon la variété, sont la seule partie de l'arbre employée pour les usages de la cuisine.

Cet arbre, sensible aux grandes gelées, résiste mieux à l'hiver contre un mur au nord qu'à toute autre exposition. On peut aussi le planter dans l'angle de deux murs en bonne exposition, le couvrant de grande litière pendant les gelées, lui donnant du jour et de l'air quand la saison s'adoucit. Dans les pays septentrionaux il faut l'élever en caisse et le rentrer dans la serre, ou, si l'on manque de cette ressource, à l'entrée d'un souterrain, dans une écurie, etc. Il aime l'eau dans les chaleurs. On le multiplie de semences en terrines, sur couche chaude, et rentrées à l'abri du froid les trois premières années ; de marcottes incisées ou strangulées, de rejetons, ou enfin de boutures, qui réussissent rarement.

Lentille.

LENTILLE COMMUNE, GROSSE LENTILLE, LENTILLE BLONDE, *ervum lens*. Originaire du midi de la France et annuelle. Une variété, dite *lentille à la reine, lentille rouge*, donne un grain plus petit, rougeâtre, bombé et fort estimé.

Cette plante, dont il se fait de grands semis dans les champs, se cultive aussi dans les jardins, surtout aux environs de Paris, où on la sème en touffes ou en rayons. Elle ne réussit bien que dans les endroits les plus secs et les moins substantiels, préférant les terrains maigres, sablonneux, graveleux, etc., aux terres de bonne qualité, dans lesquelles elle devient trop forte et ne produit point de grain. On la sème dès que les gelées ne sont plus à craindre, fin de février et commencement de mars. Du reste elle ne demande aucun soin. A sa maturité on l'arrache ou on la fauche ; on la laisse sécher sur le terrain ; on la serre et on la bat lorsqu'on le juge à propos. Il ne faut pas la laisser trop sécher sur place, on perdrait beaucoup de grains à cause de la facilité avec laquelle les cosses s'ouvrent. Conservée dans sa cosse, elle est encore très-bonne la seconde année.

Mâche.

MACHE, BOURSETTE, DOUCETTE, BLANCHETTE. *valeriana locusta*. Plante annuelle et indigène qui a une variété connue sous le nom de *mâche ronde*, beaucoup plus touffue et meilleure que celle des champs. Il y a une autre espèce, la *mâche d'Italie*, qui est plus grande que la commune ; sa feuille, plus large, est un peu blonde et un peu velue. Elle est moins recherchée, son duvet la rendant moins agréable à manger.

La mâche se sème de 15 jours en 15 jours, depuis la mi-août jusqu'à la mi-octobre, en planche, à la volée, dans une terre bien ameublie et bien amendée. La graine étant semée fort dru, ou l'enterre un peu avec le râteau, ou mieux on la couvre légèrement de terreau ; on la mouille très-souvent :

lorsqu'elle est bien levée on la sarcle. Des dernières planches de mâches que l'on consomme au commencement du printemps , on en éclaircit une ou plusieurs , suivant la quantité de graine qu'on se propose de recueillir. Les pieds, laissés à distance de 4 à 10 pouces l'un de l'autre , montent bientôt. Aussitôt que les tiges commencent à jaunir, il faut arracher les pieds le matin à la rosée, les entasser en un lieu peu aéré, et à couvert du soleil, et les laisser en cet état au moins pendant 15 jours, afin que la graine se nourrisse et achève de mûrir; ensuite on la secoue à la fourche pour faire tomber la grainé, qu'il faut faire sécher au grand air pendant quelques jours avant de la vanner et de la serrer. Elle ne se sème que la seconde année , parce qu'elle est quelquefois très-longue à lever, si on l'emploie toute nouvelle. La graine de mâche se conserve au moins six ans.

Macre.

MACRE, CORNUELLE, CHATAIGNE D'EAU, TRUFFE D'EAU ; *trapa natans*. — Quoique cette plante n'appartienne pas absolument au jardin potager, nous avons cru devoir en dire deux mots, parce qu'elle est alimentaire et qu'elle peut trouver sa place chez quelques propriétaires.

La macre est une plante annuelle et indigène dans les eaux stagnantes et non croupissantes. A ses fleurs blanches, qui paraissent de juin en août, succèdent à l'automne des fruits noirs, anguleux, qui contiennent une fécule nourrissante et blanche, d'un goût approchant de celui de la châtaigne; ce qui lui a fait donner le nom de *châtaigne d'eau.* Ce fruit se mange cru, ou cuit dans l'eau ou sous la cendre. On le conserve dans l'eau pendant tout l'hiver. Pour multiplier cette plante il suffit de disperser ses graines dans l'eau un peu vaseuse d'un étang ou d'un bassin, n'ayant pas moins de 20 pouces de profondeur. On n'a plus d'autre soin que celui de la récolte, qu'il ne faut pas trop différer, car pour peu qu'on laisse passer le temps de la maturité, le fruit se détache et va au fond.

Maïs.

MAÏS, BLÉ DE TURQUIE, BLÉ D'INDE, *zea maïs.* — Plante annuelle, originaire d'Amérique, et naturalisée dans presque toutes les parties tempérées de l'Europe. Quoique son usage soit beaucoup plus fréquent dans la basse-cour que dans la cuisine, cependant il y a peu de grands potagers où il n'y en ait une ou deux planches.

Le maïs aime les bons terrains, et réussit passablement dans les médiocres, pourvu qu'ils aient été amendés par des engrais. Sous le climat de Paris on le sème dans le courant de mai, à la volée, ou mieux par rangées alignées, distantes d'environ 3 pieds, chaque plante étant à 15 ou 18 pouces sur la ligne. On met à 1 pouce de profondeur et autant de distance l'un de l'autre 4 ou 5 grains de maïs; lorsqu'ils sont levés on n'en laisse que 2 en chaque place et l'on arrache les autres. Quand le plant a acquis 2 pieds de hauteur, on le butte de 8 ou 10 pouces. On doit outre cela donner des binages réitérés autant qu'on le peut; on supprime les rejetons qui viennent au pied; l'on coupe les sommités au-dessus du dernier épi, après que la fécondation a eu lieu, ce qui se reconnaît au dessèchement des pistils qui pendent du sommet de chaque épi comme une barbe soyeuse. Si c'est pour l'usage de la table qu'on cultive le maïs, et que le but soit de se procurer un grand nombre de petits épis pour confire au vinaigre, ou frire comme des artichauts, il faut prévenir la croissance de l'épi. Lorsqu'il ne fait que de naître ou qu'il n'a que 5 ou 6 lignes de diamètre, on le détache, on le tire de ses enveloppes, on le nettoie de ses styles, et on l'emploie à l'usage auquel on le destine. La plante, dépouillée de son épi naissant, en produit d'autres successivement, pendant plus de deux mois, sous l'aisselle des autres feuilles de la tige.

La maturité des épis se reconnaît aisément au dessèchement des enveloppes qui les recouvrent; on les détache alors par un temps sec, on les lie plusieurs ensemble en forme de bottillon, et on les suspend au soleil ou dans un lieu aéré et couvert, afin qu'ils se dessèchent parfaitement. Le grand maïs a plusieurs variétés différentes pour la couleur du grain; il y en a de *violet*, de *blanc*, de *bleu*, de *panaché* ou *marbré* diversement; mais la plus cultivée est celle à *graine jaune*. On en cultive aussi deux variétés hâtives, le *maïs quarantin*, très-précoce, mais moins élevé et moins productif; et le *maïs à poulet*, encore plus petit que le précédent, ainsi que plus précoce. Son nom indique assez à quel usage on l'emploie.

Mélisse.

MÉLISSE OFFICINALE, CITRONNELLE, *melissa officinalis*. — Vivace et indigène; accueillie dans les jardins à cause de son odeur un peu forte, mais agréable au plus grand nombre.

La mélisse se multiplie par les semences, mais plus communément et plus promptement par les pieds éclatés et plantés au mois de mars en bonne terre, un peu à l'ombre. Tous les ans, en automne, on coupe toutes les tiges à fleur de terre. Dans les mauvais terrains la mélisse dégénère quelquefois en peu de temps; il faut la renouveler de semence ou de plant bien franc tiré d'ailleurs. Les feuilles recueillies avant que la plante fleurisse sont préférables à celles qu'on ne recueille que vers l'automne. On peut plusieurs fois, pendant le printemps et l'été, couper les tiges naissantes, afin de faire pousser des feuilles nouvelles, qui ont plus de qualité.

Melon.

MÉLON, *cucumis melo*. — Plante annuelle, originaire de l'Asie, dont il existe un grand nombre de variétés que l'on peut ranger sous trois divisions principales : les *communs* ou *brodés*, les *cantaloups*, les *melons à écorce unie et mince*.

Première division.

MELONS BRODÉS. — *Maraîcher*, rond, sans côtes,

brodé, chair épaisse, rouge et pleine d'eau, de qualité médiocre, presque insipide lorsqu'il a été trop arrosé. — *Sucrin de Tours*. Rond, mais sujet à varier dans sa forme ; côtes peu sensibles, écorce très-brodée, un peu jaune au temps de sa maturité ; chair rouge, ferme, pleine d'eau, d'un goût relevé, très-sucrée. — *Petit sucrin de Tours*. Petit, rond, aplati par les extrémités ; écorce verte, quelquefois assez brodée ; chair rouge, de bon goût ; fruit très-plein, précoce, propre au châssis. — *De Langeais*. Fruit alongé, de moyenne grosseur, relevé de côtes marquées régulièrement ; au temps de sa maturité son écorce devient d'un jaune doré, quelquefois brodée, quelquefois lisse ; chair ferme, rouge, très-épaisse, sucrée et vineuse. — *Des Carmes*. Il a deux variétés, l'une moyenne, l'autre petite. Ce melon, de forme ovale, sans côtes ou à côtes très-peu marquées, a une écorce légèrement brodée, qui devient presque jaune lorsqu'il approche de sa maturité. Sa chair est épaisse, plutôt blonde que rouge, ferme, mais bien fondante et bien sucrée. —*Sucrin à chair blanche*. Même forme que le précédent, auquel il est supérieur en qualité ; d'une réussite facile. — *De Honfleur*. Très-gros, alongé, côtes larges et bien marquées ; chair pleine d'eau, de bonne qualité.—*De Colommiers*. Le plus gros de tous les melons, mais inférieur en qualité au précédent, auquel il ressemble assez.

Seconde division.

Cantaloups.—*Orange*. Fruit petit, rond, à côtes ;

chair rouge, ferme, excellente. Ce melon, très-hâtif, convient pour la primeur. — *Fin hâtif.* Plus petit que le précédent, plus aplati, à côtes plus marquées, peu brodé et seulement par place ; chair rouge, très-fine, et très-bonne. — *Noir des Carmes.* Fruit rond, un peu aplati par les extrémités, relevé de côtes fort saillantes. Son écorce, quelquefois un peu brodée, est chargée de verrues ou petites bosses. Sa chair est épaisse, rouge, ferme, sucrée, excellente. Réussit très-bien sous châssis, où il est fort hâtif. — *Petit prescott.* Fruit petit, rond, à côtes galeuses, couronné ; fondant, sucré, vineux ; il produit beaucoup. On laisse 4 à 5 fruits sur le même pied. Ce melon hâtif est un des meilleurs pour le châssis. — *Gros prescott.* Il a deux variétés, l'une à fond noir, l'autre à fond blanc ; presque aussi hâtif que le précédent, plus gros, même forme et même qualité. — *Boule de Siam.* Fond noir, côtes larges et relevées, parsemées de gale ; très-aplati à ses deux extrémités ; chair un peu grossière, mais de bon goût. Il y a encore plusieurs autres variétés de cantaloups, toutes de bonnes qualités, telles que le *cantaloup à chair verte,* celui à *chair blanche,* le *mogol,* le *gros cantaloup noir de Hollande,* le *gros portugal,* etc.

Troisième division.

MELONS A ÉCORCE UNIE. — *De Malte à chair blanche.* Fruit de forme alongée, assez gros ; chair fondante et sucrée. Hâtif. — *De Malte à chair rouge.* Même forme, très-bon, aromatisé. Plus hâ-

tif que le précédent. — *Muscade des États-Unis.*
Fruit très-petit, chair verte, fondante; excellent.
— *Du Pérou.* Fruit ovale, écorce mince; chair
blanche, fondante, sucrée. — *De Malte d'hiver.*
Écorce lisse; chair d'un blanc vert, fondante, parfumée. Le fruit peut se conserver jusqu'au mois
de février. — *De Perse.* Fruit très-alongé, écorce
verte, rayée de jaune; chair verte, fondante. Même
durée que le précédent.

CULTURE. — Si l'on veut des primeurs il faut
faire au mois de janvier une couche de longueur
à volonté, de 3 bons pieds de hauteur et de 2
pieds et demi ou 3 pieds de largeur; établir en
même temps autour un réchaud d'un pied de largeur, de 6 pouces plus haut que la couche, et couvrir la couche de 6 pouces de terre ou de terreau.
Aussitôt qu'elle aura jeté son grand feu, conservant
cependant encore assez de chaleur pour que la main
enfoncée dedans puisse y résister avec peine, remplissez de terre, que vous foulerez très-peu, des pots de 4
pouces de diamètre en dehors; semez une graine de
melon dans chacun; enfoncez-les dans la couche,
posez les châssis, et couvrez-les de paillassons pour
garantir du froid et accélérer la végétation. Lorsque la graine est levée, il faut accoutumer peu à
peu le plant à la lumière, en soulevant les paillassons, pour les ôter ensuite tout-à-fait, et n'avoir à
les remettre que pendant les nuits et les gelées. On
ne doit pas négliger de donner de l'air toutes les
fois qu'il est supportable, et surtout lorsqu'il fait
quelques rayons de soleil, profitant de ce moment

pour essuyer les verres des châssis lorsqu'ils sont chargés des vapeurs humides de la couche ; on a soin d'entretenir une chaleur modérée dans la couche en remaniant le réchaud avec du fumier neuf, et le rétablissant sur-le-champ. Enfin, lorsqu'on prévoira que ce secours sera insuffisant pour soutenir la chaleur, il faut faire une autre couche semblable, dans laquelle on transportera les pots. En même temps on sèmera d'autres graines de melon dans d'autres pots sur cette seconde couche, pour avoir du plant propre à succéder au premier, ou à le remplacer en cas qu'il périsse. Cette seconde couche et le plant exigent les mêmes soins. Les deux couches doivent être faites de manière que la chaleur de chacune se conserve au moins trois semaines. Si elle durait moins long-temps, il faudrait en faire une troisième pour y transporter le plant avant de le mettre en place à demeure. Enfin, lorsqu'il a deux feuilles, non compris les cotylédons, on pince la tige au-dessus de la deuxième feuille ; ce qui force le développement des bourgeons placés à l'aisselle des feuilles, et donne lieu à la naissance de deux ou trois branches latérales au lieu d'une seule verticale. Deux jours après on met le plant en place. A cet effet on a dû préparer des couches larges de 4 pieds et demi sur 2 pieds de hauteur, foulées et marchées convenablement, inclinées au midi et couvertes de châssis. Lorsque le premier feu est passé on les garnit de 10 pouces ou 1 pied de terreau mêlé avec un sixième de terre légère au plus. On fait ensuite les réchauds que l'on couvre pareillement de terre. Lorsque la couche est d'une chaleur convenable, on y place, 2 pouces plus bas que la superficie de la terre, le plant en motte bien entière ; et si la terre est sèche, on y verse un peu d'eau pour la lier avec celle de la motte. On dispose le plant à 3 pieds de distance l'un de l'autre ; et, lorsqu'il a commencé à végéter, on chausse la tige pour faire pousser de nouvelles racines. On continue les soins que nous avons indiqués plus haut, et l'on donne plus d'air à mesure que la chaleur augmente. Lorsque les nouvelles branches ont quatre ou cinq feuilles, on les pince au-dessus de la seconde feuille, afin qu'elles se ramifient. Ces nouveaux jets se taillent de même, et encore ceux qui en naîtront, si les tailles précédentes n'ont pas produit un nombre de branches suffisant pour garnir la couche ; nombre qui peut rarement excéder huit, à moins que le pied ne soit très-vigoureux et d'une variété de petits melons.

Pendant la multiplication successive de ces branches, il faut être attentif à supprimer les branches gourmandes qui sortent quelquefois du tronc, les branches plates, les petites branches faibles qui s'alongent à 5 ou 6 pouces avant que d'avoir une feuille, une partie des vrilles, certaines grandes feuilles, plus alongées, plus épaisses et d'un vert plus foncé que les autres ; toutes productions qui consomment inutilement beaucoup de sève. Faire choix des branches fortes, bien placées, bien conditionnées, dont les feuilles naissent à peu de distance les unes des autres ; les ranger de façon qu'elles couvrent et garnissent bien le terrain, sans être confuses. Laisser ces bras croître et s'alonger en liberté jusqu'à ce qu'il y ait du fruit noué et arrêté. S'il en noue plusieurs sur chaque bras, ou sur quelques-uns, attendre que la régularité de leur forme soit bien décidée; car dans ce fruit les défauts extérieurs sont des marques ordinairement certaines de défauts de qualité. Ayant fait choix des fruits les mieux conformés et les mieux conditionnés, supprimer les autres, n'en laissant qu'un sur chaque branche. En même temps tailler la branche à un œil au-delà du fruit, si elle est faible; à deux ou trois, si elle est vigoureuse; car le fruit peut périr par excès comme par défaut de nourriture. Si une branche a été d'abord taillée à deux ou trois yeux, dans la suite elle se rabattra à un seul, lorsque le fruit, étant parvenu jusqu'à sa grosseur, pourra consommer toute la sève de cette branche. Cependant aux variétés de petits melons on peut laisser deux fruits sur les bras forts lorsque le pied montre une grande vigueur. Les bras étant ainsi arrêtés, il ne manque pas de sortir des branches, tant des yeux qui sont au-delà du fruit, que de ceux qui les précèdent. Tous les huit jours au moins il faut faire la revue de ces nouveaux jets, et en retrancher plus ou moins, suivant la force du pied et le nombre des fruits qu'il porte. Il est bon de laisser courir quelques-unes de ces branches pour absorber le superflu de la sève, plutôt que de ruiner la plante par des mutilations continuelles.

Depuis que le fruit est noué et arrêté jusqu'à sa

parfaite maturité, il est essentiel de le préserver
d'être mouillé par l'eau des pluies ni des arrosemens : le tronc de la plante demande la même attention. Lors donc qu'il survient de la pluie, ou qu'il
faut mouiller, on met des cloches ou des pots renversés sur le pied et sur chaque fruit, et on les retire ensuite. Ce soin est important, surtout dans les
années pluvieuses. Le melon ne doit être arrosé
que dans l'extrême nécessité, surtout les espèces de
la première division. Au lieu de mouiller la couche
en plein, il vaut mieux verser l'eau çà et là sans
mouiller la plante, ou n'arroser que les sentiers,
lorsque l'on pense que les racines peuvent y être
parvenues. Quand les fruits approchent de leur
maturité, on les place sur une tuile ou un morceau
de planche, pour les préserver de l'humidité de la
couche, et on les couvre d'une cloche.

On peut ainsi semer des melons sur couche depuis le commencement de janvier jusqu'au commencement de mai. Les premiers et les derniers
semis sont de cantaloups et de melons de petite
espèce, qui sont plus hâtifs que les autres. Les semis d'avril se font sur des couches qui ne forment
qu'un simple massif que l'on recouvre de terreau
dans lequel on mêle un tiers de terre environ : on
peut alors se passer de châssis, des cloches ou des
verrines suffisent, en les couvrant toutes les fois que
le temps l'exige, surtout pendant les nuits froides.
Au mois de mai, lorsque la chaleur devient forte,
on jette de la paille sur les cloches pour amortir
les rayons d'un soleil brûlant qui produirait subite-

ment une trop forte évaporation; il est bon aussi de jeter quelques pouces de litière sur la couche pour l'empêcher de se dessécher trop promptement.

Culture des melons en pleine terre.

Vers le 15 mars, dans un terrain profond, léger, substantiel sans être humide, d'ailleurs bien abrité du nord par des murs, des bâtimens, ou, à leur défaut, des branchages, des paillassons, etc., et sur lequel donne le soleil depuis son lever jusqu'à ce qu'il se couche, on ouvre des trous carrés, éloignés les uns des autres d'environ 3 pieds, pris du milieu d'un trou jusqu'au milieu d'un autre : on donne environ 2 pieds ou 2 pieds $\frac{1}{2}$ de profondeur, longueur et largeur, à ces trous; on les remplit de fumier long, qu'on tasse et qu'on piétine autant qu'il est possible; on recouvre ce fumier d'environ 9 pouces de bonne terre bien substantielle, mêlée avec un peu de crottin bien émietté, du sable, et du terreau des trous de l'année précédente.

Vers le 10 avril, et plus tôt si la saison le permet, on couvre ces trous avec des verrines de grande dimension, afin de favoriser la fermentation que le libre accès d'un air encore froid, surtout pendant la nuit, retarderait nécessairement. Lorsqu'elle est bien établie, et que la surface de la terre de ces couches sourdes annonce une chaleur de 35 à 40 degrés du thermomètre de Réaumur, on enfonce à environ 1 pouce de profondeur et 4 pouces de distance plusieurs graines de melon, qui ne tardent guère à germer. Quand les plants ont trois ou quatre feuilles, on choisit les deux qui paraissent le plus vigoureux, que l'on taille à deux yeux; et par la suite on continue à tailler les branches comme nous l'avons prescrit précédemment.

On a toujours l'attention de tenir les plantes couvertes par les verrines, et même de les garantir par des paillassons de la fraîcheur des nuits. Bientôt les verrines étant trop étroites pour contenir les branches, on les soutient en l'air au-dessus de chaque plante par des supports; si la journée est chaude, les plantes jouissent des bienfaits de l'air et du soleil; si elle est froide et pluvieuse, on couvre les verrines avec des paillassons : l'on continue ces soins jusqu'à ce que la fraîcheur des nuits ne puisse plus être nuisible aux melons. Les arrosemens et sarclages se font quand il est nécessaire.

Lorsque les melons ont acquis un peu de grosseur on leur donne une tuile ou une planche pour support, et l'on détruit assidûment toutes les branches, vrilles, feuilles, qui épuiseraient la sève inutilement. Cette méthode, suivie aux environs d'Honfleur, et depuis quelque temps aux environs de Paris, est très-favorable pour donner des melons tardifs, lorsque ceux de couche sont sur le point de finir; mais elle ne réussit parfaitement que lorsqu'on est secondé d'un été sec et chaud.

Il ne faut pas cultiver près des espèces de melons que l'on veut conserver dans leur pureté les concombres, potirons et autres plantes de la famille des cucurbitacées; mais isoler chaque espèce de manière que la poussière fécondante des unes ne puisse atteindre celle des autres. Outre cette attention, si l'on veut avoir de bonne graine, il faut choisir un fruit qu'on juge très-bon à son odeur, à son poids, à la régularité de la forme et à la grosseur convenable à sa variété; on peut même en couper un petit morceau et s'assurer de sa bonté par le goût; le laisser sur le pied jusqu'à ce qu'il tombe en pourriture, ou le cueillir lorsqu'il est passé de maturité, et l'exposer au soleil jusqu'à ce qu'il pourrisse; alors en retirer la graine, l'essuyer, la laisser bien sécher à l'ombre, la serrer en lieu sec : elle sera bonne à semer pendant huit ou neuf ans.

Melon d'eau.

MELON D'EAU, CITROUILLE, PASTÈQUE, *cucurbita citrullus.* — Cette plante, qui tient de la nature du melon, a les feuilles rudes, très-découpées; le fruit est ordinairement arrondi. Son écorce est lisse, verte, mouchetée ou marbrée. Sa chair, rouge ou blanche, est sucrée, très-fondante, mais un peu fade; elle renferme au centre du fruit des graines noires ou rouges. En le semant de très-bonne heure, comme les melons hâtifs, et le traitant de la même manière, on peut hâter sa maturité et s'en procurer la jouissance à l'époque des grandes chaleurs, temps où il doit être le plus agréable par sa chair fondante et rafraîchissante. Si l'on ne le cultive que dans l'intention de le confire avec le cédrat et autres fruits de ce genre, dont il prend très-bien le goût et le parfum, on doit désirer qu'il ne mûrisse que dans le temps où ces fruits arrivent à Paris; alors on le sème sur couche en mars ou avril, soit à demeure, soit pour repiquer le plant sur couche, ou même en pleine terre dans de petites fosses remplies de bonne terre composée, ou de terreau. Lorsque par la taille les pieds sont garnis d'un nombre suffisant de bras, on les laisse courir en liberté, sans les arrêter ni supprimer aucun des fruits qui y nouent. Ils ne demandent d'autres soins que d'être mouillés au besoin.

Melongène.

MELONGÈNE, MÉRANGÈNE, MAYENNE, AUBERGINE, *solanum melongena.* — Cette plante, originaire des parties chaudes de l'Amérique méridionale, a plusieurs variétés qui diffèrent par la couleur et la forme du fruit. La variété à fruit petit, ovale et d'un blanc luisant, fort semblable à un œuf, est malsaine à manger, et ne se cultive que comme plante d'agrément. On la nomme *solanum melongena ovifera.*

Toutes les variétés de *melongène* sont annuelles et épineuses, et leur fruit n'a de goût que celui qu'il reçoit des assaisonnemens. La graine se sème de bonne heure sur couche, afin que la récolte du fruit prévienne les premières gelées de l'automne, auxquelles cette plante succombe. Lorsque le plant est assez fort et qu'il n'y a plus de gelées à craindre, on le repique à 18 pouces de distance, sur couche ou dans une plate-bande d'espalier au midi, et on le mouille souvent.

Menthe.

MENTHE COMMUNE OU BAUME, *mentha sativa*. — On en connaît plusieurs espèces et variétés, mais nous ne placerons dans le jardin potager que le baume proprement dit, et la menthe poivrée, *mentha piperita*. Leur culture est la même.

La *menthe* ou *baume* est une plante vivace que l'on peut multiplier de semence au printemps, de préférence à l'ombre, sur une terre bien préparée, et en couvrant peu la graine; quand le plant est un peu fort, on le met en place sur une terre douce et fraîche, éloignant les pieds de 12 à 15 pouces, parce que les racines tracent beaucoup; mais on multiplie plus souvent cette plante par ses drageons repiqués plus profondément dans une terre légère, bien amendée, que l'on entretient fraîche par des arrosemens assez fréquens dans les chaleurs. Sarclage au besoin.

Moutarde.

MOUTARDE OU SÉNEVÉ, *sinapis nigra*. — Plante annuelle et indigène que l'on cultive plus souvent en grand, mais aussi quelquefois dans les vastes potagers où l'on veut récolter tout ce qui peut être utile en cuisine. Elle a une variété, — BLANCHE, *S. alba*, employée aux mêmes usages, et qui se cultive de même.

La *moutarde* se sème très-clair, à la volée, en mars, dans une terre meuble bien exposée, et amendée avec du fumier bien consommé. La graine est mûre ordinairement à la fin d'août et dans le commencement de septembre. On arrache les pieds à mesure qu'ils jaunissent; on les entasse dans un grenier; on les couvre de paille, et lorsque tous les pieds sont récoltés, on bat la graine avec des baguettes légères, afin de ne pas l'écraser. Conservée en lieu sec, elle est bonne à semer pendant trois ou quatre ans.

Les personnes qui aiment le goût piquant de cette plante peuvent employer ses jeunes feuilles en fourniture de salade. A cet effet on la sème épais en rayon tous les 15 jours, comme le cresson alenois.

Navet.

NAVET, *brassica napus*. — Cette plante indigène et bisannuelle offre un grand nombre de variétés qu'il serait trop long et même impossible de bien caractériser, le navet variant de saveur et même de caractères extérieurs par la seule influence du terrain dans lequel on le cultive. Nous nous contenterons d'indiquer un petit nombre des variétés les plus distinctes et les plus généralement connues. — *De Freneuse.* Petit, demi-long, chair ferme lorsqu'elle est cuite. — *De Meaux.* Très-alongé, chair comme le précédent; sa peau est d'un blanc tirant sur le jaune. — *De Saulieu.* Même forme, même chair, écorce noirâtre. — *Petit berlin* ou *teltau.* Très-petit. Ces variétés, excellentes dans les ragoûts, n'acquièrent leur qualité que dans les terrains sablonneux et doux; dans les terres fortes et argileuses ils deviennent fibreux, verreux et inférieurs aux espèces plus communes.—*Des Vertus.* Oblong, chair tendre lorsqu'elle est cuite, écorce très-blanche; hâtif et de bonne qualité,—*Des Sablons.* Presque rond, chair tendre, écorce blanche. — *Rose du Palatinat.* Le collet d'où sortent les feuilles est rosé; chair tendre et sucrée.—*Gros long d'Alsace.* Très-gros, plus convenable à la grande culture, et pour les animaux, parce qu'il est peu délicat. — *De Clairfontaine.* Moitié hors de terre et très-alongé. — *Blanc-plat, hâtif* et *rouge-plat hâtif.* Très-précoce, sans autre mérite. — *Rave du Limousin, rabiole, turneps.* Cultivé pour les bestiaux, mais de bonne qualité, et moins difficile que les autres sur le terrain.—*Jaune de Hollande.* De forme ronde, à écorce et chair jaunâtres. — *Jaune d'Écosse.* Résistant mieux aux gelées que les autres navets.—*Noir d'Alsace.* Long, très-doux et bon.—*Gris de Morigny.* De forme obronde, de qualité médiocre, sujet à corder.

Le *navet* aime les terres légères et sablonneuses; il y devient moins gros que dans les terres qui ont plus de consistance, mais il y acquiert plus de goût et de qualité. Quelle que soit la nature du terrain, il doit être bien labouré, dressé et ameubli; par un temps pluvieux ou couvert on y sème la graine très-clair, et on y passe légèrement le râteau. Depuis qu'elle est levée jusqu'à ce que le plant ait quelques feuilles, il faut fréquemment donner de légères mouillures pour en éloigner le puceron, la lisette, qui dévorent les cotylédons et ruine le semis, surtout dans les mois de juin, juillet et août, temps auquel on a coutume de semer le navet; les espèces hâtives peuvent encore réussir étant semées au commencement de septembre. Lorsque le plant est fortifié, on le sarcle et on l'éclaircit : il ne demande pas d'autres façons. Quelquefois, pour avoir des navets d'été, on les sème dès le mois de mars et d'avril, mais alors ils sont fort sujets à monter, et il ne faut employer que de la graine de deux ans. Avant les fortes gelées on arrache les navets, et on les entasse en lieu couvert ; lorsqu'ils sont un peu ressuyés, on les met dans le sable, ou en tas sans sable, dans une serre ; si on en avait une trop grande quantité pour les loger dans la cave, la serre ou le cellier, on les mettrait lit par lit, avec du sable, dans un trou de 7 à 8 pieds de profondeur ; on le couvre avec de la terre bien tassée, terminée en butte recouverte d'un toit grossier de chaume, afin de favoriser l'écoulement des eaux. Au mois de mars on choisit le nombre convenable des navets les plus beaux et des plus sains, et on les plante à 1 pied de distance pour recueillir de la graine. Les semences sont mûres lorsque les cosses sont jaunes. On les cueille de préférence à la rosée, afin qu'elles ne s'ouvrent pas ; on les fait sécher au grand air ; on les conserve dans un lieu sec, et elles sont bonnes à semer pendant deux ans.

Ognon.

Ognon, *allium cepa.*—Plante bisannuelle qui a plusieurs variétés ; voici les principales : — *rouge foncé* ; — *rouge pâle* ; — *jaune* ; — *d'Espagne* ; — *à double tige, rouge pâle, à petites feuilles, très-hâtif* ; — *blanc gros* ; — *blanc hâtif* ; — *pyriforme* ; — *d'Égypte*, dont la tige à fleur donne plus de bulbes que de graines ; — *patate, sous terre*, portant

rarement des tiges à graines, se multipliant par
caïeux plantés en janvier ou février, dans une terre
plutôt forte que légère.

L'*ognon* aime un terrain gras, et précédemment
amendé par des engrais, et non pas nouvellement
fumé, meuble et préparé par deux labours, dont le
dernier doit être fait environ un mois avant que
l'on sème, afin que la terre soit un peu affermie.

En juillet et août, dans les terres fortes, en août
et jusqu'à la mi-septembre dans les terres légères, on
sème fort dru une planche, ou plusieurs, suivant le
besoin, d'*ognon blanc hâtif* préférablement au *blanc
gros*, au *rouge* et au *pâle*, qui cependant réussissent
bien. Si le temps est sec, on donne quelques arrosemens pour faciliter et avancer la germination de
la graine; mais lorsqu'elle est levée, on ne mouille
plus. En octobre on repique à 2 ou 3 pouces de
distance le jeune plant, dont on laisse une petite portion en pépinière, pour regarnir en mars les pieds
qui peuvent périr pendant l'hiver. Dans les neiges
et les très-fortes gelées, il est bon de jeter dessus
un peu de litière ou de feuilles d'arbres. Au printemps, presque tous les pieds poussent des tiges; il
faut les pincer à mesure qu'elles paraissent, et en
même temps tordre et coucher la fane en mouillant souvent et abondamment; les bulbes deviennent grosses et belles; elles sont formées en mai ou
juin. On les arrache et on les consomme pendant
l'été et l'automne; car elles ne se conservent pas au-
delà de novembre et une partie de décembre. Lorsqu'elles commencent à pousser, on choisit les plus

belles, on les repique en bonne exposition ; elles soutiennent bien l'hiver, et donnent leur graine l'été suivant de bonne heure et abondamment.

L'ognon qui doit se consommer pendant l'hiver se sème à la fin de février dans les terres légères, un mois plus tard dans les terres fortes. Les planches de terre légère étant dressées, il faut les marcher à pieds joints, y semer la graine assez abondamment, et herser légèrement avec la fourche. Si l'on a du terreau, après avoir hersé avec la fourche, on passe légèrement le râteau pour unir les planches, et on les couvre également d'environ 3 lignes de terreau. Dans les terres fortes, on ne passe point le râteau, mais on couvre les planches de terreau ou de menu fumier bien consommé. S'il survenait de la neige ou que le temps fût rigoureux, il faudrait avoir la précaution de jeter des feuilles ou de la litière sur le semis. Lorsque la graine est bien levée, on sarcle le plant et ensuite on arrose pour raffermir la terre. Le sarclage se réitèrera autant qu'il sera nécessaire, et les arrosemens se multiplieront suivant le terrain, la grosseur et la durée que l'on veut procurer à l'ognon ; car, étant souvent mouillé, il devient plus gros, mais il se conserve moins. Le plant ayant acquis de la force, et n'ayant plus rien à craindre des intempéries de la saison, il faut l'éclaircir s'il est trop serré, de sorte qu'il y ait entre chaque pied 2 pouces et demi ou 3 pouces de distance. Le petit plant arraché peut être utile, comme nous le dirons ci-après. Les bulbes étant à peu près à leur grosseur, et la multiplication et l'accroissement des feuilles commençant à diminuer, il faut tordre ou rompre la fane au-dessus de la bulbe; opération nécessaire dans les terres fortes et humides, ordinairement inutile dans les terres sèches. Dès que la fane, rompue ou non, commence à se renverser ou à jaunir, on arrache tous les pieds qui ont ces signes de maturité, et les autres successivement à mesure qu'ils les acquièrent. En même temps on coupe les feuilles 2 ou 3 pouces au-dessus de la bulbe, et on laisse pendant douze ou quinze jours l'ognon étendu sur le terrain, ou mieux sous des bâtimens aérés, où il soit à couvert de la pluie, qui lui est fort nuisible; ensuite on le porte au grenier. Quinze jours après on le nettoie de terre, de racines et de peaux sèches qui s'en détachent. Il est bon de le remuer de temps en temps pour l'entretenir sec et l'empêcher de germer. Enfin, aux approches des fortes gelées, on le ramasse en tas et on le couvre de paille, si le lieu où il est renfermé n'est pas inaccessible à la gelée, qui toutefois ne le fait pas périr, mais diminue sa qualité et sa durée.

Le petit plant qui a été arraché pour éclaircir les planches d'ognon peut être employé de deux façons : 1° on peut le repiquer en planches dans les terrains où l'ognon repiqué réussit. Il est même plus commode dans ces terrains de semer très-abondamment de la graine dans un petit espace; et de tirer de cette pépinière du plant pour garnir le nombre de planches convenables; 2° on peut étendre fort clair ce petit plant sur la terre, et l'y laisser exposé à l'air et au soleil pendant tout l'été. Les feuilles périssent, mais le pied se conserve et forme une petite bulbe. On ramasse ce petit ognon à la fin de l'été, et on le replante en novembre ou en mars. Il est formé vers la fin de mai, et doit se consommer avant l'hiver. Ceux qui n'arrosent jamais leur ognon peuvent remettre en terre, en novembre ou février, toutes les bulbes qui sont demeurées fort petites ; elles grossiront et seront bonnes à employer depuis la fin de mai jusqu'à l'hiver. Mais comme ces petits ognons ayant mûri en terre montent en graine au printemps, il faut avoir soin d'en couper, à fleur des dernières feuilles, toutes les tiges à mesure qu'elles paraissent. Le moyen d'obtenir de petits ognons pour confire, est de semer extrêmement dru sur un terrain sablonneux et peu riche. On emploie préférablement pour cet usage l'*ognon blanc hâtif* et celui *à double tige*.

Pour recueillir de bonne graine d'ognon, il faut, à la fin de novembre ou en décembre, choisir les plus belles bulbes, les planter à 6 ou 7 pouces de distance et à 2 pouces de profondeur dans un terrain sec et bien exposé. Si le terrain est humide, on ne les plantera qu'à la fin de février, et à fleur de terre. Ils n'ont besoin que d'être sarclés et mouillés dans les grandes sécheresses. Lorsque les tiges approchent de leur hauteur, il faut planter des échalas autour de la plante ou le long des rangs, et y attacher une corde ou des gaules pour les soutenir contre les vents et la pluie. Il faut aussi empêcher les têtes de s'appuyer l'une contre l'autre ; car

la graine des côtés qui se touchent périt entièrement. La graine étant mûre, on coupe les têtes,
avec 1 pied ou 15 pouces de tige, pour les lier
ensemble par bottes ; les exposer au soleil pendant
quelques jours sur un drap pour recevoir les graines qui se détacheront, et qui sont les meilleures ;
les suspendre en lieu sec la tête en haut. La graine
laissée dans les capsules s'y conservera bonne à semer pendant trois ou quatre ans ; au lieu que, vannée sur-le-champ, elle ne se conserve que deux ans.
La graine d'ognon est meilleure la seconde année
que la première.

Oseille.

Oseille, *rumex acetosa*. — Plante indigène et
vivace, commune dans les prés ; on en cultive plusieurs variétés : l'*oseille de Belleville*, dont les feuilles sont plus larges et moins acides que celles de la
commune ; l'*oseille à feuilles cloquées*, et l'espèce
dite *oseille vierge*. Cette dernière est dioïque ; ses
feuilles larges et d'un vert plus pâle sont peu acides.
Elle est très-propre à être mise en bordure, parce
que les jardiniers ne cultivant ordinairement que
l'individu mâle, elle ne produit pas de graine et ne
pullule pas dans les allées comme les autres.

Depuis le commencement de mai jusqu'en août,
on sème en terre bien labourée et bien ameublie
la graine d'oseille par rayons peu profonds, en planches ou en bordures. On l'enterre très-peu et on la
recouvre de demi-pouce de terreau ou de crottin bien
brisé. Le plant n'a besoin que d'être serfoui et éclair-

ci, s'il est trop serré. Les oseilles qui ne produisent point de graines et celles qui en produisent se perpétuent par les œilletons ou drageons éclatés des vieux pieds, et replantés à 10 ou 12 pouces. On commence à couper l'oseille six semaines après qu'elle a été semée ou plantée. Elle dure 10 à 12 ans.

Au mois de décembre il faut couper l'oseille en planche à fleur de terre, couvrir les planches de terreau ou de crottin. Au mois de février, il est bon de jeter de la paille sèche sur ses feuilles, qui commencent à se montrer, pour les défendre de la gelée. Au mois de mai et les trois suivans, si l'on n'a pas besoin de graine, il faut couper l'oseille toutes les fois qu'elle commence à montrer des tiges, afin de lui faire pousser de nouvelles feuilles et l'empêcher de monter. Comme les chaleurs de l'été augmentent son acidité, on doit avoir la précaution d'en semer une planche ou une bordure au nord, pour l'usage de cette saison. Quand on veut avoir de la graine, on laisse monter quelques vieux pieds. On reconnaît que les semences de l'oseille sont mûres lorsqu'elles se colorent d'un rouge-brun. Détachées de leur enveloppe, puis vannées, elles se conservent bonnes deux ou trois ans; tenues dans leur bourre, elles germent encore à quatre ans.

Panais.

PANAIS, *pastinaca oleracea.* —Grande plante indigène et bisannuelle, dont la racine, longue, simple, sucrée et aromatique, s'emploie pour donner du goût au potage. Dans certains départemens le panais acquiert des qualités qui le rendent propre à être mis en friture. Il a deux variétés, l'une *à racine longue*, l'autre, connue sous le nom de *panais rond*, à la forme d'une toupie et convient mieux pour les terrains qui ont peu de fond ; elle est un peu plus hâtive que la variété à racine longue.

La culture du panais est absolument la même que celle de la carotte ; il se sème également à la fin de l'été jusqu'à la mi-mai ; il se sarcle, se bine, s'éclaircit, et se repique en ménageant avec soin le pivot de la racine que l'on replante. Comme les besoins de la cuisine ne permettent pas que l'on attende l'entière croissance du panais pour récolter tout à la fois, dès l'été on en ôte au fur et à mesure des besoins, et l'on ne procède à l'arrachage entier que lorsqu'il a pris toute sa grosseur. Ceux qui ont été semés à la fin de l'hiver et au printemps se récoltent en septembre, octobre et novembre, quand on voit que la couleur des feuilles change et s'altère. Ceux qui ont été semés en automne s'enlèvent au printemps. Pour obtenir de bonne graine, il faut arracher au mois de mars un nombre convenable des plus belles racines, les repiquer aussitôt à 15 ou 18 pouces de distance ; elles donneront de la graine vers la fin d'août. Lorsque les semences se colorent d'un jaune roux, on coupe les bouquets, qu'on fait sécher à l'air libre pendant plusieurs jours ; on les bat ensuite, et l'on conserve la graine en sac dans un lieu sec, sans feu. On l'emploie dans l'année qui suit la récolte. Elle peut cependant se conserver deux ans, surtout celle des principales tiges.

Patate douce.

PATATE DOUCE, BATATE, *convolvulus batatas.* — Cette plante de l'Amérique méridionale, alimentaire par ses racines qui sont grosses, moelleuses, sucrées, très-agréables au goût et très-nourrissantes, est sous la zone torride au nombre des objets de première nécessité. En France, où sa culture est encore très-circonscrite, on en compte deux variétés, l'une *à racines rouges*, et qui est excellente, l'autre à *racines jaunes* ou *blanches*, moins estimée, mais moins délicate. Voici les procédés à suivre dans notre climat pour tirer quelque avantage de leur culture.

Dans les premiers jours d'avril on prépare une couche de 3 à 4 pieds de large sur 2 d'épaisseur, avec du fumier bien moelleux ; on la recouvre d'environ 6 pouces de terre légère et substantielle, amendée par des terreaux gras. Vers la mi-avril, ou même plus tard, lorsque la couche ne conserve plus qu'une bonne chaleur, on plante entières, ou l'on coupe par tranches d'un pouce de long, les racines des patates que l'on a pu conserver, et on les met dans cette terre à 2 pouces de profondeur, et à 8 ou 10 de distance l'une de l'autre. Lorsque les jets qu'elles ne tardent pas à émettre ont atteint la longueur d'un pied environ, on les lève, on en retranche toutes les feuilles, excepté celles qui terminent chaque tige, et on les transporte sur une planche qui a dû être préparée à cet effet. Dans un terrain labouré profondément, bien ameubli, dont le sol soit substantiel sans être compact, tracez une

planche de 4 pieds de large sur une longueur proportionnée au nombre de vos racines; partagez cette
planche en trois parties égales, et formez-y autant
de sillons. Placez dans chaque sillon, à 2 pieds de
distance l'une de l'autre, presque horizontalement
et dans une direction longitudinale, mais de manière qu'elles soient en échiquier, les racines et les
tiges de patates, les recouvrant de terre de sorte
que le bouquet de feuilles laissées paraisse seul au
dehors. Lorsque la plantation est terminée, arrosez
abondamment si la saison est sèche. Le reste de la
culture se borne à sarcler au besoin, et, lorsque la
chaleur est extrême, à mouiller amplement et de
manière à ce que la terre soit profondément humectée. Les patates ainsi gouvernées pourront être
bonnes à récolter vers la mi-octobre. On obtiendrait
une récolte plus abondante si l'on plaçait tout de
suite les racines à demeure. A cet effet, on élève
des buttes pyramidales de terre convenable, d'environ 3 pieds de hauteur, et sur leur cime on plante
les racines. On entoure le tout de fumier que l'on
foule comme pour former une couche; on renouvelle ces réchauds lorsqu'il est nécessaire, et l'on ne
les retire tout-à-fait que lorsque la saison est devenue
chaude. Les racines prennent alors un accroissement
prodigieux. Lorsque l'époque de la récolte est venue,
on soulève doucement les racines avec la bêche en
fourche, prenant une attention particulière à ne
leur faire aucune blessure, car la moindre égrati-
gnure les dispose à se gâter. Elles craignent également les atteintes du froid ou de l'humidité; de

sorte qu'elles sont très-difficiles à conserver pendant l'hiver. Pour la multiplication de l'année suivante, on choisit les racines les plus saines, et on les met avec précaution les unes à côté des autres, sans qu'elles se touchent, dans une caisse, sur un lit de sable sec. On fait alternativement un lit de sable et un lit de racine, de manière que le dernier lit soit de sable. Après avoir hermétiquement fermé la caisse, on l'enferme dans une seconde, remplissant l'espace qui doit rester entre les parois des deux caisses avec de la paille bien sèche. Le tout se place dans un tas de litière, qui, en garantissant la caisse des influences atmosphériques extérieures, lui conserve une température égale et douce. Quant aux racines que l'on a gardées pour la consommation, on doit les tenir en un lieu sec où elles n'éprouvent point les alternatives du froid et de la chaleur, ayant soin d'employer de préférence celles qui commenceraient à répandre une odeur suave de rose, preuve infaillible de leur prochaine dissolution.

Perce-pierre.

PERCE-PIERRE, PASSE-PIERRE, FENOUIL MARIN, HERBE SAINT - PIERRE, CRISTE OU CRÊTE MARINE, BACILE, *crithmum maritimum*. — C'est une plante vivace, des bords de la mer, dont les feuilles, confites au vinaigre, entrent dans les salades et les assaisonnemens : on la mêle aux anchoix, aux câpres, à la betterave, aux cornichons. Cultivée dans nos jardins, elle y réussit très-bien, surtout dans les terrains pierreux, au pied des murs au midi ou au levant; on la sème en mars sur couche, ou mieux, aussitôt après la maturité de la graine, en terre légère et sableuse qu'on tient humide; on la garantit des fortes gelées par une couverture de paille et de feuilles sèches, sous laquelle elle passe facilement l'hiver, pourvu que l'on ait soin de lui donner de l'air lorsque le temps est doux.

Persil.

PERSIL, *apium petroselinum.* —Plante bisannuelle ou trisannuelle d'un usage fréquent. On en compte plusieurs variétés, telles que le *frisé*, *A. P. crispum*, sujet à dégénérer; le *nain très-frisé*; celui à *larges feuilles*, *A. P. latifolium*; celui à *grosses racines*, *A. P. tuberosum*, dont la racine, tendre et sucrée, qui égale presque la grosseur d'une carotte, s'emploie en cuisine.

Le persil se sème en mars ou avril, et même pendant tout le printemps, à la volée, ou mieux en rayons de 2 pouces de profondeur, en planches ou en bordures. On recouvre la graine de demi-pouce au plus de terre ou de terreau; elle met environ un mois à lever. On serfouit et l'on mouille le jeune plant jusqu'à ce qu'il soit fortifié; ensuite on l'abandonne, ayant soin de couper souvent les feuilles, afin qu'il en pousse de nouvelles toujours plus tendres que les anciennes. On en sème aussi à l'automne, au pied d'un mur au midi, pour en avoir de bonne heure au printemps. Les racines de cette plante ne craignent point le froid, mais ses feuilles périssent dans les fortes gelées et les neiges; de sorte que, pour en jouir pendant l'hiver, il faut, dans les temps rigoureux, les couvrir de bons paillassons ou même de litière. Si l'on veut en repiquer sur couche à la fin de novembre, huit ou dix pieds sous chaque cloche, et lui donner de l'air autant que le temps le permet, il fournira jusqu'à ce que celui de pleine terre recommence à donner au commencement de mars. Cette plante ne monte en graine que la seconde année; mais si au mois de mai on coupe ses tiges lorsqu'elles paraissent, il continuera à pousser des feuilles, et ne donnera de graine que la troisième année. En août, lorsque la graine est mûre, on coupe les tiges, on les expose au soleil sur un drap qui reçoit la graine, dont la plus grande partie tombe à mesure qu'elle mûrit. Elle dure quatre ou cinq ans.

Picridie.

PICRIDIE CULTIVÉE, TERRE CRÉPIE, *terra crepola*, *picridium vulgare*. — Plante du midi de la France, et cultivée en Italie. On la sème au printemps et successivement pendant la belle saison. On la coupe lorsqu'elle est jeune pour la manger en salade.

Piment.

PIMENT, *capsicum*; on l'appelle encore *poivre-long*, *poivre de Guinée*, *corail*. — C'est une plante annuelle qui a plusieurs variétés, telles que le *rond*, le *gros doux d'Espagne*, le *tomate*, etc. Dans le climat de Paris on sème cette plante sur couche en février ou mars, ou bien sur terreau en avril; on la replante au commencement de mai, soit sur une plate-bande au midi, soit dans des pots que l'on place à bonne exposition ou que l'on enfonce dans une couche. On coupe le fruit à sa guise, suivant l'usage que l'on veut en faire. Lorsqu'il est vert on peut le confire au vinaigre comme les cornichons, avec lesquels on le mêle quelquefois; devenu rouge, il n'est plus bon qu'à sécher pour remplacer le poivre.

Pimprenelle.

PIMPRENELLE (petite), *poterium sanguisorba.* — Plante vivace des prés secs, transportée dans les potagers, où elle se cultive pour des fournitures de salade et autres usages.

La pimprenelle peut se multiplier par les vieux pieds éclatés et repiqués à 8 ou 10 pouces de distance, en planches ou en bordures; mais plus communément on en sème la graine au printemps, ou mieux en automne; on éclaircit le plant, on coupe souvent les feuilles, afin d'en faire pousser de nouvelles, qui plus elles sont jeunes, plus elles sont tendres. Pour en recueillir de la graine il faut au printemps ne point tondre le nombre de pieds qu'on y destine; ils monteront, et la graine mûrira en juin. Elle se conserve deux ou trois ans.

Poireau.

POIREAU, PORREAU, *allium porrum.* — Originaire de Suisse, et bisannuel. Cette plante a deux variétés, l'une *longue*, l'autre *courte* et plus grosse.

Le poireau se sème en février et mars comme l'ognon; il demande une terre légère, substantielle

et qui n'ait pas été fumée depuis deux ou trois ans.
Lorsqu'il a atteint la grosseur d'un tuyau de plume
(vers la fin de juin), on laboure et dresse des planches;
on y trace des rangs ou lignes à 6 pouces l'un de
l'autre; on fait, suivant ces rangs, des trous avec la
cheville, profonds de 6 pouces et éloignés de 4
pouces; on arrache le plant, et, après avoir coupé
l'extrémité des feuilles et des racines, on met un
pied dans chaque trou sans plomber ni rapprocher
la terre avec le plantoir; mais on donne aussitôt une
mouillure abondante qui entraîne dans les trous autant de terre qu'il en faut. Pendant l'été on arrose
fréquemment, et l'on coupe deux ou trois fois les
feuilles afin d'en faire pousser de nouvelles, et par
là faire grossir le pied. Vers la fin de décembre on
arrache le poireau long, on l'enterre jusqu'aux feuilles l'un à côté de l'autre dans de petites tranchées,
et on le couvre de litière dans les grands froids et
les neiges : il s'y conserve jusqu'en mai. Le terrain
qui a porté du poireau doit être fumé pour la culture qui lui succède. Pour obtenir de la graine on
choisit au mois de mars le nombre convenable des
plus beaux pieds de poireau long dans les tranchées,
et de poireau court dans les planches où il a passé
l'hiver; on les replante à 8 ou 10 pouces de distance.
Lorsque les capsules commencent à s'ouvrir, signe
de la maturité des graines, on coupe les têtes et on
les soigne comme nous avons dit à l'article *Ognon.*
La graine est bonne pendant deux ans.

Poirée.

La POIRÉE ou BETTE, *beta vulgaris*, est bisannuelle, et diversement employée, selon les différentes variétés. Les feuilles de la poirée ordinaire ne servent guère en cuisine qu'à corriger l'acidité de l'oseille.

La POIRÉE A CARDE ou *carde poirée* se mange comme le cardon et le céleri cuit; elle a plusieurs variétés *à côtes blanches, rouges, roses ou jaunes.* La race la plus cultivée est la carde blanche.

La poirée ordinaire se sème depuis mars jusqu'en août, en bordure, en planches par rayons distans de 8 pouces, ou à la volée, à demeure ou pour repiquer. On la serfouit, on la mouille au besoin, on la coupe souvent pour lui faire pousser de jeunes feuilles qui sont plus tendres. La poirée à cardes, dont les feuilles servent aux mêmes usages que celles de la poirée commune, et même sont meilleures, se sème clair, et a encore besoin d'être éclaircie afin que les pieds se trouvent espacés d'environ 18 pouces; on peut aussi les replanter à pareille distance; on en fait en deux saisons; en mars pour donner l'hiver, et au commencement d'août pour le printemps. Pendant l'hiver on les couvre de litière que l'on ôte progressivement vers le beau temps. La première année elles ne donnent que des feuilles; la seconde elles montent en graine. On la recueille en septembre lorsqu'elle se teint d'une couleur roussâtre. Il faut assujétir les tiges lorsqu'elles montent; quand les graines sont mûres, on laisse les tiges sécher au soleil; on les bat légèrement, et on obtient une graine qui dure huit ou dix ans.

Pois.

Pois, *pisum*. —Plante annuelle très-connue, et dont l'usage est fréquent. On peut diviser les variétés de pois en deux sections principales : les *pois sans parchemin* ou *mange-tout, goulus* ou *gourmands*, dont on mange la cosse et le grain ; les *pois à écosser*, dont on ne mange que le grain. Ces deux sections peuvent encore être partagées en deux divisions : les variétés de *pois à rames*, et celles des *pois nains*.

1. POIS SANS PARCHEMIN OU MANGE TOUT. — *Pois sans parchemin nain*. Il ne s'élève pas à plus de 2 pieds ; ses cosses, très-tendres, sont petites, et ne contiennent que cinq à six petits pois. Il a une variété plus hâtive de même grandeur, que l'on fait venir sous châssis, pour primeur. — *En éventail*. Ce pois qui n'acquiert pas plus de 12 à 14 pouces de hauteur, est branchu du pied, et prend à peu près la forme d'éventail ; il est tardif, et médiocrement productif. —*Sans parchemin à demi-rames*. Très-productif ; cosses bien pleines.

Pois sans parchemin, blanc à grandes cosses. A grandes rames, tardif et très-productif ; ses cosses sont grandes, charnues, très-sucrées. —*Sans parchemin à fleurs rouges*. Ce pois, dont la cosse est crochue comme celle du précédent, s'élève très-haut et est très-productif. —*Turc* ou *couronné*. A grandes rames ; cosses très-nombreuses, et les plus tendres de toutes celles des variétés de *mange-tout*.

2. POIS A ÉCOSSER NAINS. — *Pois nain hâtif*. Il

n'élève pas sa tige au-dessus de 15 à 18 pouces, et est très-propre aux châssis à cause de sa précocité; il a besoin d'être pincé à trois ou quatre fleurs; sa cosse est petite, et le grain d'assez bonne qualité. — *Nain de Hollande.* Ce petit pois ne s'élève qu'à 7 ou 8 pouces; il produit beaucoup de petites cosses qui renferment cinq ou six petits grains bien arrondis. On peut le mettre en bordure dans les terres légères.—*Nain de Bretagne.* Haut de 5 ou 6 pouces, très-propre aux bordures. — *Gros grain sucré.* Ce pois, qui forme une touffe, a besoin d'être semé clair; il est tardif, mais très-productif et de bonne qualité. — *Nain vert petit.* Un peu fort pour un pois nain, mais productif et de bonne qualité.

Pois à écosser à rames. — *Pois michaux, petit pois de Paris.* Ce pois, très-connu aux environs de Paris où sa précocité et son excellence le font rechercher se sème le plus ordinairement avant l'hiver au pied des murs du midi; il a une sous-variété nommée *pois de Rue*, plus précoce, et à cosses plus fortes. L'une et l'autre, cultivées dans des terres légères, se pincent à trois ou quatre fleurs, et se rament dans les terres fortes. — *Michaux de Hollande.* Plus précoce que le précédent, il craint davantage le froid. On ne le sème qu'à la fin de février ou au commencement de mars; étant pincé il n'a pas besoin de rames; les terrains secs inclinés vers le levant et le midi lui sont très-favorables. — *Michaux à œil noir.* C'est une très-bonne espèce qui a les mêmes qualités que le pois michaux; son grain est un peu plus gros. —

Hâtif à la moelle. Cette variété, qui nous est venue d'Angleterre, est de quelques jours plus tardive que le pois michaux; ses tiges sont plus élevées, et ses cosses un peu plus fortes; il est de bonne qualité. — *Dominé.* Ce pois, de meilleur rapport que le michaux, est moins difficile sur le terrain, et supporte mieux les temps rudes; il s'élève de plus de 3 pieds, mais il est moins précoce. On en sème rarement au-delà du printemps. — *De Marly.* Tardif et haut de 3 pieds et demi; ses cosses sont bien garnies de grains gros et tendres. — *De Clamart* ou *carré fin.* De grand produit, tendre, sucré, excellent; ses cosses contiennent jusqu'à dix ou douze grains si serrés les uns contre les autres qu'ils sont aplatis. Aux environs de Paris on le sème très-tard pour l'arrière-saison. — *Carré blanc.* Il s'élève fort haut, produit peu, est lent à se mettre à fruit, et n'est d'usage qu'en vert; mais il est le plus gros, le plus tendre, le plus sucré de tous. C'est de ce pois qu'on fait sécher les grains verts bien tendres pour l'hiver; on le sème depuis la fin de mars jusqu'à la fin de mai. Dans une terre de qualité médiocre, dans un bon fonds, la plante devient trop forte et très-peu féconde. — *Carré à œil noir.* Ce pois tire son nom de la couleur noire de son ombilic; il est bon tant en vert qu'en purée. — *Fève.* Il devient très-grand, est tardif; ses grains sont gros et peu sucrés. — *Géant.* Celui-ci est encore plus grand que le précédent; ses grains, ronds et d'une grosseur prodigieuse, sont tendres mais peu sucrés. — *Gros vert normand.* Ce pois est fort gros, carré, d'un vert blanchâtre, médiocrement fécond; se sème en bonne terre depuis la fin de mars jusque vers la fin de juin; veut de grandes rames; en vert il est tendre, moelleux, peu inférieur au carré blanc, et moins tardif en sec; il donne une excellente purée. Il ne fait qu'une tige. — *Ridé* ou *de Kinight*. Pois à grandes rames, tardif, mais très-productif et d'une excellente qualité. Nouvellement introduit en France par M. Vilmorin. On le doit à M. Knight, président de la Société horticulturale de Londres.

Nous n'indiquerons que ce petit nombre de pois dénommés par les jardiniers, ne parlant pas de beaucoup d'autres variétés, dont quelques-unes sont peut-être préférables, parce que nous avons pensé qu'il valait mieux se borner aux espèces qui se cultivent presque partout avec quelque succès, que de marquer les qualités d'autres espèces plus sujettes à varier, et qui pourraient tromper l'espoir du cultivateur.

CULTURE. — Les pois, peu difficiles sur la qualité du terrain, veulent cependant une terre neuve, ou du moins qu'ils n'aient point occupée depuis six ou sept ans. C'est en vain qu'on remonte les terres avec des fumiers, cette plante n'y réussit point plusieurs années de suite. Mais, si au lieu de fumier, on rapporte des terres neuves, et qu'on les mêle bien en labourant, on peut remettre des pois plus souvent dans le même terrain.

Les pois dans les jardins se sèment par touffes ou par planches de quatre rayons chacune; les rayons, distans l'un de l'autre d'environ 1 pied, doivent avoir 2 ou 3 pouces de profondeur. Les pois y étant semés à 4 ou 5 pouces l'un de l'autre, plus ou moins suivant la variété, on les marche et on les recouvre au râteau (dans les terres fortes on ne les marche point). Lorsque le plant est haut de 5 ou 6 pouces on le sarcle, on le serfouit, on le rechausse par un beau temps; et, quelques jours après, on fiche les rames, plus ou moins longues suivant la variété du pois, les inclinant un peu vers le-dedans de la planche. Au lieu de semer plusieurs planches de pois l'une à côté de l'autre, si l'on sème alternativement une planche de pois et une de quelques légumes bas, les pois ayant plus d'air s'étioleront moins, fleuriront dès le bas de la tige, et par conséquent produiront davantage. Cette attention est surtout importante pour les variétés qui s'élèvent fort haut, et qu'il est plus nécessaire de ramer que les autres. Lorsqu'on sème les pois par touffe, on doit mettre la distance de 15 pouces environ entre les trous faits à la houe, et dans lesquels on jette les cinq ou six pois qui doivent former la touffe. Les soins sont les mêmes que pour les semis en planches. Les espèces très-basses et les hâtives, que l'on ne rame pas, se pincent à la troisième ou quatrième fleur.

Pour avoir des pois au commencement de mai, il faut, dans la première semaine de décembre, dans les terres légères, douces, sablonneuses, et dès la mi-novembre dans les terres plus fortes, semer sur des plates-bandes inclinées au midi ou au levant, et abritées du nord par des paillassons ou autrement, des *pois michaux* ou autres hâtifs, par touffes de sept ou huit pois, distantes d'un pied l'une de l'autre, ou mieux, assez épais, par rayons; les marcher en terre légère, et en terre plus forte les couvrir seulement. On répand ensuite par-dessus un peu de terreau gras, ou, à son défaut, de crottin de cheval. Lorsque les pois sont bien levés, il est bon de les rechausser encore d'environ 1 pouce de l'une ou de l'autre de ces matières. Depuis la fin de décembre jusqu'à la mi-février, défendre le plant des fortes gelées et des neiges en le couvrant de paillassons, de litière, ou autre matière soutenue sur des perches attachées horizontalement à la hauteur du plant. Retirer ces couvertures toutes les fois que le temps le permet, et les remettre au besoin. Un trop long séjour sous les couvertures ferait jaunir et fondre le plant. Après la mi-février, retirer les couvertures, serfouir et rechausser le plant; le ramer lorsqu'il sera haut de 6 à 7 pouces; en mars et avril le mouiller, si le hâle et la sécheresse rendent les arrosemens nécessaires. Si l'on désire une récolte plus hâtive, mais moins abondante, au lieu de ramer les pois, on les pince à la troisième ou quatrième fleur, comme nous l'avons dit plus haut.

On peut faire des semis de pois hâtifs, qui succèderont à ceux que l'on aura semés en décembre, depuis la fin de janvier jusque vers la mi-août. C'est ordinairement le *clamart* que l'on emploie pour les derniers semis.

Pour les primeurs, lorsque l'on a des bâches, on y établit une couche que l'on recouvre de 9 ou

10 pouces de terre. On sème en place en novembre, décembre et janvier, et l'on pince à trois ou quatre fleurs. A défaut de bâche on force sur couche et sous châssis. A cet effet, dès le commencement de novembre, remplissez de bonne terre neuve des pots de 4 pouces de diamètre ; semez dans chacun sept ou huit grains de *michaux* ou autres *pois hâtifs* ; enterrez les pots dans une plate-bande au midi, à 10 ou 12 pouces l'un de l'autre ; rechaussez le plant, défendez-le des gelées, etc., comme s'il était en pleine terre. Vers la mi-février dressez des couches avec leurs réchauds ; couvrez-les de 9 ou 10 pouces de bonne terre neuve et meuble ; posez dessus des châssis vitrés, dont la caisse soit fort haute, ou que vous éleverez à mesure que le plant s'alongera. La grande chaleur des couches étant passée, plantez-y vos pois en mottes bien entières ; rechaussez le plant ; donnez-lui de l'air toutes les fois qu'il n'y a point de danger ; jetez des paillassons sur les vitrages pendant les nuits et les temps rudes, et pendant les rayons du soleil trop vif ; arrosez sobrement ; mais lorsque la fleur commence à paraître, mouillez plus fréquemment, et continuez jusqu'à la fin de la récolte.

Toutes les fois qu'on destine un semis de pois pour graine, il faut arracher tous ceux dont la fleur est retardée, ceux qui s'emportent ou qui paraissent devoir dégénérer. Il est nécessaire aussi d'éloigner les diverses variétés qui peuvent fleurir dans le même temps. On doit, autant qu'il est possible, récolter les pois par un beau temps ; il y a de grands inconvéniens à les laisser dehors par l'humidité ; leur dessiccation ne saurait être trop rapide. Lorsqu'ils sont secs on les bat, ou mieux on les écosse, et on les enferme. Les semences conservées dans les cossas sont bonnes pendant quatre ou cinq ans.

Pomme-de-Terre.

POMME-DE-TERRE OU PARMENTIÈRE, *solanum tuberosum.* — Cette plante, originaire de Virginie, est beaucoup plus cultivée dans les champs que dans les jardins ; cependant, comme on en plante quelquefois un carré ou deux dans les grands potagers, nous avons cru devoir lui donner place ici ; mais, parmi les variétés nombreuses qui existent, nous ne citerons que quelques-unes des plus recommandables : la *naine hâtive*, très-précoce ; jaune, ronde, farineuse : elle mûrit en juin ; — la *shaw jaune*, plus alongée que la précédente, moins précoce, plus grosse, très-productive : mûrit en juillet ; — le *cornichon jaune* ou *hollande jaune*, oblongue, très-farineuse, excellente ; — la *truffe d'août*, rouge pâle, hâtive, de bonne qualité, mais peu productive ; — la *descroizille*, rose, longue, se conservant bien, de bonne qualité ; — la *tardive d'Irlande*, *américaine*, *pomme-de-terre suisse*, de bonne qualité, se conservant long-temps sans germer. Avec quelque soin on peut la garder presque sans pousser jusqu'au mois de juin ou de juillet.

CULTURE. — Dans un terrain gras et léger, faites au mois de mars ou au commencement d'avril, à 18 pouces l'une de l'autre, des tranchées profondes

de 12 ou 15 pouces, et élevez les terres en ados
entre les tranchées. Dans le fond de ces tranchées
déposez l'engrais nécessaire et placez immédiatement dessus un ou deux petits tubercules, ou un
morceau des gros garni d'un ou deux bons yeux,
ou mieux un gros tubercule entier qui produira
plus promptement un plus grand nombre de belles
bulbes. Recouvrez avec de la terre prise sur les
ados, de manière que les tubercules se trouvent
à 3 ou 4 pouces de profondeur. Lorsque les tiges
ont quelques pouces de hauteur, on les butte d'une
nouvelle couche de terre prise de même aux dépens
des ados. Quelque temps après on répète encore la
même opération. Au commencement de novembre
pour les espèces tardives, et plus tôt pour les hâtives,
selon la variété, arrachez toutes les plantes en tirant avec la tige si le terrain est sec et sablonneux,
et en soulevant le pied avec une bêche ou fourche
si la terre est forte et humide. Détachez des racines tous les tubercules; laissez-les un peu ressuyer
à l'air; ensuite renfermez-les dans une serre qui ne
soit ni chaude ni humide, mais seulement impénétrable à la gelée. Les gros se consommeront, les
petits serviront à faire une nouvelle plantation au
printemps suivant, si l'on n'aime mieux la faire
avec des gros.

Dans les terrains froids et compactes, où généralement les pommes-de-terre sont de mauvaise qualité, on parvient à en obtenir de bonnes en mêlant
à la terre de la grande litière, des pailles neuves,
ou des tiges sèches de quelque espèce de végétal

que ce soit : ces substances soulèvent, divisent le sol, et l'empêchent de former une croûte qui se durcit par la sécheresse.

Pourpier.

POURPIER, *portulaca oleracea.* — Plante annuelle du midi de la France, qui a une variété dite *pourpier doré*, plus estimée, mais qui est sujette à dégénérer en reprenant sa couleur verte primitive. Pour en avoir de primeur depuis le mois de janvier jusqu'à la fin d'avril, on sème sur couche et sous châssis assez dru de la graine de pourpier vert sans l'enterrer. Il suffit de la presser un peu avec la main sur la terre ou avec le râteau pour l'y attacher. Il faut laisser jouir le plant de l'air et du soleil toutes les fois qu'il est possible sans danger, et le préserver du froid, auquel il est très-sensible. On le coupe et on le consomme en petites salades, dès qu'il a deux ou trois feuilles formées. Depuis la mi-mai jusqu'à l'automne on peut semer du pourpier vert, et mieux du pourpier doré, en pleine terre meuble ou ameublie avec du sable ou du terreau fin, et bien unie et hersée au râteau. On sème la graine fort clair à la volée ; on répand dessus un peu de terreau ou de sable, ou on passe très-légèrement le râteau pour l'enterrer un peu ; on la mouille tous les jours jusqu'à ce qu'elle soit levée, et on arrose fréquemment le plant en plein midi, pour l'entretenir tendre.

Aussitôt que les premières capsules commencent à s'ouvrir, il faut arracher les pieds, les exposer au soleil sur un drap pendant quelques jours, les remuant de temps en temps; ensuite détacher la graine et l'enfermer sèchement. Elle se conserve bonne à semer pendant neuf ou dix ans.

Raifort.

RAIFORT, CRAM, RADIS SAUVAGE, *cochlearia armoriaca*. —De Bretagne; dans les terrains aquatiques et les prés bas. Transportée dans les potagers à cause de la saveur âcre et piquante de sa racine, cette plante se contente du coin le plus humide et le plus ombragé. On laboure profondément le terrain, afin que la racine devienne longue, droite et sans ramification. Deux ans ou même un an après, on peut l'employer râpée pour manger avec le bouilli en guise de moutarde, ou de toute autre manière. Le raifort se multiplie rarement de graine; on le propage plus promptement et plus facilement par des rejetons séparés au pied ou par sa grosse racine coupée par rouelle de 7 ou 8 lignes ou même moins.

Raiponce.

RAIPONCE, *campanula rapunculus*. — Plante bisannuelle qui a deux variétés : la *velue* et la *glabre*. On la trouve dans les vignes, les lieux incultes, sur la crête des fossés et le long des haies. Sa racine, pivotante, blanche et cassante, a, ainsi que ses feuilles, une saveur douce qui l'a fait admettre parmi les meilleures salades et dans les jardins, où elle a augmenté de volume. En juin, juillet et août, il faut labourer l'espace de terre

destiné à cette plante ; qui aime l'ombre, un terrain doux et frais ; y passer le râteau fin, semer
la graine à la volée le plus également possible ; la
couvrir de 3 ou 4 lignes de terreau fin, ou tamiser
par-dessus un peu de terre très-meuble et sableuse,
ou mieux y jeter un peu de mousse ou de paille
courte ; au défaut de ces matières, passer le râteau
très-légèrement pour enterrer la graine, qui veut
l'être très-peu. Mouiller aussitôt, et continuer fréquemment jusqu'à ce qu'elle soit levée. Sarcler au
besoin, et souvent arroser dans les sécheresses. Elle
se sème bien parmi la mâche, l'ognon d'automne,
les raves et les radis. On consomme la raiponce en
février, mars et avril.

Raves et Radis.

Rave, *raphanus sativus oblongus*, et RADIS, *raphanus sativus rotundus*. — Ces racines annuelles,
originaires de la Chine, offrent plusieurs variétés :
voici les principales : *rave de corail* ou *rouge longue ;* — *petite hâtive ;* — *couleur de rose* ou *sau-
monée ;* — *blanche ;* — *tortillée du Mans ;* — le *radis blanc hâtif ;* — *blanc ordinaire ;* — *petit rose* ou
saumoné ; — *rose hâtif ;* — *petit rouge* ou *violet ;* —
violet hâtif ; — *gris long d'été ;* — *petit gris ;* —
jaune ; — *gros blanc d'Ausbourg ;* — *gros noir d'hiver, raifort ;* — *gros violet d'hiver.* —

Culture.—Les raves et les radis en général aiment
les terres meubles, fraîches, et qui ont de la profondeur. Le printemps et l'automne ils se sèment
seuls, ou le plus souvent parmi d'autres légumes.

(478)

Dans l'été, il faut les semer à l'ombre et les arroser fréquemment pour les rendre moins forts et moins durs. Les semis doivent aussi avoir moins d'étendue et être plus fréquens. Pour obtenir des radis bien ronds, il faut que la terre soit bien piétinée avant que de semer.

On peut aussi se procurer des raves et des radis pendant tout l'hiver, en semant sur couche et sous châssis, de mois en mois, depuis le commencement de novembre jusqu'en mars, époque à laquelle on peut commencer à semer en pleine terre. Les espèces que l'on doit préférer pour cette culture sont; la *rave hâtive*, ou le *radis blanc hâtif*; le *rose hâtif*, le *violet hâtif*. Les couches doivent être composées de 2 pieds de fumier, et chargées de 8 ou 9 pouces de terre meuble et terreau mêlés. Lorsque leur chaleur est passée, et qu'elles ne sont plus que tièdes, on y sème la graine, soit à la volée, soit mieux dans deux petits trous faits avec le doigt, puis l'on place les cloches et les châssis. On réchauffe les couches à propos, et l'on donne aux plantes les soins ordinaires pendant cette saison.

Le *gros radis noir* se sème depuis mai jusqu'en septembre, et se mouille souvent. On l'arrache avant les gelées; on le transporte dans la serre et on l'enterre dans du sable; il se consomme pendant l'hiver. Il est aussi très-facile de se procurer les différentes espèces de raves et de radis pendant l'hiver, sans avoir recours aux couches et aux châssis. A cet effet, on sème des raves et des radis en août et septembre, même en octobre. Lorsqu'on est menacé de gelées assez fortes pour les endommager, on creuse une tranchée de grandeur à volonté dans un terrain sec, on déplante les raves et les radis, on en retranche les feuilles jusqu'à la queue exclusivement, on les arrange dans cette tranchée, et on les couvre de 7 à 8 pouces de terre et un peu de litière, ou bien on ne les couvre que de très-peu de litière, et on étend par-dessus des feuilles d'arbre à l'épaisseur de 8 ou 10 pouces. Dans cet état ces racines se conservent très-bien sans contracter aucun mauvais goût : on en prend à mesure qu'on veut les consommer, et on recouvre bien.

Pour recueillir de la graine il faut laisser en place, à 1 pied environ de distance, des raves ou radis des semis du printemps, soutenir les tiges contre les vents et la pluie, arracher les pieds lorsque la plupart des siliques sont jaunes, les exposer au soleil pendant quelques jours, et les suspendre au plancher pour les égrener au besoin. La graine ainsi conservée est encore bonne au bout de dix ans.

Rhubarbe.

Rhubarbe, *rheum.* — Les Anglais se servent des côtes de la rhubarbe ondulée, *rheum ondulatum*, pelurées et coupées par tronçons, pour mettre en guise de fruits dans certaines pâtisseries; mais on en fait peu d'usage en France. Il y a une autre espèce de rhubarbe nommée rhubarbe groseille; *rheum ribes*, qui passe pour bien préférable, mais elle est encore très-rare en Europe, par la difficulté de la multiplier. La rhubarbe demande une terre franche et douce : la dernière espèce veut de plus être couverte de litière dans les grands froids. Nous ne faisons mention de ces deux plantes que pour ne rien omettre de ce qui peut entrer dans un potager, car leur culture est encore peu répandue dans les jardins.

Romarin.

ROMARIN, *rosmarinus officinalis.* — Arbrisseau du midi de la France, toujours vert, très-aromatique. On le cultive dans les jardins pour son odeur agréable. Dans le climat de Paris il supporte, en pleine terre, sans couverture, les hivers ordinaires ; mais on doit le placer à bonne exposition. Le romarin est peu usité pour l'assaisonnement des mets dans les campagnes de l'intérieur de la France ; mais il est d'autres pays où l'on en est beaucoup plus prodigue. On le multiplie également de graine, de marcottes, de drageons enracinés et de boutures.

Roquette.

ROQUETTE, *brassica eruca.* — Annuelle et indigène, du midi de la France. On l'emploie, quand elle est jeune, dans les fournitures de salade. Elle se sème presque en tout temps, mais principalement au printemps. Pendant l'été elle se sème à l'ombre : il faut l'arroser fréquemment pour diminuer sa saveur âcre et la rendre plus tendre. La graine se récolte dans les mois de juillet et d'août, et dure deux ans. Tout terrain convient à cette plante, pour peu qu'il soit façonné.

Salsifis ou Cercifis.

SALSIFIS, CERCIFIS, *tragopogon porrifolium.* —

Indigène et bisannuelle. Dans une terre substantielle, labourée profondément et bien ameublie,
qui n'ait pas été récemment fumée, semez à la volée en février, mars et avril, la graine de salsifis;
arrosez tous les deux jours, si le temps est sec, jusqu'à ce que la graine soit levée. Environ six semaines après, lorsque le plant est fortifié, on le sarcle, on l'éclaircit, laissant environ 2 pouces entre
chaque pied; on regarnit les vides soit avec le plant
qu'on vient d'arracher, soit avec d'autres graines.
Le salsifis commun sera bon dès le mois de novembre suivant jusqu'au printemps. On laissera en place
la quantité suffisante de pieds pour graine, qui mûrit
en juillet.

La scorsonère d'Espagne ou salsifis noir, *scor-
zonera hispanica*, est vivace, et sa culture est la
même que celle du salsifis. On sème la graine en
février, mars et avril, ou à la fin de juillet et en
août. Celle qui a été semée au printemps monte
en graine dès le mois de juin de la même année. Il
faut couper les tiges à fleur de terre lorsque la
graine est mûre, ensuite donner une bonne mouillure, et bientôt elle repousse de nouveau. On
n'a plus qu'à la serfouir au printemps suivant.
Elle donne de nouvelles feuilles, et dès le mois
de mai elle monte en graine pour la seconde fois.
On coupe les têtes à mesure qu'elles se garnissent
d'aigrettes; on les expose quelques jours au soleil,
ensuite on nettoie la graine et on la renferme, car
la graine de cette seconde année est préférable à
celle de la première année. Celle de la troisième

vaut encore mieux. Après avoir ramassé la graine, il faut couper toutes les tiges à fleur de terre, donner quelques arrosemens pendant l'été. Dans la plupart des terrains la racine sera formée au mois de novembre, et bonne à consommer jusqu'au mois de mai. Si on veut lui laisser passer une troisième année, elle en sera plus grosse et meilleure. Ainsi le salsifis commun est plus profitable que la scorsonère, étant plus gros et n'occupant la terre qu'un an ; mais la scorsonère est bien supérieure en qualité.

La graine de l'un et de l'autre ne se conserve bonne à semer que pendant deux ans.

Sarriette.

SARRIETTE, SAVOURÉE OU SADRÉE, *satureia.* — On en cultive deux espèces, toutes deux aromatiques, du midi de la France, et dont l'usage est de communiquer leur parfum aux fèves de marais et aux pois verts : l'une est herbacée et annuelle, *Sat. hortensis ;* l'autre est vivace, la *sarriette de montagne, Sat. montana.* La première se sème au printemps dans une terre meuble. La plupart du temps la graine se répand d'elle-même et lève de toutes parts en abondance lorsqu'il y en a eu une fois dans un jardin. La seconde se multiplie de semences qui sont bonnes pendant 3 ou 4 ans ; et mieux de pieds éclatés ; souvent on en fait des bordures ; elle ressemble beaucoup à l'hyssope par son port et par ses feuilles très-nombreuses. Les abeilles recherchent ses fleurs.

Sauge.

Sauge, *salvia*.— Deux espèces principales et indigènes sont cultivées dans les potagers, la grande sauge, *salvia officinalis*, et la petite sauge ou sauge de provence, *salvia tenuior*. Ce n'est pas ici le lieu de parler de quatorze ou quinze variétés cultivées seulement dans les jardins d'agrément.

La sauge se multiplie de graine, de bouture, et plus ordinairement de pieds éclatés que l'on plante en bordure. A cet effet on ouvre une tranchée ou rigole de 7 ou 8 pouces de largeur et de profondeur. On y enterre le pied bien avant, et on affermit la terre en conservant avec soin l'alignement. Cette plante aime un sol sec, et veut être changée de place au bout de quelques années. En vieillissant ses touffes s'écartent et font un mauvais effet.

On fait usage de la sauge en cuisine pour la cuisson du jambon, qui en est agréablement parfumé. Dans certains pays on en met dans tous les mets ; elle sert aussi en infusion en guise de thé. On fume ses feuilles seules ou melées avec du tabac.

Souchet comestible.

Souchet comestible, amande de terre, *cyperus esculentus*. — Cette plante du midi de l'Europe est utile par les tubercules nombreux que produisent ses racines, et qui servent d'aliment, ou à faire une espèce d'orgeat fort agréable. On en tire aussi de l'huile. Sa culture est facile. Au mois de mars on laboure et ameublit bien une terre légère et humide ; on y fait ensuite des fosses disposées en quinconce, d'environ 6 ou 7 pouces de profondeur, et à 12 ou 15 pouces de distance l'une de l'autre. On jette dans chacune trois ou quatre tubercules qu'on a préalablement fait gonfler dans l'eau. On les recouvre de terre ; ils produisent bientôt des touffes de feuilles longues et étroites du milieu desquelles sortent des tiges qui portent les parties de la fructification. Pendant l'été on bine, on sarcle et on arrose. La récolte des tubercules se fait au mois d'octobre, en arrachant les touffes, que l'on soulève avec la bêche. On en consomme une partie pendant l'hiver, et l'on garde l'autre pour la plantation de l'année suivante.

Spilanthe.

SPILANTHE, ABÉCÉDAIRE, *spilanthus*. — On en cultive deux espèces : l'une est appelée CRESSON DE PARA, *spilanthus oleracea*, et l'autre CRESSON DU BRÉSIL, *spilanthus Brasiliana*. Ces deux plantes, d'une saveur également piquante, sont annuelles et se sèment au printemps sur couches et sous cloches ou châssis. Lorsque la saison est devenue chaude on les repique en pleine terre, à bonne exposition, ayant soin de beaucoup arroser. Elles fleurissent en août. Leur graine se sème quelquefois d'elle-même, et lève au printemps.

Tétragone étalée.

TÉTRAGONE ÉTALÉE ou CORNUE, *tetragonia expansa*. — De la Nouvelle-Zélande et des îles de la mer du Sud. Introduite en Europe, en 1772, par sir Joseph Bancks. Cette plante, qui donne son produit en été, est beaucoup préférable aux épinards. On la sème clair et par rayon, dans une terre fraîche et substantielle, lorsque les gelées sont entièrement passées, attendu qu'elle y est fort sensible. La tétragone a besoin de chaleur et d'eau pour bien réussir. On récolte ses feuilles et ses jeunes tiges en les cueillant à mesure qu'elles se reproduisent pendant la belle saison. On épargne les pieds que l'on destine à donner de la graine, qui est bonne pendant plusieurs années.

Thym.

THYM, *thymus.* — Cette plante a plusieurs variétés, toutes aromatiques. Le THYM COMMUN, *thymus vulgaris,* originaire d'Espagne ; — le THYM A PETITES FEUILLES, *Th. vulgaris tenuifolius ;* — celui à LARGES FEUILLES, *latifolius ;* — le PANACHÉ, *variegatus ;* — le THYM A ODEUR DE CITRON, variété du serpolet, *thymus serpillum citratum.* Tous se cultivent de même. On les met en bordure. Ils se multiplient de graines, de boutures, mais plus communément de pieds éclatés au printemps et qui sont d'une reprise très-facile. On renouvelle les bordures de thym tous les quatre ou cinq ans. Cette plante craint l'ombre et l'humidité. Pour les provisions d'hiver on doit la cueillir lorsqu'elle est en pleine fleur.

Tomate.

TOMATE, POMME D'AMOUR, *solanum lycopersicon.* — Plante annuelle du Mexique, qui a plusieurs variétés, grandes ou petites, à fruits sillonnés, unis, ronds ou ovales, toutes employées aux mêmes usages. On sème la tomate au printemps, de bonne heure, sur couche et sous cloches ou sous châssis. Lorsque la saison est adoucie et ne laisse plus rien à craindre des gelées, on la repique en pleine terre à 2 pieds de distance en tous sens, à l'exposition la plus chaude et la mieux abritée. On ne la laisse pas manquer d'eau. Quand les plantes ont atteint 12 ou 15 pouces de hauteur, on les pince pour faire sortir des branches latérales et hâter la fructification. On pince également ensuite les pousses secondaires au-dessus des fleurs. Quand les fruits sont parvenus à moitié de leur grosseur environ, on retranche une partie des feuilles, ainsi que les pousses nouvelles qui consommeraient inutilement la sève. Sur l'arrière-saison, on effeuille complètement afin que les fruits reçoivent l'influence directe des rayons du soleil. La tomate, dans son extrême maturité, contracte une acidité agréable dont on profite pour relever le goût de certains mets. Il pourrait être dangereux de faire usage de ce fruit avant qu'il eût acquis cette acidité. Les graines germent pendant trois ou quatre ans.

Topinambour.

TOPINAMBOUR, POIRE DE TERRE, *helianthus tuberosus.* — Originaire du Brésil, mais assez robuste pour résister sans abri aux hivers les plus rigoureux, il se cultive pour les tubercules de sa racine qui, étant cuits, ont à peu près le goût d'artichaut. Ses tiges, de 7 ou 8 pieds de haut, sont terminées par des fleurs semblables, en petit, à celles du *soleil*. Cette plante se multiplie de tubercules entiers, ou coupés par morceaux, mis en terre au printemps, et cultivés comme la pomme-de-terre. On peut les récolter plus tard et les planter plus tôt, puisqu'ils ne craignent pas le froid; quelques personnes même les laissent passer l'hiver en terre, ne les récoltant qu'à mesure qu'elles en ont besoin. Quand on recueille les tubercules, il faut en laisser en terre le moins qu'il est possible, car ils s'y multiplieraient et s'y étendraient tellement qu'ils deviendraient incommodes et difficiles à détruire.

Trique-madame.

TRIQUE-MADAME, ORPIN BLANC, TRIP-MADAME, *sedum album*. — Plante annuelle qui se trouve sur les vieux murs et dont on se sert comme fourniture de salade. C'est pour cet usage que l'on a admis le trique-madame dans les jardins, où il veut une exposition chaude et une terre sablonneuse entrenue fraîche. On le multiplie de graines, de boutures et de rejetons.

FIN,

GRENETIERS-FLEURISTES

A PARIS.

Beaurieux, quai de la Mégisserie, n. 76.
D'Ortho, quai de la Mégisserie, n. 24.
Grandidier, quai de la Mégisserie, n. 70.
Guénot père et fils, quai de la Cité, n. 2.
Jaquin frères, quai de la Mégisserie, n. 14.
Tatin fils, *pépiniériste*, quai de la Mégisserie, n. 62.
Tollard aîné, *en gros et en détail*, quai aux Fleurs, n. 11
  et 21.
Tollard (Henri), quai aux Fleurs, n. 9.
Tollard (Jean) jeune, place des Trois-Maries, n. 4; *cultures*,
  rue de Berry, n. 53.
Tripet aîné, boulevard des Capucines, n. 13.
Vilmorin-Andrieux et comp., quai de la Mégisserie, n. 30.

JARDINIERS-FLEURISTES, PÉPINIÉRISTES, ENTREPRE-NEURS, DÉCORATEURS DE JARDINS, PARCS, ETC.,

A PARIS.

Ailloux, *treillageur*, rue Contrescarpe, Jardin du Roi, n. 2.
Albert, rue des Vignes, n. 8.
Audebert neveu, barrière Saint-Jacques, n. 12.
Barbeau, rue de l'Oursine, n. 95.
Bartial (madame), rue de Charonne, n. 56.
Béau fils, rue de Vaugirard, n. 85.
Beauvais, rue de Montreuil, n. 68.
Becquerelle, faubourg du Temple, n. 114.
Ricquelin, rue des Fossés-Saint-Victor, n. 31.
Billot, *composit. de jard. et parcs*, rue de la Lune, n. 28.
Blancheteau, rue Basfroi, n. 15.
Blancheteau (Joseph), rue de Montreuil, n. 72.

Boulard (Laurent), rue du Cendrier, n. 1.
Boulard (veuve), boulevard de l'Hôpital, n. 48.
Boulard, rue Basfroi, n. 9.
Bourgnet, rue de Popincourt, n. 12.
Bourgnet, rue de l'Épée-de-Bois, n. 5.
Bourgnet, rue du Petit-Vaugirard, n. 15.
Bouvier, rue des Boulets, n. 14.
Caille, rue des Boulets, n. 22.
Canet, *entrepr.*, barrière des Gobelins, n. 4.
Cels, *botan. et pépin.*, barrière du Maine, n. 26.
Chambris, rue de la Santé, n. 12.
Chantrelle, *entrepr.*, rue des Charbonniers, n. 1.
Chantrelle fils, rue de la Poterie-des-Halles, n. 1, et à Vitry.
Chapet, rue des Moulins, n. 2, barrière de Reuilly.
Chapuis, rue de Grenelle St.-G., n. 19.
Charon, rue Saint-Dominique St.-G., n. 25.
Clément père et fils, rue Fer-à-Moulin, n. 2.
Cochar, rue Desaix, n. 12.
Colmant, rue Fontaine-au-Roi, n. 52.
Debille, rue de la Muette, n. 6.
Deconflé, rue de la Santé, n. 5.
Delaunay, rue Saint-Maur-Popincourt, n. 11.
Desvignes, faubourg Saint-Martin, n. 218.
Dubois, rue N.-D.-des-Champs, n. 23.
Dutertre frères, rue de l'Oursine, n. 114.
Faucheur, rue de Ménilmontant, n. 49.
Ferdinand, rue de Vaugirard, n. 87.
Fion, *entrepreneur*, rue des Trois-Couronnes, n. 14.
Fortin, *propriétaire de la pépinière du Colysée*, faubourg du
     Roule, n. 17.
François, rue du Petit-Vaugirard, n. 6.
François, rue Saint-Bernard, n. 23.
Gauché, *entrepreneur*, rue des Charbonniers-Saint-Marcel,
     n. 7.
Ginousse, rue de l'Ouest, n. 12.
Ginousse, rue Neuve-Notre-Dame-des-Champs, n. 27.
Glorian, *entrepreneur*, faubourg du Roule, n. 10.
Gouard, *entrepreneur*, rue de la Bourbe, n. 4.
Hardy, *Jardin du Luxembourg*, rue d'enfer, n. 46.
Hérault fils, rue de Sèvres, n. 98.
Hornet, *entrepreneur*, faubourg du Temple, n. 48.
Houdart, faubourg du Temple, n. 104.
Huchet frères, rue de Montreuil, n. 119.
Jamain fils, rue des Fossés-Saint-Marcel, n. 8.
Joly père, *entrepreneur*, rue des Fossés-Saint-Marcel, n. 37.
Julien, rue des Dames, à la barrière du Roule.
Lacroix, rue d'Enfer, n. 75.

Lapipe, rue des Boulets, n. 8.
Lapipe, rue du Petit-Vaugirard, n. 24.
Léger jeune, rue Saint-Pierre-Amelot, n. 6.
Marcès, rue du Chemin-Vert, n. 25.
Marchand, faubourg Saint-Denis, n. 185.
Martine fils le jeune, rue des Bourguignons, n. 27.
Mathieu, rue Buffon, n. 23.
Mouroux, *entrepreneur*, rue des Fossés-Saint-Marcel, n. 35.
Muller, rue Fontaine-au-Roi, n. 27.
Natalis, rue des Boulets, n. 30.
Noel, rue Saint-Hippolyte, n. 15.
Noisette (L.), et *botaniste*, faubourg Saint-Jacques, n. 51.
Paillet, boulevard de l'Hôpital, n. 40.
Perchin, et *botaniste*, rue du Vieux-Colombier, n. 32.
Prevost, rue des Trois-Bornes, n. 11.
Prevost, Palais-Royal, galerie du Théâtre-Français, n. 47.
Putheaux, rue des Amandiers-Popincourt, n. 35.
Quentin aîné, rue de l'Oursine, n. 120 *bis*.
Quentin jeune, rue des Bourguignons, n. 31.
Ragonot, rue Basfroi, n. 33.
Regnault, *jardinier du Roi et de madame la Dauphine, doyen
    des jardiniers de Paris*, faubourg du Roule, n. 64.
Riot, rue de l'O..est, n. 10.
Rouveau, rue des Amandiers-Popincourt, n. 21.
Saint, *jardinier des Tuileries*, rue du Mont-Thabor, n. 22.
Saugé, rue de la Santé, n. 13.
Tamponet, *entrepreneur*, rue de la Muette, n. 16.
Tard, *entrepreneur*, faubourg du Temple, n. 54.
Tavernier, rue de l'Épée-de-Bois, n. 2.
Tavernier (G.), rue des Fossés-Saint-Marcel, n. 8.
Tavernier fils, rue des Fossés-Saint-Marcel, n. 10.
Tavernier (E.), rue de Sèvres, hors boulevards, n. 23.
Thouin (G.), rue du Jardin du Roi, n. 8.

TABLE DES MATIÈRES.

TABLE ALPHABÉTIQUE

DES NOMS BOTANIQUES ET VULGAIRES DES ARBRES FRUITIERS ET DES PLANTES POTAGÈRES.

FIN DE DE LA TABLE.

à ces prix la dépense des ingénieurs, telle
expliquée page 59 ; ainsi le résultat du sys
plet de la dotation serait de procurer des b
stère coûterait à l'état

    30,920 f. par l'adm. forestière, ci
    7,149   au minim. par les ingén.,
         et probablement.

Total 38,069   au minim. et probablem.
en temps de paix, c'est-à-dire quand le sys
inutile ; et
    507,100   par l'adm. forestière, ci.
    23,830   au minim. par les ingén.,
         et probablement.

Total 330,930   au minim. et probablem.
dans le seul cas où le système serait utile.

Je laisse à juger si, comme le dit le mêm
système est *la perfection de l'établissement*
d'un gouvernement méthodique et calcu
ferait la gloire du ministère qu

Loin de le croire, je suis p
et les Français ont renoncé
pleines cultivées, par la
donner le sol que des
n'en retire pas l'impôt
On m'a fait une objec
ver place ici. On m'a dit
» calculs ; vous pouvez avoir
» faudrait élever, mais qu

www.ingramcontent.com/pod-product-compliance
Ingram Content Group UK Ltd.
Pitfield, Milton Keynes, MK11 3LW, UK
UKHW021002140726
13695UKWH00001B/55